彩版 2　营养器官

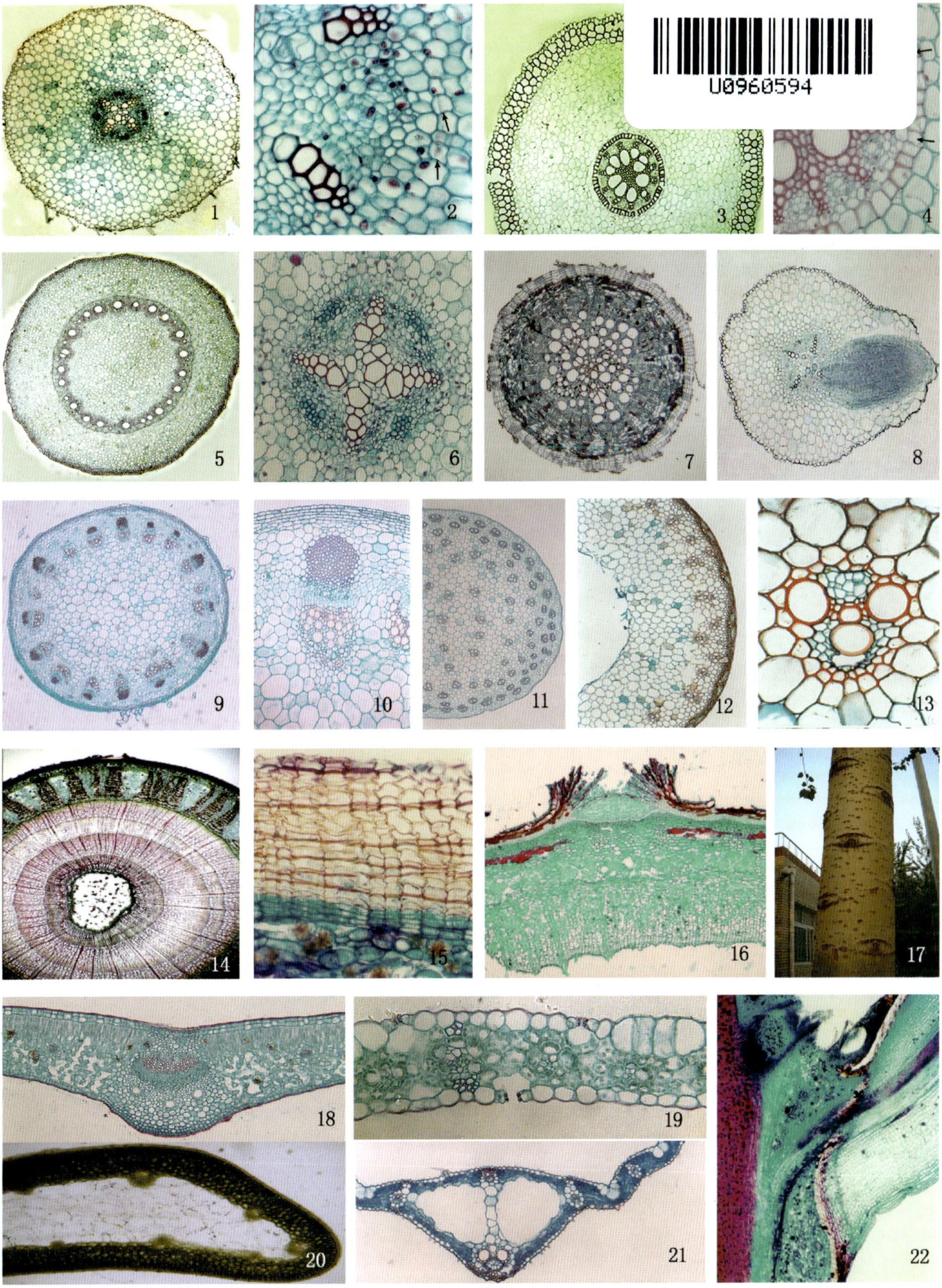

1. 蚕豆（双子叶）幼根横切面 2. 1图局部放大，示内皮层径向壁上的凯氏点（箭头） 3. 鸢尾（单子叶）根横切面 4. 3图局部放大，示内皮层及通道细胞（箭头） 5. 玉米（单子叶）根横切面 6. 具形成层蚕豆根横切，示弧形形成层已出现 7. 棉花（双子叶）老根横切面 8. 具侧根蚕豆根横切面 9. 向日葵（双子叶）幼茎横切面 10. 向日葵幼茎维管束放大 11. 玉米茎横切面 12. 小麦（单子叶）茎横切面（局部） 13. 小麦茎维管束放大 14. 4年生椴树茎横切面 15. 银杏茎横切面（局部），示周皮 16. 桑树茎横切面，示皮孔 17. 杨属茎，示侧枝痕（大眼睛）及皮孔（小菱形裂口） 18. 海桐（双子叶）叶横切面 19. 玉米（C_4）叶横切 20. 芦荟叶横切面 21. 水稻（C_3）叶横切面 22. 银杏叶柄纵切面示离层等

彩版 3　生殖器官

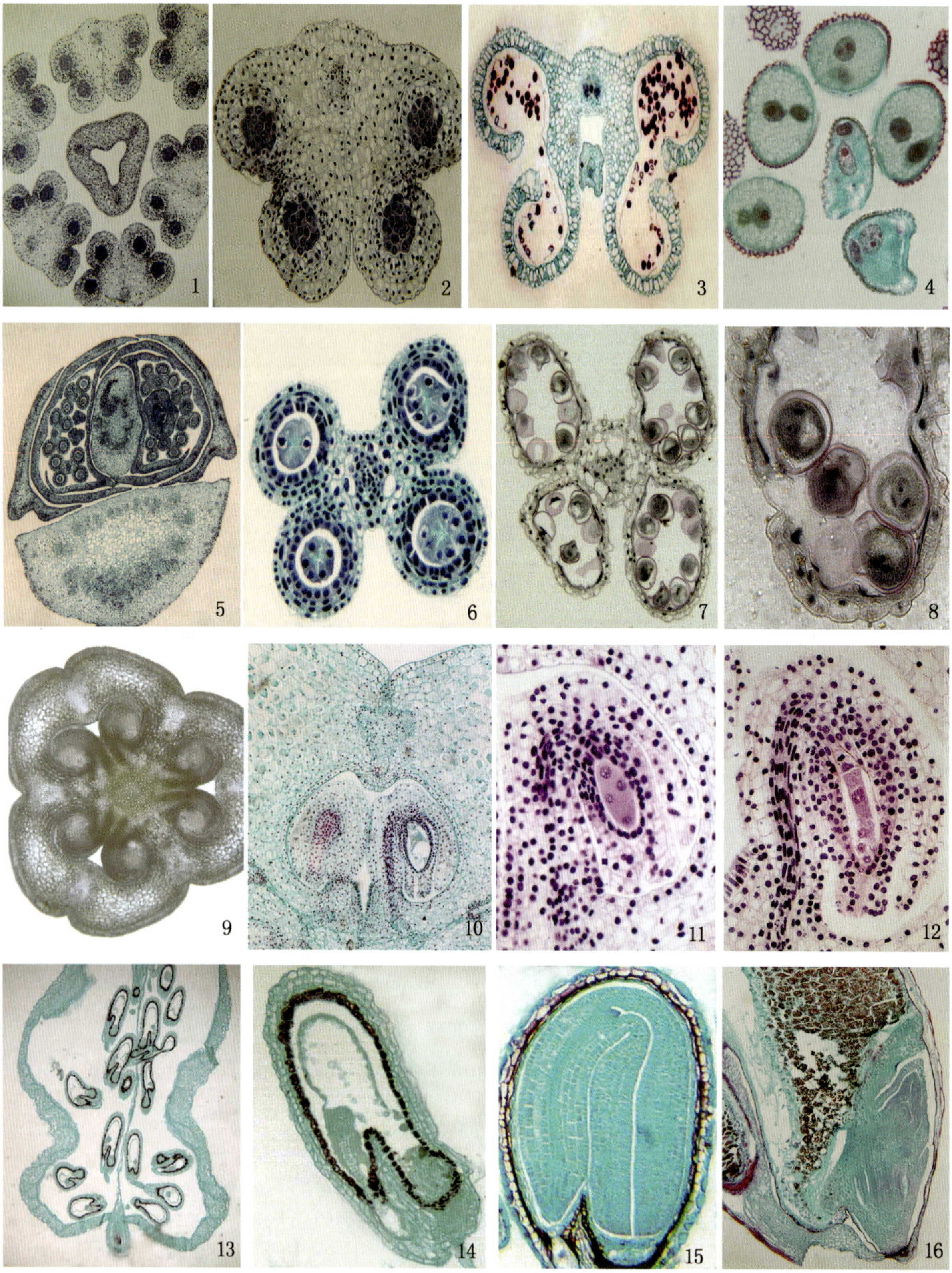

1. 百合花蕾横切面 2. 百合幼嫩花药横切面 3. 百合成熟花药横切面 4. 百合 2- 细胞型花粉粒 5. 小麦小穗横切面 6. 小麦幼嫩花药横切面 7. 小麦成熟花药横切面 8. 小麦一个成熟花粉囊示 3- 细胞型花粉粒 9. 百合子房横切面 10. 百合一个子房室放大示倒生胚珠纵切面 11. 百合一个胚珠的胚囊处于第一次四核时期 12. 百合一个胚珠的胚囊处于八核时期 13. 荠菜幼嫩果实纵切面，内有多个幼胚正在发育的胚珠 14. 荠菜一个具球形胚的胚珠 15. 荠菜一个具 U 形胚的胚珠 16. 小麦颖果纵切面，示胚及胚乳等

彩版 4　藻类植物

1-4 蓝藻门：1. 色球藻属；2. 颤藻属 3. 螺旋藻属 4. 念珠藻属 5. 裸藻属（裸藻门）6-17 绿藻门：6. 衣藻属 7. 水绵属（营养体） 8. 水绵梯形接合生殖 9. 水网属 10. 刚毛藻属 11. 新月藻属 12. 栅藻属 13. 盘星藻属 14. 团藻属 15. 轮藻属 16. 石莼属 17. 刺松藻属 18-19. 红藻门：18. 石花菜属 19. 珊瑚藻属 20. 硅藻类（金藻门） 21. 裙带菜（褐藻门）

彩版 5　菌类及地衣植物

1. 细菌（细菌门）三种形态 2. 黏菌（黏菌门）孢子囊　3. 黑根霉（真菌门、藻菌纲）　4. 青霉属（真菌门、子囊菌纲） 5. 曲霉属（真菌门、子囊菌纲）　6. 冬虫夏草（真菌门、子囊菌纲）　7. 伞菌属（真菌门、担子菌纲）8. 木耳（真菌门、担子菌纲）9. 壳状地衣 10. 叶状地衣 11. 枝状地衣 12. 同层地衣横切面 13. 异层地衣横切面 14. 具子囊果的异层地衣横切面

彩版 6　颈卵器植物

1. 地钱具精子器托的雄配子体 2. 地钱精子器托纵切示精子器 3. 地钱具颈卵器托的雌配子体 4. 地钱颈卵器托纵切示颈卵器 5. 葫芦藓，示孢子体生于配子体之上 6. 藓雄枝顶端纵切示精子器 7. 藓雌枝顶端纵切示颈卵器 8. 肾蕨孢子体植株 9. 肾蕨孢子叶背面，示孢子囊群 10. 蕨孢子叶横切 11. 蕨配子体（原叶体）12. 蕨配子体局部放大，示颈卵器（红色箭头）、精子器（黑色箭头）13. 蕨幼孢子体从配子体上长出 14a. 银杏雌枝 14b. 银杏大孢子叶球 15a. 银杏雄枝 15b. 银杏小孢子叶球 16. 油松具大、小孢子叶球的枝条 17. 松大孢子叶球纵切，示苞鳞（箭头）、珠鳞（A）及胚珠（B）

彩版 7　花冠及雄蕊类型

1. 蔷薇花冠（草莓） 2. 离生雄蕊（草莓） 3. 十字形花冠（油菜） 4. 四强雄蕊（油菜） 5. 单体雄蕊（锦葵） 6. 蝶形花冠及二体雄蕊（紫藤） 7. 假蝶形花冠及离生雄蕊（紫荆） 8. 多体雄蕊（红旱莲）9. 唇形花冠（丹参） 10. 二强雄蕊（毛泡桐） 11. 漏斗形花冠（牵牛） 12. 筒状（管状）花冠（向日葵）13. 聚药雄蕊（向日葵） 14. 舌状花冠（蒲公英） 15. 钟状花冠（紫斑风铃草） 16. 轮状花冠（马铃薯）

彩版 8　花序类型

1. 总状花序（油菜） 2. 复总状花序（圆锥花序）（珍珠梅） 3. 穗状花序（车前草） 4a. 复穗状花序（小麦）4b. 小麦一个小穗 4c. 小麦一朵花解剖 5. 伞形花序（点地梅） 6. 复伞形花序（胡萝卜） 7. 伞房花序（梨）8. 复伞房花序（粉花绣线菊） 9. 头状花序（向日葵） 10. 隐头花序（无花果）11. 柔荑花序（加杨） 12. 肉穗花序—佛焰花序（红鹤芋） 13. 单歧聚伞花序（唐菖蒲） 14. 二歧聚伞花序（灯芯草蚤缀） 15. 多歧聚伞花序（大戟属） 16. 轮伞花序（益母草）

彩版 9　果实与胎座类型

1. 浆果，中轴胎座（樱桃西红柿） 2. 柑果，中轴胎座（橙子） 3. 核果（桃） 4. 梨果，中轴胎座（苹果） 5. 瓠果，侧膜胎座（黄瓜） 6. 蓇葖果，边缘胎座（萝藦） 7 紫藤：7a. 荚果 7b. 边缘胎座 8a. 长角果，侧膜胎座（油菜） 8b. 短角果（荠菜） 9. 蒴果，侧膜胎座（三色堇） 10. 胞果（鸡冠花） 11. 瘦果，基生胎座（向日葵） 12. 坚果（板栗） 13. 翅果（元宝槭） 14. 特立中央胎座（石竹） 15. 颖果（玉米） 16. 分果（蜀葵） 17. 双悬果（阿魏） 18. 四小坚果（夏至草） 19. 蔷薇果（聚合瘦果）（月季） 20. 聚合蓇葖果（八角茴香） 21. 聚合瘦果（草莓） 22. 聚合坚果（莲） 23. 复果（聚花果）（菠萝）

植物学实验指导

第 2 版

王　丽　关雪莲　主编

中国农业大学出版社
·北京·

内 容 简 介

本书根据目前植物学实验教学的需要，设计了 20 个实验及 8 个附录。实验内容涉及植物细胞、组织、营养器官和生殖器官的形态结构与发育；植物界各大类群特征及分类等。实验设计除注重植物学基本实验内容外，还增加了具有综合性特点的实验内容，加强对学生动手能力及综合理解植物学知识能力的训练；并根据植物学以标本及其图像为研究起点的特点，配有大量注释详细的真实图片、手绘图及内容丰富的彩色图版，突出了对各类图像识别能力的全面培养；附录包括常见种子植物分科、属、种的检索表、花程式写法及检索表编制、研究用显微镜、制片方法、生物绘图法等内容，便于在课上及课后查阅及应用。

本书既是郑湘如、王丽主编的普通高等教育"十一五"国家级规划教材——《植物学》（第 2 版）的配套教材，又是自成体系，可单独使用的实验教材。可作为各类大专院校开设植物学实验课程的教材，适用于生物学及农林院校植物生产类各专业的学生使用及其他专业人员参考。

图书在版编目（CIP）数据

植物学实验指导/王丽，关雪莲主编. —2 版. —北京：中国农业大学出版社，2013.3
（2024.5 重印）

ISBN 978-7-5655-0644-4

Ⅰ.①植… Ⅱ.①王…②关… Ⅲ.①植物学-实验-高等学校-教学参考资料
Ⅳ.①Q94-33

中国版本图书馆 CIP 数据核字(2012)第 300050 号

书　　名　植物学实验指导　第 2 版
作　　者　王　丽　关雪莲　主编

策划编辑　赵　艳　王笃利　孙　勇　　**责任编辑**　孙　勇
封面设计　郑　川　李尘工作室　　**责任校对**　陈　莹　王晓凤
出版发行　中国农业大学出版社
社　　址　北京市海淀区圆明园西路 2 号　　**邮政编码**　100193
电　　话　发行部 010-62818525，8625　　读者服务部 010-62732336
　　　　　编辑部 010-62732617，2618　　出　版　部 010-62733440
网　　址　http://www.cau.edu.cn/caup　　**e-mail** cbsszs @ cau.edu.cn
经　　销　新华书店
印　　刷　北京时代华都印刷有限公司
版　　次　2013 年 3 月第 2 版　2024 年 5 月第 11 次印刷
规　　格　787×1 092　16 开本　14.5 印张　350 千字　彩插 5
定　　价　45.00 元

主　编　王　丽　中国农业大学
关雪莲　北京农学院

副主编　刘朝辉　中国农业大学
黄淑莉　中国农业大学
王瑞云　山西农业大学
何金铃　安徽农业大学

参　编　葛丽萍　山西农业大学
高润梅　山西农业大学
孟　雷　中国农业大学
刘　艳　内蒙古农业大学
徐如松　安徽科技学院

绘　图　祖国红　中国农业大学

主　审　汪　矛　中国农业大学

第 2 版前言

党的二十大明确指出，全面建设社会主义现代化国家，最艰巨最繁重的任务仍然在农村。作为农业大国，同时也是人口大国，我们要确保中国人的饭碗牢牢端在自己手中，而拥有扎实的植物学知识和研究技能的农业科研、生产工作者是我们端牢自己的饭碗的重要保障。

本教材在《植物学实验指导》(第 1 版)基础上融入了各位编者多年从事植物学教学的经验成果，参考了各兄弟院校的相关教材，也采纳了使用者对原教材的修改建议，经多方面调整、改编而成。主要有以下几方面特点：

1. 理顺内容：以植物个体发育及系统发育的规律为主线安排实验内容次序，内容包括：植物细胞的基本结构、植物组织的形态特点及类型、植物营养器官和生殖器官的形态结构和生理功能、植物界各大类群特征及分类等。其中被子植物分科内容以克朗奎斯特系统为依据排列，并对部分内容进行了合理的拆分或合并。

2. 丰富内容：将验证实验与综合实验相结合，在同一实验中，通过增加新鲜实验材料及临时制片实验内容，将原有植物学基本实验内容与具有综合性特点的实验内容相结合，既使学生掌握了植物学基本知识，又提高了学生实验的兴趣，并加强了对学生动手能力及综合理解植物学知识能力的训练。

3. 自成体系：本书既是郑湘如、王丽主编的普通高等教育“十一五”国家级规划教材——《植物学》(第 2 版)的配套教材，又是自成体系，可单独使用的实验教材。为此本教材新增与被子植物分科关系密切的“被子植物分类的主要形态术语”的实验内容，以便独立使用。

4. 图文并茂：根据植物学以标本及其图像为研究起点的特点，在保留部分手绘图的基础上，增加大量注释详细的真实图片，特别是被子植物分科中各科(或亚科)代表植物都配有带注释的花的解剖图片及内容丰富(从植物形态结构到系统分类)的系列彩色图版，突出了对各类图像识别能力的全面培养。

5. 附录实用：进一步修改完善的常见种子植物分科、属、种的检索表及新加的“判断雌蕊类型及组成雌蕊心皮数目的方法”，实用性强，非常便于在课上、课后查阅。

在以上特点的基础上，结合各实验后安排的引导观察的综合思考题，既有利于培养学生独立观察能力，也提高了学生的综合分析问题、解决问题的能力，达到全面培养的目的。

本教材共选编了 20 个实验。使用本实验指导时，各学校可以根据课程教学大纲及学时的要求、实验条件的不同及本地植物种类的情况，适当增减、拆分、合并某些实验内容以及选择其他本地更易找到的实验材料，以便顺利完成实验。

本教材撰写分工见各实验及附录之后署名。全书由王丽、关雪莲统稿。

本教材部分内容及图片借鉴了国内外相关教材和专著，向这些资料的作者表示诚挚的谢意。本书由中国农业大学祖国红老师绘制插图，汪矛教授担任主审，在此表示衷心的感谢。

在教材改编过程中，编者虽经反复修改，几易书稿，但不免仍有欠妥和错误之处，敬请使用本书的师生及其他读者批评、指正，以便进一步修改订正。

编　者

2024 年 5 月

第 1 版前言

实验指导是郑湘如、王丽主编的“面向 21 世纪课程教材”《植物学》教材的配套教材，内容包括植物细胞、组织、营养器官和生殖器官的形态结构，植物界各大类群特征及分类等。

教材编写者力求顺应当前学科发展，充分反映《植物学》实验教学改革的新思路，突破了以往“实验”只为课堂教学内容“求证”的旧模式，提出更高、更全面的实验目的：即除了印证课堂知识外，还要使学生掌握植物学的基本研究法和具有对植物界的基本观察、分析能力。为此，本教材具有以下特点：(1)根据植物学以标本及其图像为研究起点的特点，突出了对各类图像及标本的全面识别能力的培养，配有与实验内容密切相关的彩色图版及识图方法介绍，如取材部位、剖面的分辨，所用观察仪器类型及显像基本原理、标本处理主流程及观察、记录方法等方面内容。(2)为提高学生的动手能力，在一些实验中，增加了新鲜材料徒手切片及制作临时制片的内容，并通过连续徒手切片的观察，建立植物器官的整体性概念。(3)许多实验中安排了引导观察的思考问题及填充题，以培养学生的独立观察能力及分析问题、解决问题的能力。(4)本教材附有常见植物分科及属种检索表，能基本满足实验课种子植物分类的检索需要，可强化对学生解剖观察及鉴定植物能力的培养。

本教材共选编了 20 个实验。使用本实验指导时，各学校可以根据自身《植物学》教学大纲的要求、实验条件的不同及本地植物种类的特点，增减实验内容或选择其他本地更易找到的实验材料完成实验；部分内容也可前后予以调整。

本教材的撰写者均为各校植物学课程骨干教师，上述特点是他们丰富教学经验的融合。撰写分工情况附在各实验及附录之后。书中所用彩色插图除注明外，均由王丽提供。

本教材编写过程中得到中国农业大学郑湘如教授、余炳生教授及汪矛教授的支持和帮助，在此表示衷心感谢。

限于编者水平，可能有不妥和错误之处，敬请大家批评指正，以便修正。

编　者

2002 年 7 月

目　录

实验一　光学显微镜的构造及使用

一、实验目的

(1)了解显微镜及体视显微镜的基本构造。

(2)掌握正确使用显微镜及体视显微镜的方法。

(3)掌握植物顶端分生组织的细胞特点及分生区细胞有丝分裂的特点。

二、实验材料

1.新鲜材料

荠菜(*Capsella bursa-pastoris*)具花的植株,蒲公英(*Taraxacum mongolicum*)花序等。

2.永久制片

洋葱(*Allium cepa*)根尖纵切制片,丁香(*Syringa* sp.)叶横切制片等。

三、实验用品

显微镜、体视显微镜、尖头镊子、解剖针、培养皿、载玻片等。

四、实验内容与方法

光学显微镜的种类很多,繁简不同,在此主要介绍生物学教学中常用的明场显微镜(以下简称显微镜)和体视显微镜两种类型。

(一)显微镜

显微镜可根据目镜数目、光源来源(反射灯光或电光源)及有无照相系统等分为多种型号,目前教学常用的为双目显微镜及配有数码照相系统的显微镜(图 1-1),其基本构造都包括光学系统和机械系统两大部分。光学系统利用光线造成被检物体的放大像,是显微镜的重要组成部分;但光学系统必须依靠机械系统的支持和运用才能发挥其作用。因此,两者的良好配合,才能发挥显微镜的最佳性能。

显微镜一般用于观察各种临时制片或永久制片,其最高分辨率可达 0.2 μm。

1.显微镜的构造

(1)机械系统

①镜座:位于显微镜基部,用以支持镜体,使显微镜放置稳固。

②镜臂:镜臂下端连接镜座,上端通过镜筒固定物镜转换器和目镜。

③载物台:方形或圆形,为放置玻片标本的平台,中部有通光孔,台上有一对弹性夹组成的标本推进器用以固定玻片标本。

④标本推进器旋钮:位于载物台右下方的垂直杆,与载物台上弹性夹组成的标本推进器相连,旋转其上的粗、细旋钮,可使玻片标本横向或纵向移动。

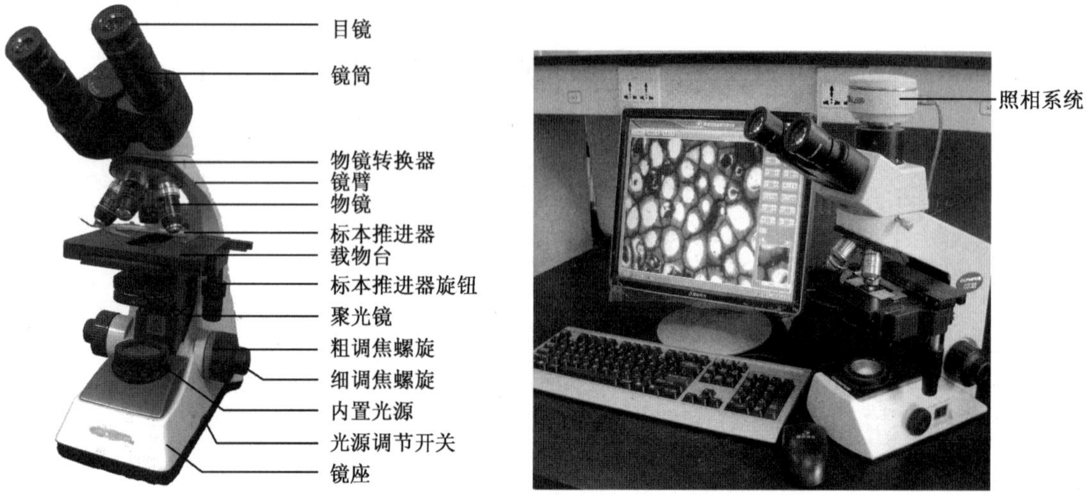

A. 双目显微镜　　B. 具数码照相系统的显微镜

图 1-1　显微镜

⑤镜筒：显微镜上部圆形中空的长筒（可固定在镜臂的上端），镜筒的标准长度一般为 160 mm，与水平面成 35°～45°倾斜，上端插入目镜，下端连接物镜转换器。

⑥物镜转换器：为连接于镜筒下端的圆盘，可自由转动，上面有 4～5 个安装物镜的圆孔。

⑦调焦螺旋：位于镜臂两侧，旋转时可使载物台上下移动，大的叫粗调焦螺旋，在用低倍物镜观察时进行粗调焦时使用；小的叫细调焦螺旋，在用高倍物镜观察时做细调焦时使用。

（2）光学系统

①光源：显微镜的光源内置于镜座内，光强一般可以进行调解。老式的光学显微镜则采用反光镜来取光，反光镜一面是平面镜（一般观察时都用平面镜），只具反光作用；另一面是凹面镜，具反光和聚光作用，适于光线弱时使用。反光镜可以翻转及做各方向的转动。

②聚光镜/器：装于载物台下方的升降架上，由几片凸透镜组成，可把平行的光线集中于一点。聚光镜可以上下移动。用低倍物镜（如 4×）时，由于视场范围大，照明光源不能充满整个视场，这时可下降聚光镜。在聚光镜内有孔径光阑（也叫“光圈”），通过孔径光阑操纵杆，可以调节聚光镜的通光量和照明面积。

③物镜：是显微镜的重要光学部件，安装在物镜转换器上。物镜外侧刻有放大倍率，短的物镜是低倍物镜（4×、10×）；长的物镜是高倍物镜（40×、100×）。其中放大率为 100 的是油镜，使用时物镜与盖玻片之间要加以香柏油（或甘油、石蜡油）作为介质进行观察。

④目镜：装于镜筒上端，放大率为 10×、16×等。有单目及双目显微镜之分。具有双筒目镜的显微镜，其中一个目镜内常装有一个黑色指针（有些型号的显微镜中使用一段头发作指针），用以指示所要观察的部位。而且其中一个目镜的焦距也可以单独调节，用来调整由于人的双眼视力不同导致在观察显微镜时出现的视差；另外，2 个目镜之间的距离可以根据观察者的瞳距进行调节，以使两只眼睛观察的视野重叠。

⑤照相系统：较新的普通光学显微镜已配有数码照相系统，有些还与计算机相连，通过运行特定软件完成观察图像的采集、显示及保存。

2. 显微镜的成像原理

显微镜的物镜与目镜各由若干个透镜组成，但可以把它们各看成是一个凸透镜（图 1-2），根据凸透镜的成像原理，若标本在 $F_1 \sim F_2$ 之间（F 为焦距），则应在 2F 之外成倒立放大的实像。这个物镜所成的像，从显微镜的设计上已考虑到让它正落在目镜的 F 之内，使得物镜所成的像又经过一次放大而成直立的虚像于 250 mm（即明视距离）处。因此，在我们观察标本时，就可以理解标本与通过显微镜所成的像是方向相反的。

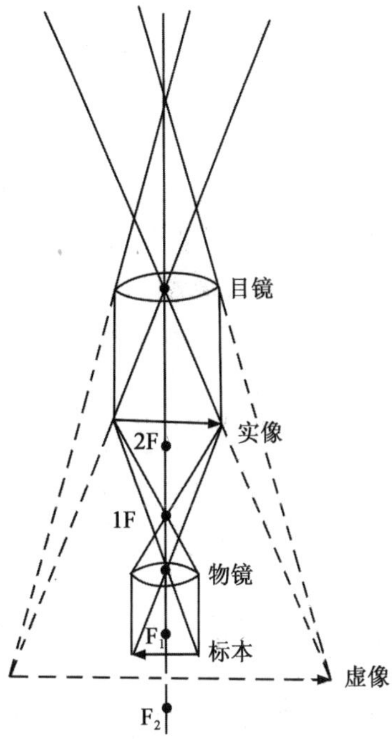

图 1-2　光学显微镜的成像原理

3. 显微镜的使用步骤（以内置光源且双目镜的显微镜为例）

（1）取镜与放置　取镜时应右手握住镜臂、左手平托镜座，保持镜体直立，不可歪斜。特别要禁止用单手提着显微镜走动，防止目镜从镜筒中滑出和反光镜掉落。把显微镜放在桌面时，动作要轻。使用显微镜时，一般把显微镜放置在胸前左侧，镜座与桌边相距 5～6 cm 处；不使用显微镜时，应将显微镜推放在桌面中央。

（2）对光　打开内置光源开关之前，先检查一下亮度调节旋钮是否在亮度最小的位置，然后打开光源开关，并转动亮度调节旋钮，调节好亮度；把聚光镜的孔径光阑开到最大，再把低倍镜（10×）转向中央对准载物台通光孔位置；双眼由目镜向下观察，此时在镜内看到一个圆形明亮区域，叫做“视场”。使用双目显微镜时要根据自己的瞳距调整两个目镜之间的距离，使两个眼睛观察的视场重叠。视场中光线要均匀、明亮、又不刺眼。在视场中可看到指针，转动有指针的目镜，指针的指向也随着变动。

（3）观察

①低倍物镜观察：取丁香叶横切制片置于载物台上（盖玻片朝上），放入弹性夹中夹住载玻片的两端，并将所要观察的材料移到载物台通光孔的中央。然后两眼从侧面注视显微镜，转动粗调焦螺旋，使物镜接近制片至 5～6 mm，再通过目镜观察，同时慢慢转动粗调焦螺旋，使载物台徐徐下降，直至物像清晰为止。此时若视场光线太强，可通过调节光阑和光源亮度使视场达到合适的亮度。注意：在观察过程中移动制片时，观察者在显微镜中观察到的物像的移动方向与实际载片移动的方向是相反的。

②高倍物镜观察：用低倍镜观察时，视场范围较大，而用高倍镜观察则视场范围变窄。因此，当使用高倍镜观察某一部分的细微结构时，首先需要在低倍镜下把所要观察的部分移到视场的中心并调节清晰图像；然后转换到高倍物镜即可观察。如果在用高倍物镜观察时图像不清晰，则需使用细调焦螺旋调节。注意此时镜头与盖片之间的工作距离很短，操作时要十分仔细，以免镜头碰挤制片。在第一次使用一台显微镜时，必须注意高、低物镜是否如上述那样“齐焦”。

显微镜的总放大率是用目镜与物镜的放大率的乘积来表示（在标准筒长下）。如用 10×

物镜与10×目镜相配合，则物体放大100倍(10×10)。

(4)制片的更换 一张制片观察完毕，换另一张制片时，需先旋转物镜转换器，将物镜移开通光孔，取下观察过的制片，换上要观察的制片，然后将低倍镜旋转至通光孔进行观察，需要时再换高倍镜观察。

(5)观察结束 当显微镜使用完毕，需旋转物镜转换器，使物镜离开通光孔或者让最短的物镜对着通光孔；然后把载物台降至最低；取下制片；把显微镜内光源的亮度调到最小，关闭显微镜电源开关；将显微镜放回镜箱中或加盖显微镜防尘罩；最后填写"显微镜"使用情况登记表。

4.显微镜使用时注意事项

(1)调焦螺旋的使用 载物台的升降以及在低倍物镜下观察时可使用粗调焦螺旋；细调焦螺旋一般用于高倍物镜观察，用于调节物象的清晰度；以旋转半圈为度，不宜尽向一个方向旋转，以免细调焦螺旋的机械系统磨损失灵。

(2)高倍物镜观察 使用高倍物镜观察时，必须先在低倍物镜观察清楚图像的基础上，再转换高倍物镜，而且此时，只能徐徐旋转细调焦螺旋，勿使物镜前透镜接触制片，以免磨损、污染高倍物镜。如果观察的制片反差很好时，在用高倍镜观察制片时要把聚光镜升到最高位置，孔径光阑也要开得比较大；反之则需要降低内置光源的亮度、降低聚光镜的高度、孔径光阑也开得较小，使观察的视场较暗一些以增加制片的反差。

(3)制片更换 首先要先将高倍镜移开通光孔，然后取下或装上制片，严禁在高倍镜使用的情况下取下或装上制片，否则可能会污染磨损物镜或碰碎制片。

(4)制片的要求 在观察临时制片时，标本要加盖盖片，并用吸水纸吸去盖片周围多余的液体，擦去载玻片上的液体，再进行观察。严禁不加盖片或在载玻片和盖片上有染液或水的情况下进行观察。

(5)显微镜的清洁 显微镜机械系统上的灰尘，应随时用纱布擦拭。目镜、物镜、聚光镜和反光镜的清洁必须使用特制的擦镜纸擦拭；严禁用手指接触透镜。万一镜头上有油污，可用擦镜纸蘸取乙醚—酒精混合液或二甲苯擦拭，再用干擦镜纸擦拭。

(6)显微镜的维护 使用时不可随意拆卸显微镜的任何部分，如遇故障，必须报告指导教师解决或者请专业人员进行维修。

5.制片观察

(1)根尖顶端分生组织及分生细胞有丝分裂各期特点的观察 取洋葱根尖纵切片，先在低倍镜下区分根冠、分生区、伸长区及成熟区(图1-3)(注意洋葱根尖成熟区外无根毛)。然后找到根尖分生区，观察其顶端分生组织的细胞特点：细胞体积小，排列紧密，无细胞间隙，细胞壁薄，间期细胞的细胞核大等。然后换到高倍镜下进行观察，寻找分生区内正在处于有丝分裂前期、中期、后期及末期的典型细胞(图1-4)，尤其关注细胞核和染色体的变化特点。

有照相系统的显微镜可学习拍摄软件的使用，拍摄不同放大倍数的洋葱根尖各区细胞及有丝分裂各时期细胞的图像。

(2)丁香叶片横切制片观察 取丁香叶片横切制片，依次在低倍镜、高倍镜下观察。正确并熟练掌握制片更换，粗、细调焦螺旋的配合使用及亮度反差的调节等，并拍摄不同放大倍数的各部分结构图像。

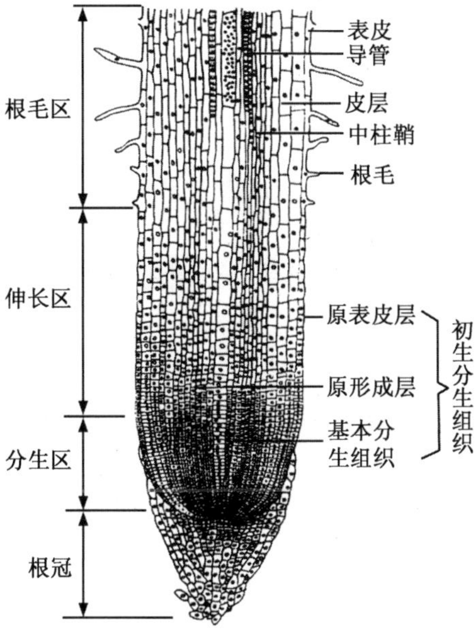

图 1-3　根尖分区示意图

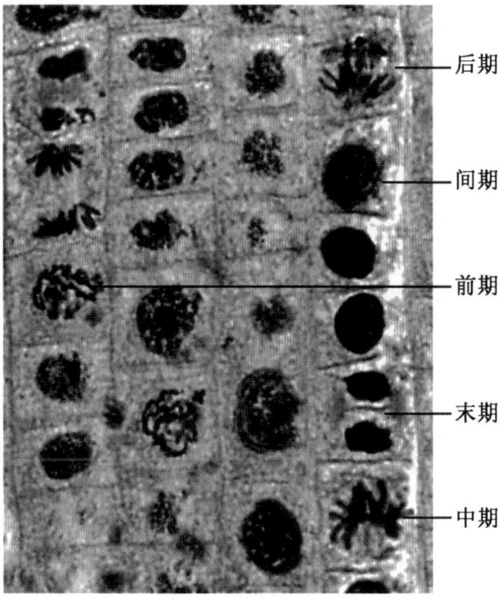

图 1-4　洋葱根尖分生区处于有丝分裂不同时期的细胞

(二)体视显微镜

体视显微镜又称“实体显微镜”或“解剖镜”,是一种具有正像立体感的显微镜。虽然它的最高放大率在 200 倍左右,但其工作距离长、焦深大、视场直径亦大,且图像是正立的,便于操作和解剖,可用来观察比较大的样品,如植物的根、茎、叶、花、果实、种子等器官,观察者可在显微镜下操作和解剖,用以观察表面的形态特征和内部的解剖结构。

1.体视显微镜的构造

体视显微镜的基本结构也分为机械系统和光学系统。机械系统由镜座、镜臂和镜筒构成;光学系统由物镜和目镜构成(图 1-5)。

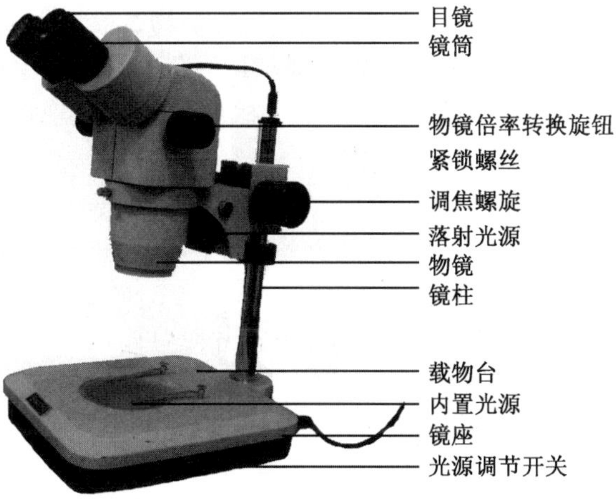

图 1-5　体视显微镜

镜座:在镜座上有载物台及固定制片的压片夹。有些型号的体视显微镜在载物台下面安装有照明光源。

镜臂:镜臂垂直于镜座,在上面固定镜筒、调焦螺旋、以及照明光源。

镜筒:镜筒下面固定物镜,上面固定双筒目镜。

物镜:外观上看体视显微镜只有一个物镜,但有的体视显微镜的物镜放大倍数是可变的,通过物镜倍率转换旋钮可连续变换放大倍数。

目镜:体视显微镜的两个目镜间的距离也是可调节的,其中一个目镜的焦距还可进行单独的微调,以适应每个观察者的瞳距和双眼的视差。

2.体视显微镜的使用

(1)标本放置 为了防止在观察解剖材料过程中污染破损载物台,往往将材料放置在载物台上的培养皿中或载玻片上,然后把标本放置在载物台的中心位置上。

(2)调节光源 如果体视显微镜带有自身的照明光源,首先打开开关,然后调节照明灯的角度使光线照在待观察解剖的标本上。

(3)调准焦距 转动调焦螺旋,直到看清楚标本。

(4)解剖观察 首先用低倍物镜观察,然后把要观察的部位移动到载物台的中心,再通过物镜倍率转换旋钮逐渐增大物镜放大倍数,并通过双手用尖头镊子及解剖针边解剖、边观察。

(5)注意事项 观察结束后把标本拿开,清洁载物台,关闭显微镜自带的照明开关。把显微镜放置到专用的盒中或放在桌面上加盖防尘罩。

3.荠菜花及蒲公英花的解剖观察

分别取荠菜花及蒲公英花序中的小花置于载物台上的培养皿或载玻片上,眼睛注视目镜,双手分别于载物台的左右侧,用尖头镊子及解剖针边解剖边观察。

注意观察荠菜花的萼片、花瓣的数目、分离或联合,雄蕊数目、长短是否一致、雌蕊的子房位置等特点。

观察蒲公英的小花时应注意其花萼变为白色毛发状(称为冠毛),黄色5齿裂的舌状花冠,聚药雄蕊(花药联合成管包于花柱外围,花丝5个分离),2裂的柱头,子房下位等特点。

五、作业

(1)拍摄不同放大倍数的洋葱根尖各区细胞及有丝分裂各时期细胞的图像(或拍摄不同放大倍数的丁香叶各部分结构图像),注明各细胞或结构名称,制作成PPT文件。

(2)总结洋葱根尖纵切制片中顶端分生组织的细胞特点及分生区细胞有丝分裂各时期的特点。

(3)绘荠菜花或蒲公英花的解剖图。

六、综合思考

(1)显微镜的放大率是如何计算的?

(2)使用显微镜观察新鲜未染色的材料做成的制片时,可通过调整显微镜的哪些部分增加材料反差,以得到较好的观察结果?

(3)显微镜与体视显微镜在结构和使用方面有哪些区别?

(关雪莲)

实验二　植物细胞的基本结构

一、实验目的

(1)学习、掌握撕片、刮片、装片、徒手切片等临时制片方法。

(2)掌握光学显微镜下植物细胞的基本结构和细胞内质体的形态结构和分布特点。

(3)掌握植物细胞代谢过程中产生的后含物的形态结构、存在部位及细胞化学鉴定方法。

(4)了解植物细胞原生质运动的特点。

(5)电子显微镜下植物细胞超微结构的识别。

二、实验材料

1. 新鲜材料

洋葱(*Allium cepa*)鳞茎,吊竹梅(*Zebrina pendula*)或紫鸭跖草(*Setcreasea purpurea*)叶和花,小油菜/青菜(*Brassica chinensis*)叶,胡萝卜(*Daucus carota*)根,红辣椒(*Capsicum frutescens*)、番茄(*Lycopersicon esculentum.*)果实,黑藻(*Hydrilla verticillata*)植株,马铃薯(*Solanum tuberosum*)块茎,花生(*Arachhis hypogaea*)种子,小麦(*Triticum aestivum*)颖果,葱(*Allium fistulosum*)或蒜(*Allium sativum*)半干的鳞叶,不同色彩的月季(*Rosa chinensis*)、菊花(*Dendranthema* sp.)、三色堇(*Viola tricolor*)、非洲紫罗兰(*Saintpaulia ionantha*)花,彩叶草(*Coleus blumei*)、印度橡皮树(*Ficus elastica*)叶片等。

2. 永久制片

松(*Pinus* sp.)茎离析管胞制片,柿(*Diospyros kaki*)胚乳制片,蓖麻(*Ricinus communis*)种子制片,松茎三切面制片,夹竹桃(*Nerium indicum*)叶片横切制片,小麦(*Triticum aestivum*)颖果纵切制片。

三、实验用品

显微镜、尖头镊子、载玻片、盖玻片、吸水纸、单/双面刀片、培养皿、纱布、I_2-KI 水溶液、苏丹Ⅲ溶液等。

四、实验内容与方法

(一)植物细胞的基本结构

洋葱鳞叶表皮细胞的观察——撕片法。

先取洁净的载玻片,在上面加一滴清水。然后取新鲜洋葱鳞叶,用刀片在鳞叶向外的一面,即凸面(凹面也可以用,但常常不易见到细胞核)横切一条裂口,自裂口的上方或下方10 mm 处与表面平行插入镊子夹取表皮,当撕至裂口时,表皮即从此处断开,而不至于撕下很长的一条。表皮撕下后,撕面朝下立即放入载玻片的水滴中,此时若撕下的表皮面积过大,可用刀片切成小块,若发生皱褶或重叠,可用镊子或解剖针将其铺平;使用镊子夹住盖玻片使盖片一边先接触水滴,然后轻轻放下盖片,目的是防止产生气泡。盖上盖玻片后如果观察到制片中有气泡,可用镊子轻轻敲打盖片,驱除气泡。

撕取的洋葱表皮仅有一层细胞,在低倍镜下好像一网状结构,每一网眼即为一个细胞,网格为细胞壁,细胞排列紧密没有细胞间隙。选择最清晰的部分移到视场中央,用高倍镜对表皮细胞的内部结构及相邻细胞进行仔细观察(图 2-1)。

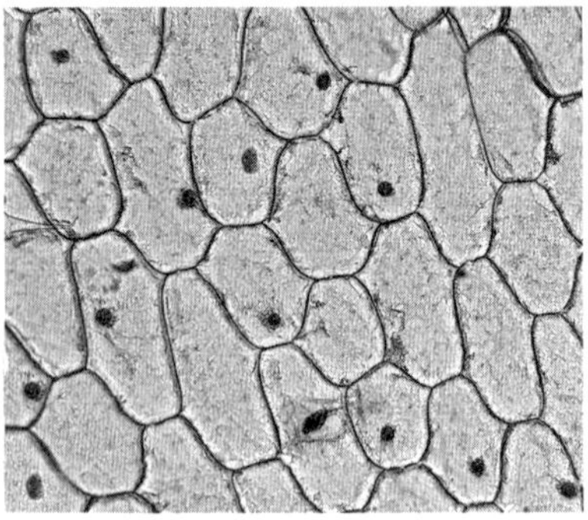

A.10×10

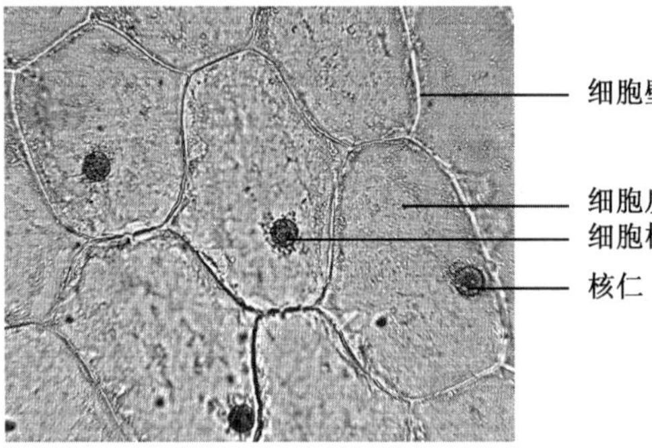

B.40×10

图 2-1 洋葱鳞叶表皮细胞

在光学显微镜下,可以观察到洋葱表皮细胞的细胞壁、细胞核、核仁、细胞壁上的纹孔对等。为了清晰地显示细胞结构,观察过新鲜材料之后,可以用 I_2-KI 对材料进行染色后再观察:从显微镜上取下制片,从盖片的一侧慢慢滴上 1~2 滴 I_2-KI 溶液(滴在盖玻片边缘的载玻片上),然后用吸水纸从盖片的另一端将染液引入盖片与载玻片之间,对材料进行染色。对比染色后与染色前的观察结果是否一致?细胞的哪些结构发生了变化?

(二)质体

1. 白色体

白色体是不含可见色素的质体,多存在于幼嫩细胞或贮藏细胞中,有些植物叶的表皮细胞中也有白色体。用撕片法撕取吊竹梅或紫鸭跖草叶下表皮,观察气孔器的副卫细胞或表皮细胞中的白色体(图 2-2,**彩版** 1-1)。这些白色体呈圆球形、无色,多位于细胞核的周围。

在洋葱鳞叶表皮的撕片中,其表皮细胞中也可找到白色体。

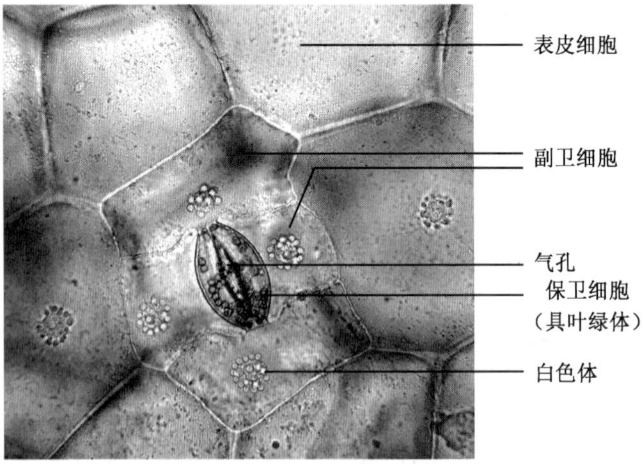

图 2-2 吊竹梅叶下表皮细胞及气孔器

2.叶绿体

利用吊竹梅(或青菜)叶下表皮临时制片,观察保卫细胞中的绿色颗粒,即为叶绿体(图2-2,**彩版** 1-1);或撕取一片黑藻的叶片放在载片上,加一滴清水并盖上盖片后,在显微镜下观察到叶肉细胞中大量的绿色的小球就是叶绿体。

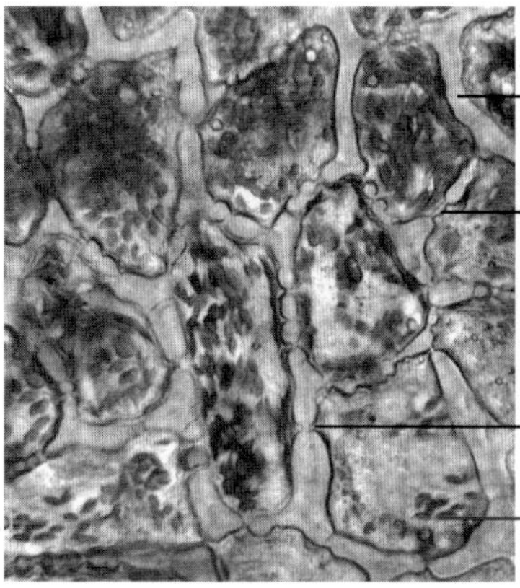

图 2-3　红辣椒果皮细胞

3.有色体

常存在于花瓣或成熟的果实细胞中。切取一小块红辣椒果皮,用双面刀片把果肉刮掉(刮片法),把剩下的呈透明的表皮放到载玻片上加一滴清水,盖上盖片后置低倍镜下观察;然后选择薄而清晰的区域换高倍镜下观察,可看到许多橘红色的小颗粒即有色体(图2-3,**彩版** 1-2)。

(三)纹孔与胞间连丝

1.纹孔

(1)在上述洋葱鳞叶表皮制片中或在红辣椒果皮(图2-3,**彩版** 1-2)制片中,均可在细胞侧壁上观察到两相邻细胞的细胞壁上呈念珠状,在发生相对凹陷处即为单纹孔对,注意观察纹孔对中有纹孔膜存在。

(2)取松茎离析管胞制片,在管胞壁上可见具缘纹孔(呈同心圆状)(图2-4)。

(3)取松茎三切面制片,从低倍镜到高倍镜观察木质部管胞在横切面和切向切面上可见具缘纹孔的剖面观;在径向切面上可见具缘纹孔表面观呈同心圆形态(**彩版** 1-12b,1-13b,1-14b)。

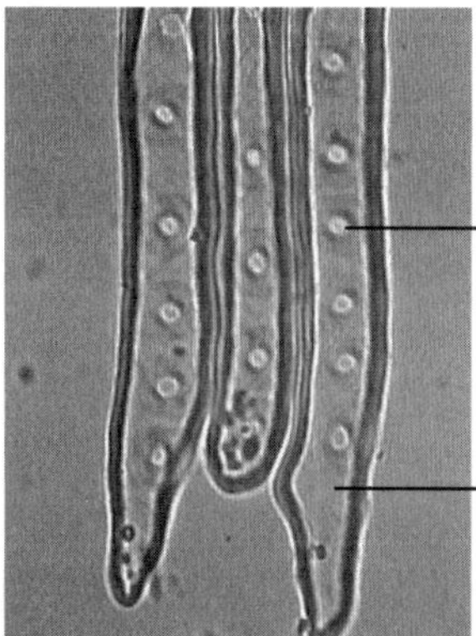

图 2-4　松茎木材离析示管胞壁上的具缘纹孔

2.胞间连丝

观察柿胚乳制片,柿胚乳细胞呈多边形,可见胞间层较薄,色深,初生壁很厚,细胞腔很小,近于圆形(有时在制片过程中原生质体被洗掉而呈空白透明状,有些没洗掉的原生质体则呈深色凝聚团状);在高倍镜下仔细观察可见到相邻两个细胞壁上有许多胞间连丝穿过(图2-5,**彩版** 1-3),这些胞间连丝是经过特殊染色加粗后显示出来的。

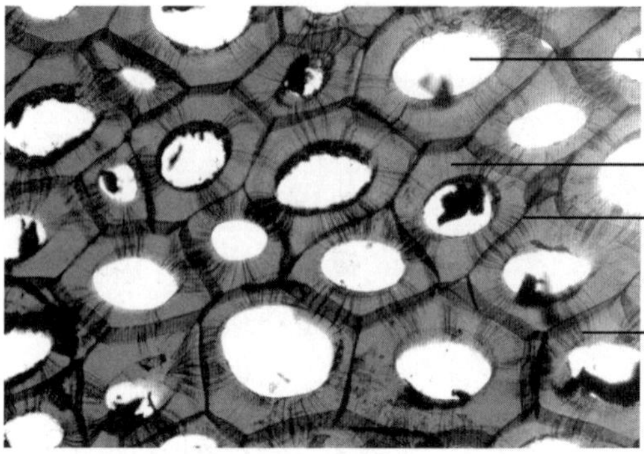

图 2-5 柿胚乳细胞(示胞间连丝)

(四)后含物

1.淀粉粒

取马铃薯块茎做徒手切片(操作方法见附录 5),制成临时制片。在低倍镜下可看到大小不同的卵圆形或圆形颗粒,即为淀粉粒。选择颗粒不稠密且互不重叠处换用高倍镜观察,可见淀粉粒的脐和轮纹(**彩版** 1-5a)。在完成上述观察后,用 I_2-KI 溶液进行染色观察(方法与上述洋葱鳞叶表皮细胞制片观察后再染色的方法一样),淀粉粒被染成蓝色(**彩版** 1-5b)。还可仔细观察辨别淀粉粒的类型(图 2-6)。

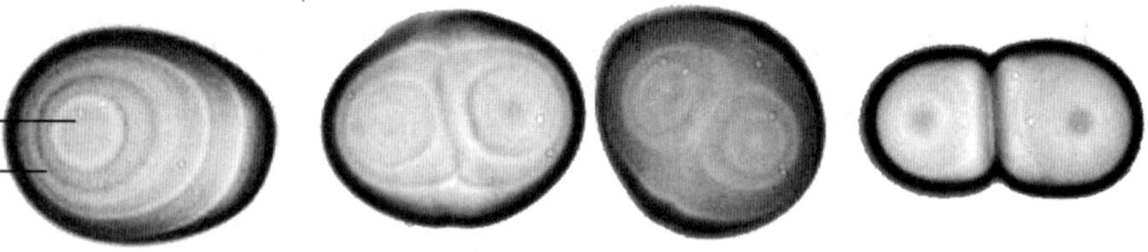

图 2-6 淀粉粒的类型

2.蛋白质

取蓖麻种子永久制片,或做其胚乳徒手切片,制成临时制片后在显微镜下观察。可见每个胚乳细胞中都含有多数椭圆形的糊粉粒(蛋白质),每个糊粉粒外为无定形蛋白,中间有 1～2 个球晶体(图 2-7,**彩版** 1-4)。

取小麦颖果纵切制片,在低倍镜下观察种皮内侧胚乳的最外层,由方形细胞组成的糊粉层,其细胞中有很多小颗粒状的糊粉粒(图 2-8,**彩版** 1-6),换高倍镜下仔细观察糊粉粒的结构。

或将花生种子的子叶做徒手切片,滴加 I_2-KI 液溶液,在显微镜下观察到被染成淡黄色的球状颗粒即为糊粉粒,同时被染成蓝色的颗粒为淀粉粒(**彩版** 1-7)。

3.脂肪和油滴

取花生子叶做徒手切片,取较薄的切片放在载玻片上,加一滴苏丹Ⅲ溶液染色后,加上盖片后在显微镜下观察,可看到细胞中油滴呈现透明的橙红色,常会逸出细胞之外(**彩**

版 1-6)。

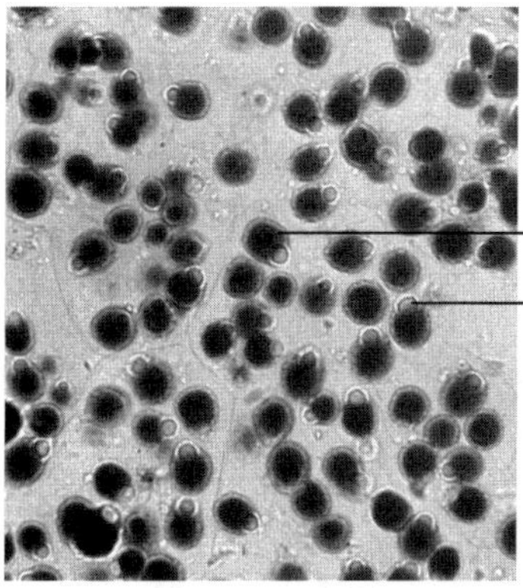

图 2-7 蓖麻胚乳细胞,示糊粉粒

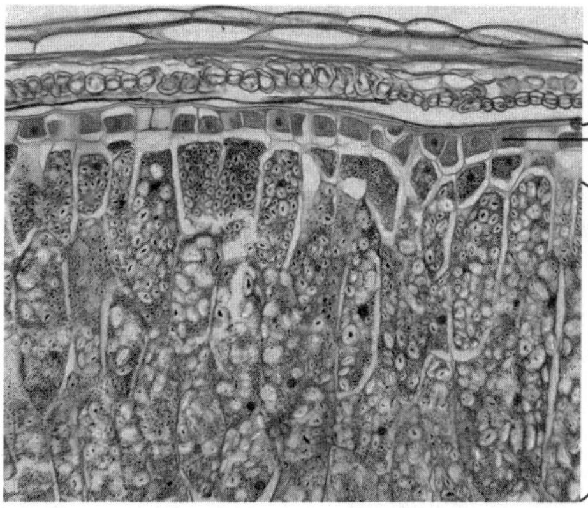

图 2-8 小麦颖果切面,示糊粉层

4. **晶体**

晶体是植物细胞常见的代谢产物,从化学成分看主要有草酸钙和碳酸钙两类。草酸钙结晶有单晶体(棱柱状晶体)、针形结晶体、晶簇和砂晶等。碳酸钙结晶不普遍,在少数植物的叶表皮细胞中碳酸钙结晶呈现悬挂的桑葚状膨大物,称钟乳体。

(1)针形结晶体 撕取吊竹梅叶片的下表皮,做临时制片。在低倍镜下即可见到针形的结晶体,这些针形结晶体常被挤压到细胞外(图 2-9A)。

(2)单晶体 取一小片较薄的、半干的葱、洋葱或蒜的鳞叶,放在载玻片上的清水中并盖上盖片,做成临时装片。在高倍镜下可看到细胞中长方形或多边形的单晶体(图 2-9B)。

(3)晶簇 观察夹竹桃叶片横切片制片,在有些叶肉细胞中具有漂亮的花朵似的晶簇(图 2-9C,**彩版** 1-8)。

(4)钟乳体 取印度橡皮树叶片做徒手横切片,观察其上表皮由多层细胞构成,为复表皮,其表皮细胞中具钟乳体(图 2-9D)。

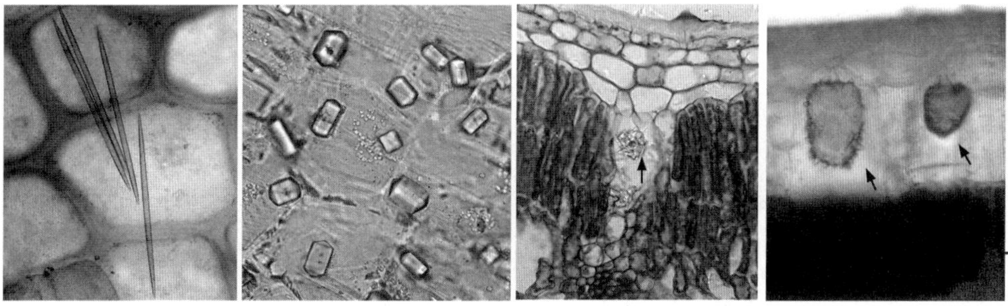

图 2-9 植物细胞中的晶体

A. 吊竹梅叶片中的针形结晶体 B. 葱鳞叶中的单晶体 C. 夹竹桃叶片中晶簇(箭头所指) D. 印度橡胶树叶片上表皮细胞中的钟乳体(箭头所指)

(五)植物细胞的超微结构

图 2-10 为透射电镜下植物细胞的超微结构图像。仔细观察辨认以下结构:细胞核(N)、核仁(Nu)、核膜(NM)细胞壁(CW)、质膜(PM)、线粒体(M)、高尔基体(D)、内质网(ER)、细胞间隙(Is)、叶绿体(Ch)、液泡(V)和胞间连丝(PD)等。

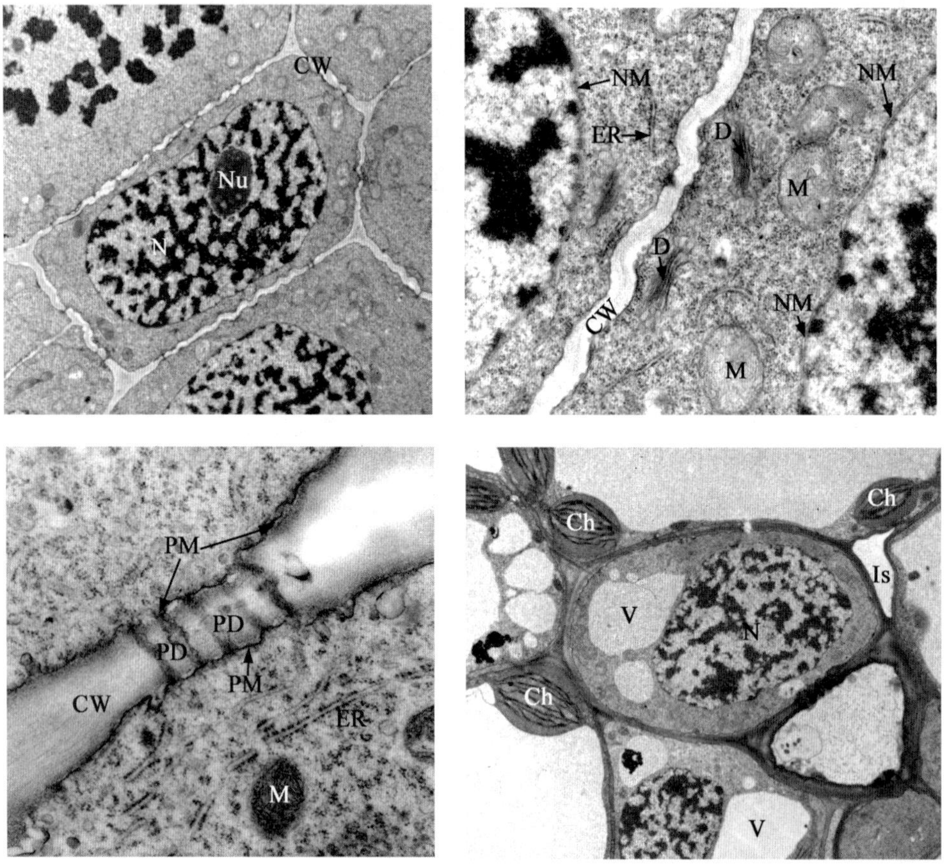

图 2-10 植物细胞的超微结构(右下图由王幼群提供)

(六)原生质的运动

1.黑藻叶肉细胞中原生质运动

摘取一小片较幼嫩黑藻的叶片放在载片上,加一滴清水并盖上盖片(装片法)后,在显微镜下观察到叶肉细胞中大量的呈绿色的叶绿体。观察近叶缘或近中脉的叶肉细胞中的叶绿体,仔细观察会发现叶绿体在细胞内沿一定的方向移动。叶绿体本身不具有主动运动的能力,它的移动是由于细胞的原生质的流动导致的。

注:当实验室房间的温度较低时,叶绿体的移动不明显。为了改善观察效果,可以把室外采回来的黑藻放在温水中并用强光照射;另外做好的叶片制片可放在载物台上,把显微镜内置光源的亮度调到最大、聚光镜的孔径光阑也打开到最大,让强光穿透叶片,这样照射一段时间后就可以看到明显的叶绿体随原生质流动而移动的现象。

2. 紫鸭跖草花丝表皮毛细胞的原生质运动

用镊子夹取紫鸭跖草雄蕊花丝，制成临时制片（装片法）。在低倍镜下可见花丝的表皮毛都是由许多椭圆形细胞连接而成。在高倍镜下可看到每个细胞都有几个液泡，中间悬着一个细胞核，周围是细胞质，并由一些细胞质丝与细胞周边的细胞质相连。转动细调焦螺旋，可以看到细胞质中许多小颗粒在流动。

（七）综合观察——叶片、花瓣或果皮色彩形成原因的观察及鉴定

选取带有不同颜色的叶片、花瓣或果皮，如吊竹梅、紫鸭跖草、彩叶草叶片，不同色彩的月季、菊花，三色堇、非洲紫罗兰的花及番茄的果皮、胡萝卜的根等。通过各种临时制片方法做好制片后，在显微镜下观察细胞内色素的颜色和存在部位特点，判断哪种植物和哪些细胞中含有数量较多的颗粒状等其他形状的有色体，哪些含有存在于液泡中的花青素。

注：有些植物在同一细胞中有可能有色体与液泡中的花青素同时存在。

五、作业

（1）拍摄光学显微镜下所观察的典型结构图像（不同放大倍数），制作 PPT，注明每个图像的详细结构。

（2）根据实验观察，总结光学显微镜下能观察到的植物细胞结构及其执行的生理功能。

六、综合思考

（1）如何通过实验鉴定淀粉、蛋白质及脂肪？

（2）如何通过实验观察判断各种色彩的叶片、花瓣及果皮中颜色是由有色体形成还是由液泡中的花青素形成？

（关雪莲）

实验三　植物组织的类型

一、实验目的

(1)掌握植物体各种组织的类型及分布部位。

(2)掌握各种组织的细胞形态结构特征及与其功能的适应性。

(3)了解某些植物细胞的分化过程。

(4)进一步熟悉临时制片的一些方法。

二、实验材料

1. 新鲜材料

小油菜(青菜)(*Brassica chinensis*)、蚕豆(*Vicia faba*)、玉米(*Zea mays*)、小麦植株,大豆(*Glycine max*)幼苗,芹菜(*Apium graveolens*)、芫荽(香菜)(*Coriandrum sativum*)叶柄,梨属(*Pyrus*)果实,番茄(*Lycopersicon esculentum*)、烟草(*Nicotiana tabacum*)植株,桂花(*Osmanthus fragrans*)叶片,柑橘属(*Citrus*)果皮,松属(*Pinus*)茎的木材及蚕豆种皮离析材料。

2. 永久制片

南瓜(*Cucurbita moschata*)茎的横、纵切制片,洋葱(*Allium cepa*)、玉米(*Zea mays*)根尖纵切制片,椴树属(*Tilia*)茎横切制片,棉花(*Gossypium hirsutum*)茎、老根及叶横切制片,桃(*Amygdalus persica*)叶、夹竹桃叶、松叶横切制片,蚕豆根毛区、水稻(*Oryza sativa*)老根横切制片。

三、实验用品

显微镜、尖头镊子、载玻片、盖玻片、吸水纸、单/双面刀片、培养皿、纱布、I_2-KI水溶液、苏丹Ⅲ溶液等。

四、实验内容与方法

(一)分生组织

1.顶端分生组织

取玉米或洋葱根尖纵切片,观察顶端分生组织的细胞特征,区分原生分生组织和初生分生组织。注意原生分生组织细胞有无分层现象。

2.侧生分生组织

观察椴树茎(或棉花老根)横切制片,在次生韧皮部和次生木质部之间的几层扁平细胞就是茎的(维管)形成层细胞(参见图6-7)。在周皮形成过程中,在木栓层和栓内层之间的几层也呈切向扁平的细胞为木栓形成层(参见图3-2);维管形成层与木栓形成层细胞各排列成一圈,位于植物体的外侧,因此称为侧生分生组织。

(二)保护组织(结构)

1.初生保护结构——表皮

(1)蚕豆叶表皮　撕取蚕豆叶下表皮,做临时制片(为了便于观察可用 I_2-IK 溶液染色)。在高倍镜下观察,表皮细胞为不规则形状;排列紧密,没有细胞间隙;细胞内无叶绿体存在;细胞核位于细胞的边缘,细胞的中央常为中央大液泡占据。表皮细胞之间还分布着许多气孔器。蚕豆的气孔器由 1 对肾形的保卫细胞和保卫细胞之间围成的孔——气孔构成(表面观看不到孔下室)(图 3-1A)。保卫细胞中含有大量的叶绿体,靠近气孔处的细胞壁较厚。

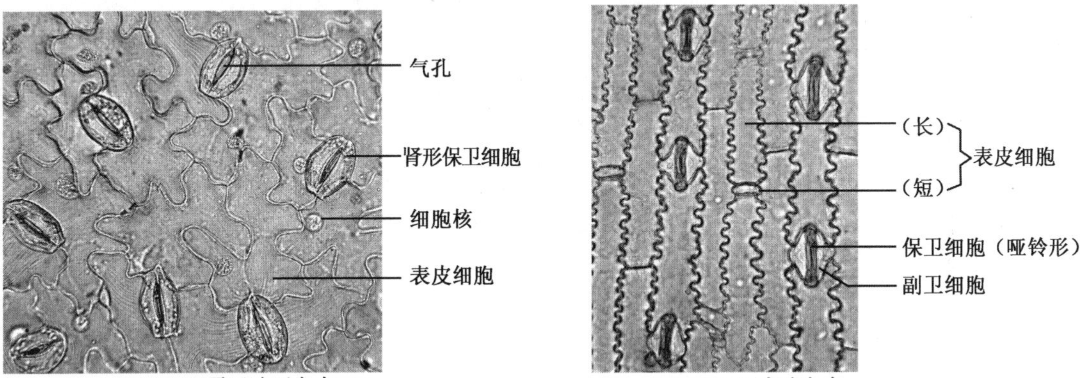

A. 蚕豆叶下表皮　　B. 玉米叶表皮

图 3-1　表皮

(2)玉米或小麦叶表皮　取新鲜玉米或小麦叶片,用刀片将叶片一面的表皮、叶肉和叶脉刮掉,剩下无色透明的另一面叶表皮。切取下一小片表皮做成临时制片观察,可看到:表皮细胞多为长条形细胞,称为长细胞;表皮细胞的侧壁常呈波纹状,相邻的表皮细胞镶嵌紧密,没有胞间隙。在纵列的长细胞之间夹有短细胞,有些短细胞的外壁向外突起形成表皮毛。气孔器是由一对哑铃形的保卫细胞、气孔和位于保卫细胞外侧的一对副卫细胞构成(表面观看不到孔下室)(图 3-1B)。

2.次生保护结构——周皮(图 3-2,彩版 2-15)

周皮为复合组织。观察椴树茎横切制片:在外方有几层被染成褐色的细胞就是木栓层细胞,特点是:细胞排列紧密、细胞壁明显增厚,无胞间隙。木栓层具有不透气、不透水的特性,具有很好的保护作用。在木栓层内侧的蓝绿色扁平细胞,为木栓形成层(侧生分生组织)。在木

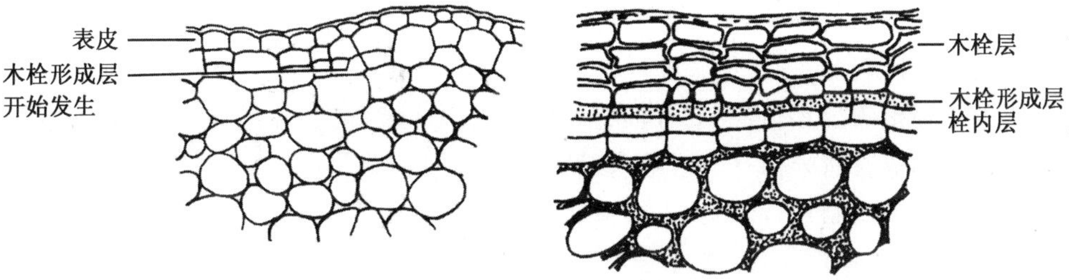

图 3-2　木栓形成层的产生及周皮的形成

栓形成层内侧的薄壁细胞，是栓内层。木栓层、木栓形成层及栓内层共同构成的结构就叫周皮（参见图 6-7）。

（三）薄壁组织的类型及细胞特点

薄壁组织又称营养组织、基本组织，在植物体中分布最广。营养组织细胞具有以下特点：体积大、细胞壁薄、有较大的胞间隙、细胞内常有大液泡。根据营养组织行使功能的不同，营养组织又可划分为以下几种类型。

1.通气组织

观察水稻老根横切制片，在水稻老根的皮层中有一部分细胞解体，形成大的空腔（气腔），具有通气的作用（图 3-3），称为通气组织。

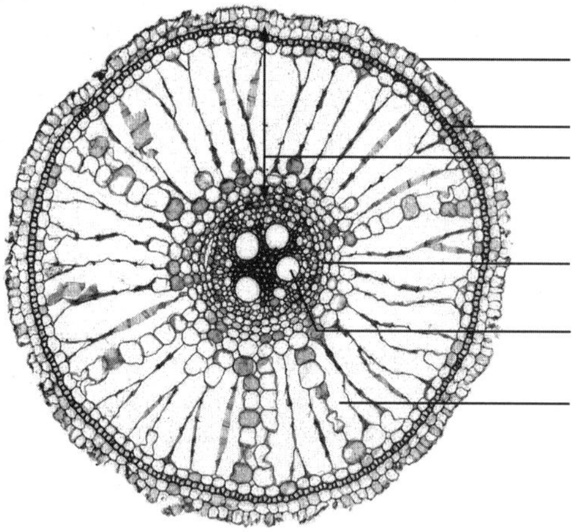

图 3-3　水稻老根横切面，示通气组织

2.同化组织

观察夹竹桃（图 7-7，**彩版** 1-8）（或棉、桃）叶横切制片，在叶的上下表皮之间的部分就是含丰富叶绿体的叶肉细胞——同化组织。同时观察其复表皮（表皮细胞多层）及气孔窝的特点。

3.贮藏组织

观察马铃薯块茎中含有淀粉粒的薄壁细胞（**彩版** 1-5a，1-5b）、蓖麻种子胚乳中含有糊粉粒的薄壁细胞（**彩版** 1-4），它们均属于贮藏组织。

观察棉茎、椴树茎横切片中的皮层与髓的细胞，均为贮藏组织。

4.吸收组织

位于根尖的根毛区，包括表皮细胞和根毛，其功能是吸收水分和溶于水中的无机盐。

观察新鲜的小麦根尖压片，根尖上有根毛大量着生的区域称为“根毛区”。注意观察有的表皮细胞向外突起形成管状结构——根毛（参见图 5-1）。

观察蚕豆根毛区横切制片，许多表皮细胞的外壁向外突起并延伸形成根毛（参见图 5-2）。

(四)机械组织

1.厚角组织

取芹菜或芫荽(香菜)叶柄,作横切徒手切片进行观察。在横切面上,厚角组织分布于叶柄外围突起的棱角处,紧接表皮内侧。其细胞特点是:细胞壁透亮,胞间层可见,初生壁在角隅处加厚,看起来很像一星芒状结构。其中暗灰色的"洞穴"是细胞腔,里面充满原生质体(图 3-4)。注意识别叶柄中的维管束。

也可观察南瓜茎横切制片,在表皮内侧有厚角组织存在(**彩版** 1-10)。

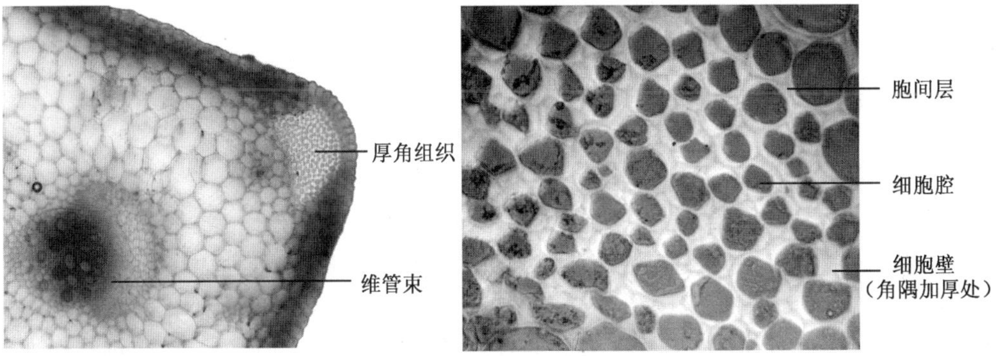

A.棱角处表皮内方成束状分布的厚角组织　　B.厚角组织放大

图 3-4　芹菜叶柄横切面

2.厚壁组织

(1)纤维　观察南瓜茎的横、纵切制片,在皮层中染成红色的几层细胞即为厚壁组织:其横切面细胞口径小、多边形、细胞壁加厚均匀;纵切面为纵向很长的细胞,故称纤维(**彩版** 1-10)。

(2)石细胞　用镊子夹取梨果肉中近内果皮处砂粒状的一团细胞(石细胞群),置于载玻片上,用镊子的背部将其压散开,加上一滴水制成临时制片观察,可见暗色石细胞群。石细胞的次生壁全面增厚,壁上有分枝或不分枝的"纹孔沟",细胞腔小,原生质体消失(图 3-5)。

作蚕豆种皮的离析材料装片,观察种皮中 2 种形态的石细胞(图 3-6)。

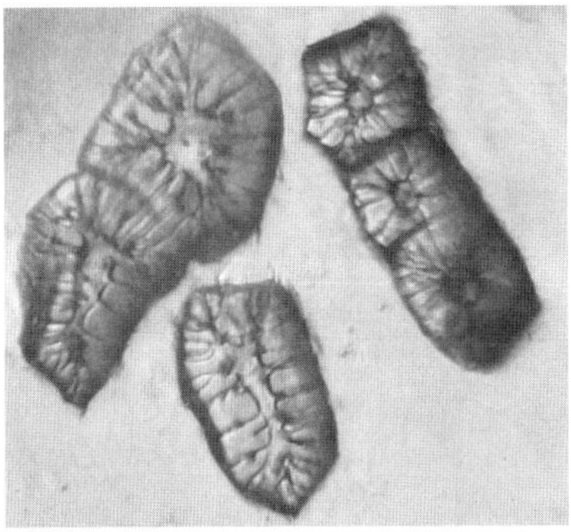

图 3-5　梨果肉中的石细胞

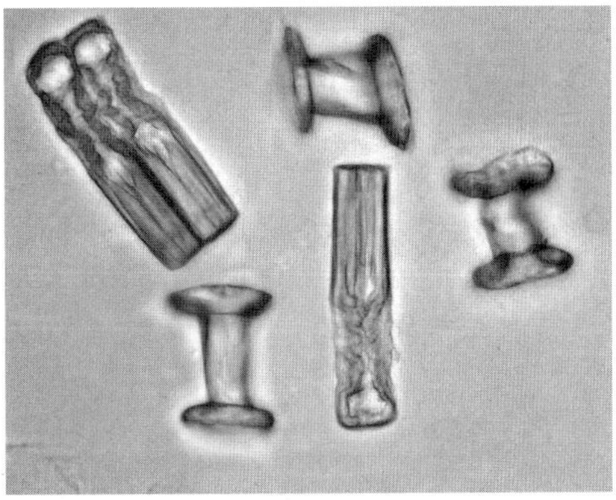

图 3-6　蚕豆种皮中两种形态的石细胞

取桂花老叶作徒手横切片，观察叶肉中的石细胞(图 3-7)。

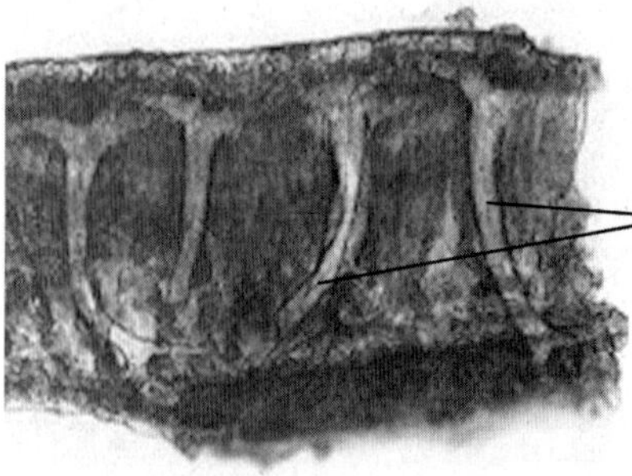

图 3-7 桂花老叶徒手横切片，示叶肉中的石细胞

(五)输导组织

1. 导管、筛管及伴胞

观察南瓜茎中输导组织的结构。在横切片中可看到 5～7 个较小的维管束和 5～7 个较大的维管束相间排列(**彩版** 1-9)，选择 1 个较大的维管束仔细观察，自外向内依次为外韧皮部、束中形成层、木质部和内韧皮部(图 3-8)。在木质部中可见由于细胞壁木质化被染成红色近圆形的导管分子的横切面；在韧皮部可见筛管与伴胞常相伴而生，它们是活细胞，细胞壁非木质化，被染成蓝绿色，筛管为多边形的细胞，其细胞壁被染成蓝绿色；有些筛管中还可看见筛板和筛孔，在筛管旁边的四边形或三角形的较小的薄壁细胞，即为伴胞(图 3-9)。在茎的纵切片中可在木质部中观察到环纹、螺纹、梯纹、网纹和孔纹 5 种类型的导管分子(图 3-10，**彩版** 1-11)(有的切片中，只能观察到 2 或 3 种类型的导管分子，故应多观察几张制片)；在韧皮部中可观察到筛管是由许多长形的细胞——筛管分子连接而成，两个筛管分子连接处即为筛板的位置(注意能否看到筛孔?)。在筛管分子中，细胞核已解体，原生质体由于制片的影响，向中部收缩而成束状；伴胞是在筛管分子旁边的小型的长细胞，比筛管分子短，具有细胞核；有时还能观察到筛管分子侧壁上的筛域。

取大豆幼苗下胚轴约 5 mm，做纵切徒手切片或直接压片，将临时制片置显微镜下观察，可见细胞壁呈螺纹加厚的导管等。

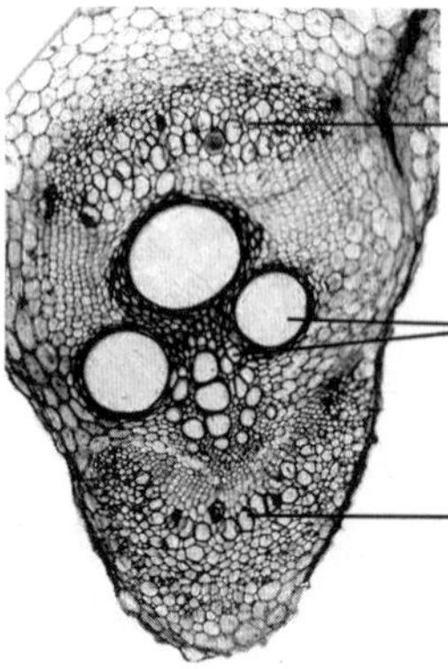

图 3-8 南瓜茎中一个双韧维管束的横切面

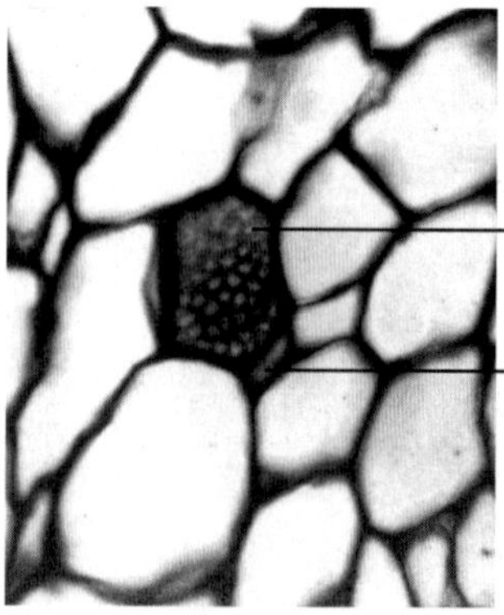

图 3-9 韧皮部放大，示一个筛管(具筛板和筛孔)及伴胞的横切面

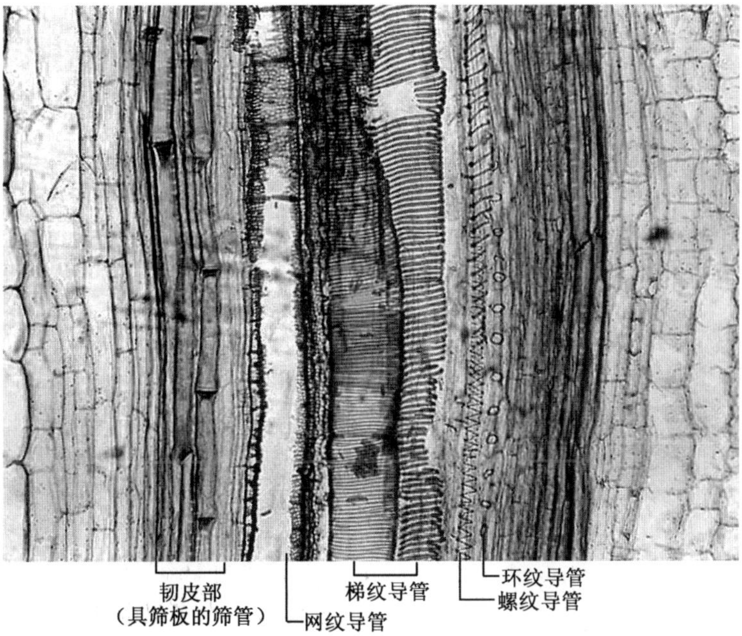

图 3-10　南瓜茎中通过维管束的纵切面

2. 管胞

取松茎离析材料制片(或松茎离析液一滴,置于载玻片上做成临时制片)进行观察。成熟的管胞分子为长梭形,端壁倾斜,细胞壁加厚木质化,细胞壁上有具缘纹孔(参见图 2-4)。管胞分子也有多种类型:螺纹管胞、环纹管胞、梯纹管胞、网纹管胞、孔纹管胞。

(六)分泌组织(结构)

1. 外分泌结构

腺毛:取番茄、烟草等幼茎做横切临时制片(或在体视显微镜下观察番茄幼茎),可见在表皮上有大量的表皮附属物,其中又长又尖的毛,是表皮毛;另外一种是分为"头"和"柄"结构的腺毛(图 3-11)。

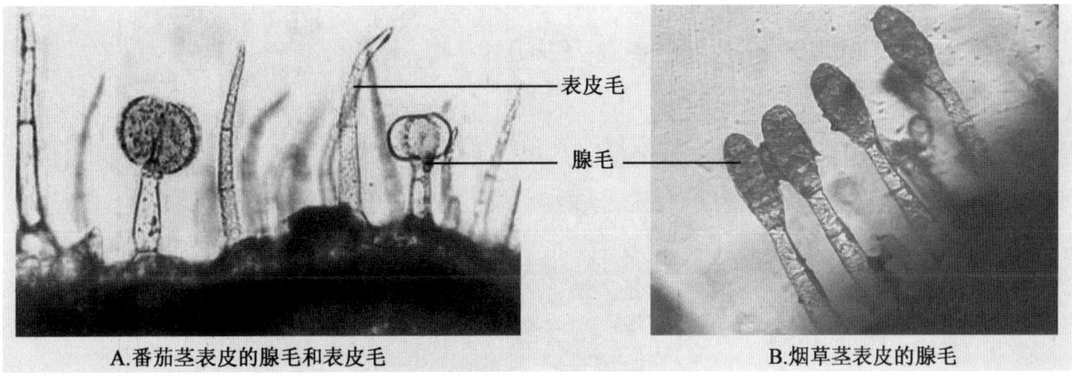

图 3-11　外分泌结构

2. 内分泌结构

(1)分泌腔　做橘皮(外果皮)徒手切片观察,能看到一些透亮的区域或孔洞,即为分泌腔(图3-12A)。

观察棉叶或棉茎横切制片,在茎及叶的外表均能看到腺毛;在叶肉或皮层中能看到分泌腔及异细胞等。

(2)树脂管(道)　观察松针叶横切制片,在叶肉中可见树脂道。树脂道由外层的鞘细胞和内层的上皮细胞围成,上皮细胞分泌树脂于管道内(图3-12B)。

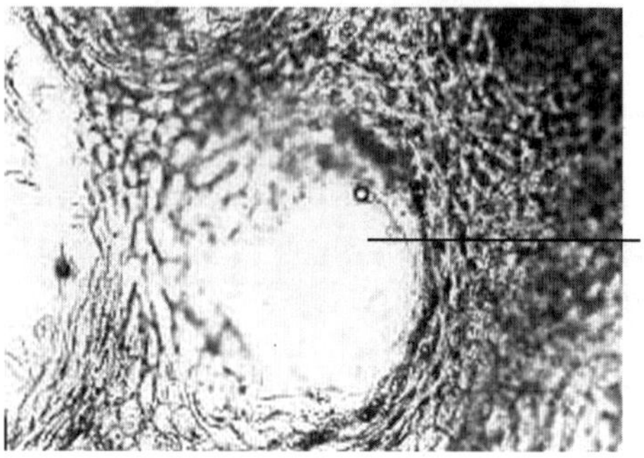

A.柑橘果皮中的分泌腔

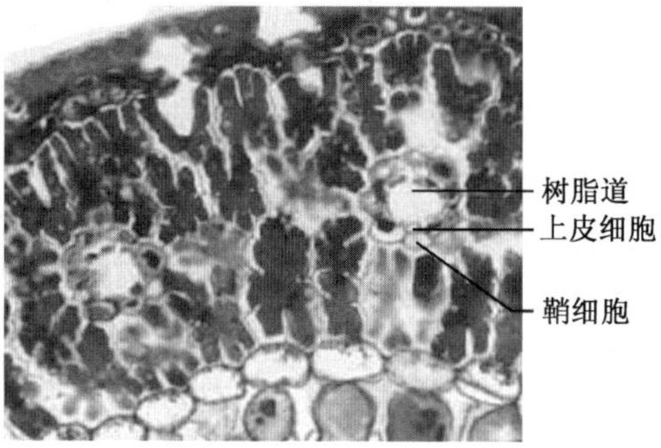

B.松叶中的树脂道

图 3-12　内分泌结构

(七)综合观察

植物器官由多种组织构建而成;不同组织的协调配合,使器官有效地行使功能。

植物器官中几种组织的分布及特征综合观察:

取南瓜茎横、纵切面制片观察,注意对照从外到内表皮、厚角组织、厚壁组织、薄壁细胞、外韧皮部、束中形成层、木质部、内韧皮部及髓腔等结构在横切面及纵切面的分布位置和细胞特征,建立不同组织细胞的三维立体构象;指出这些结构分别属于或包含哪些组织,各执行什么功能(图3-13,图3-14,**彩版** 1-9、1-10、1-11)。

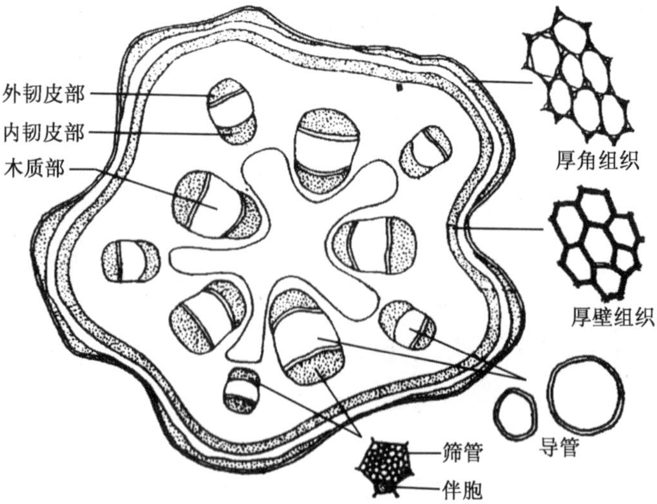

图 3-13　南瓜茎横切面示意图

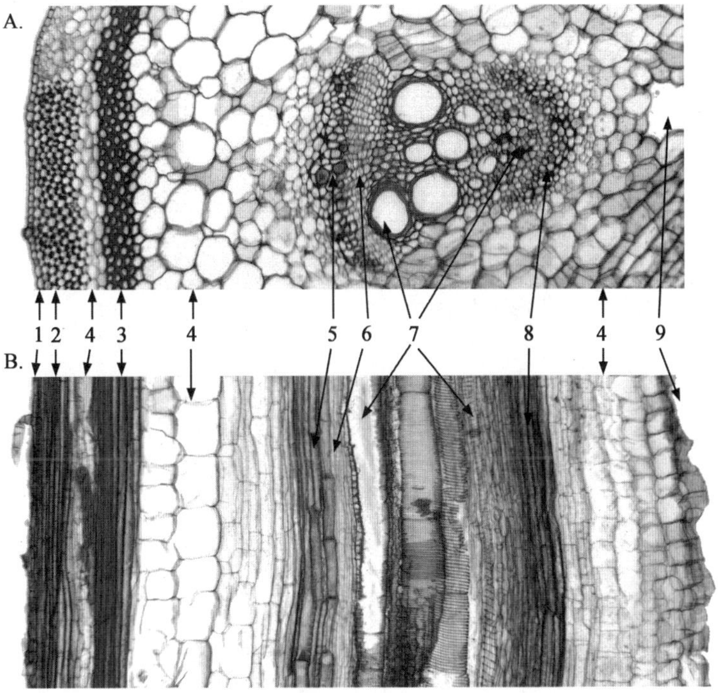

图 3-14　南瓜茎部分横(A)、纵(B)切面图

1.表皮　2.厚角组织　3.厚壁组织　4.薄壁细胞　5.外韧皮部
6.束中形成层　7.木质部　8.内韧皮部　9.髓腔

五、作业

(1)拍摄实验中观察到的各种组织类型图像(不同放大倍数),制作 PPT,注明组织名称,并在图像下方简要说明各组织的存在部位、结构特征及其功能。

(2)绘制蚕豆叶表皮细胞图,并注字。

(3)从结构和功能上比较它们的区别:①分生组织与成熟组织;②表皮与周皮;③筛管与导管;④厚角组织与厚壁组织。

六、综合思考

(1)选择植物体中任何一种组织,阐述其发生、分化和发育成熟的过程,并分析讨论该组织可能的去向与变化。

(2)薄壁组织在植物体内的分布及其功能。

(3)在 5 种成熟组织中,哪些组织的细胞具有脱分化能力?哪些次之、哪些无脱分化能力?

(孟　雷)

实验四　植物种子与幼苗的形态和类型

一、实验目的

(1)掌握植物种子的基本形态结构和类型。

(2)掌握植物幼苗的类型及形成原因。

二、实验材料

1.新鲜材料

大豆、蚕豆、蓖麻(*Ricinus communis*)等种子,玉米、小麦颖果,大豆[或菜豆(*Phaseolus vulgaris*)]、蚕豆[或豌豆(*Pisum sativum*)]、蓖麻、向日葵(*Helianthus annuus*)、玉米等幼苗。

2.永久制片

玉米、小麦颖果纵切制片。

三、实验用品

显微镜、镊子、载玻片、盖玻片、吸水纸、单/双面刀片、培养皿、纱布、I_2-KI 水溶液、苏丹Ⅲ溶液等。

四、实验内容与方法

(一)种子的形态结构与类型

植物的种子一般由种皮、胚及胚乳(有些种子无胚乳)组成,胚又分为胚芽、胚轴、子叶及胚根 4 部分。由于被子植物种子中存在两个变量,即胚乳的有或无及子叶 1 枚或 2 枚,故形成 4 种类型种子:双子叶无胚乳种子、双子叶有胚乳种子、单子叶无胚乳种子及单子叶有胚乳种子。

分别观察大豆、蚕豆、蓖麻种子及玉米、小麦颖果形态结构,并判断它们的种子属于哪种类型。

1.大豆种子

取浸泡过的大豆种子 1 枚,外面黄色革质部分为种皮。在种子腰部凹陷部分可看到种脐,为种柄脱落留下的疤痕,种脐的一端有一小孔(种孔)(图 4-1A),其位置正好对着种皮内的胚根的尖端(挤压种子,可见有水自种孔逸出),剥去种皮,露出的是种子的胚,没有胚乳。大豆种子的胚由 2 片子叶、胚芽、胚轴和胚根组成(图 4-1B),所以它是双子叶无胚乳种子。

2.蚕豆种子

取浸泡过的蚕豆种子一枚,对照大豆种子并参照图 4-2,观察蚕豆种子的外形并识别其各部分结构组成,判断其种子类型为________________。

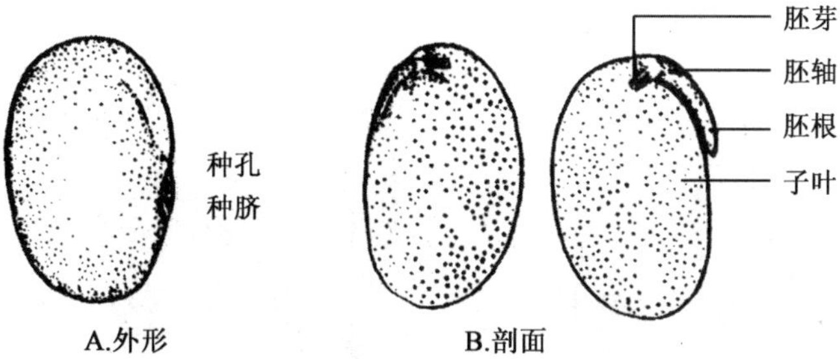

图 4-1 大豆种子的外形和结构

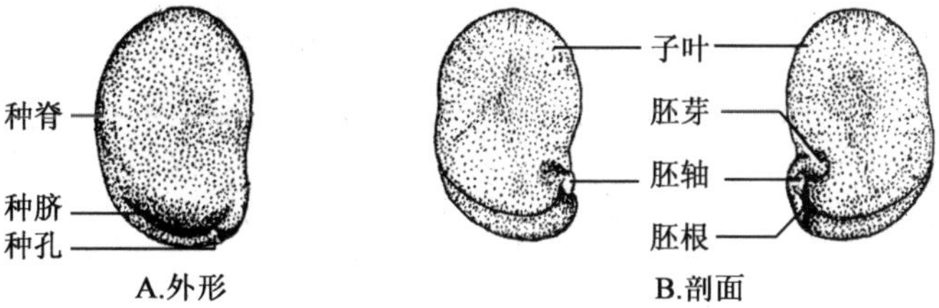

图 4-2 蚕豆种子的外形和结构

3.蓖麻种子

观察蓖麻种子的外形，蓖麻种皮坚硬，上有花纹；在种子的一端具有浅色海绵状的突起物，称为种阜，它可以帮助种子吸水；种孔被种阜遮盖；在种子较平坦的一面中央有长条状隆起为种脊，种脐位于种脊一端与种阜交界处(图 4-3A)。

剥去坚硬种皮，其内大部分为白色胚乳所充满，沿胚乳窄面中间，用刀片纵向划一缝隙，然后顺势掰开，可见夹在胚乳之间两片极薄而大型的子叶，子叶间的胚芽极小，胚根则比较明显，胚轴是子叶、胚芽、胚根连接的部位(图 4-3B)。蓖麻种子是双子叶有胚乳种子。

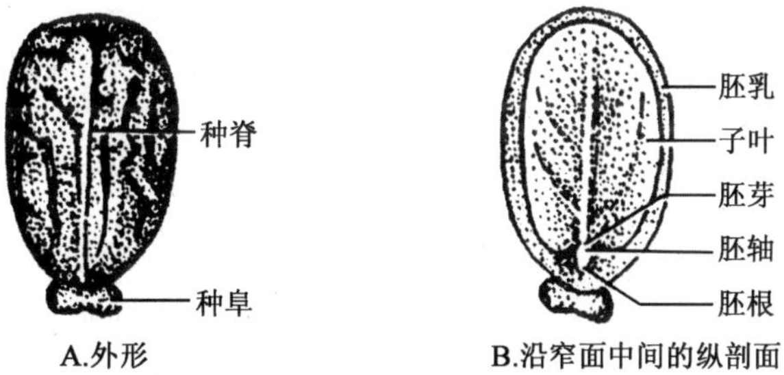

图 4-3 蓖麻种子外形和结构

4.玉米颖果

玉米的“种子”实为颖果(种皮与果皮愈合不能分开即称为颖果)，取浸泡 2～3 d 的玉米“种子”观察，其外面的革质膜是由果皮和种皮愈合形成的。透过革质膜可以看见在颖果的一面具有乳白色的胚，其中间纵向的稍隆起部分为胚根、胚轴和胚芽；另一面黄色，内部主要为胚乳(图 4-4A)。用刀沿图中所示部位将颖果切成两半，在切面上观察胚的结构。其子叶只有一片，紧贴于胚乳，其胚芽外有胚芽鞘，胚根外有胚根鞘，在放大镜下用针拨之可看的较清楚。胚芽、胚根与子叶相连的部分为胚轴(图 4-4B)。玉米的“种子”为单子叶有胚乳类型。

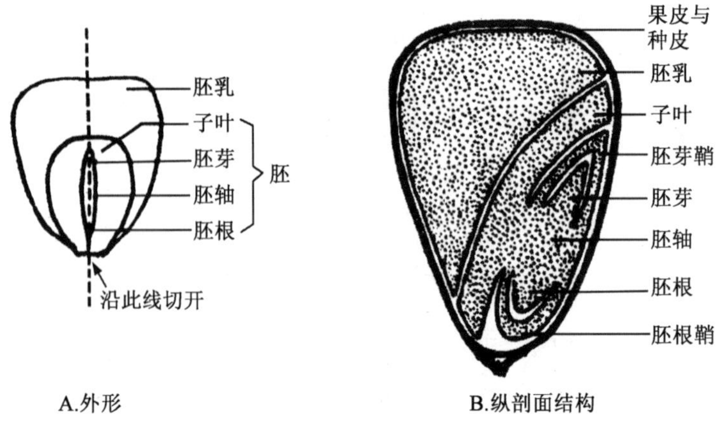

图 4-4 玉米颖果的外形及其纵剖面结构

5. 小麦颖果

小麦的“种子”也是颖果,取浸泡过的小麦“种子”观察,其背面隆起,腹面有纵沟,顶端有茸毛,背面基部是胚所在之处(图 4-5A),胚的结构组成与玉米相似(图 4-5B)。所以,小麦的“种子”也是单子叶有胚乳类型。

取小麦或玉米颖果纵切制片,参照图 4-5 和图 4-6 进行观察,重点观察胚的结构。

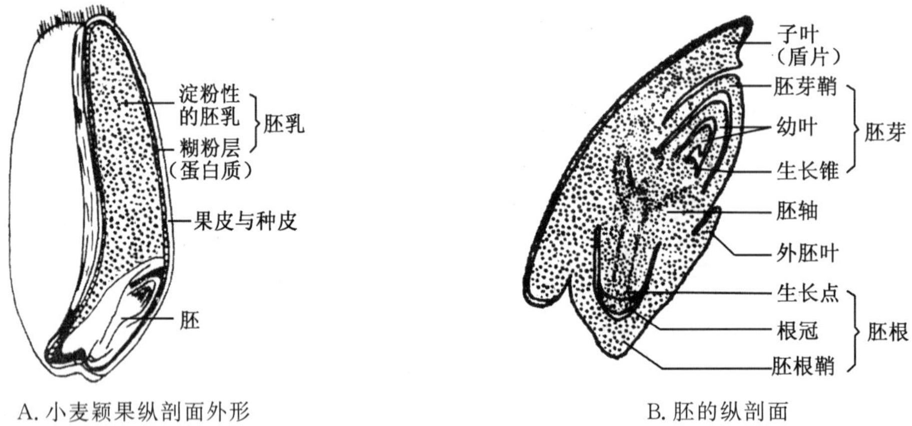

图 4-5 小麦颖果外形及胚的纵剖面

(二)幼苗的类型

具有生命力的种子在合适的条件下萌发形成幼苗,根据形成幼苗时子叶是否出土,将幼苗分为两种类型:子叶出土幼苗及子叶留土幼苗。

1. 双子叶植物子叶出土幼苗

有些植物种子在萌发时主要是下胚轴加速伸长,将胚芽和子叶一起推出土面,子叶见光变绿,可在胚芽的幼叶展开前暂行光合作用,此类幼苗类型为子叶出土幼苗。

大豆、菜豆、向日葵、蓖麻的种子在萌发时，胚根先突破种皮向下生长，然后下胚轴迅速向上生长伸长，将子叶和胚芽推出土面，接着胚芽发育为主茎和叶，最后长成一株幼苗。

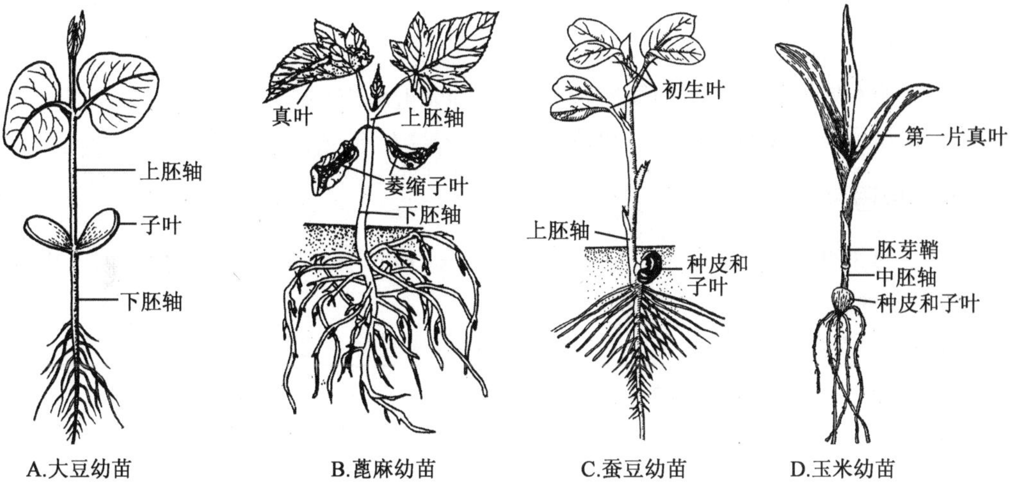

图 4-6　幼苗类型

观察大豆(图 4-6A)、菜豆、向日葵、蓖麻(图 4-6B)的幼苗，首先找到其已变绿的子叶及其所在位置，由子叶着生部位至侧根起生处为下胚轴，子叶与第一片真叶之间的一段为上胚轴。

2. 双子叶植物子叶留土幼苗

有些植物种子在萌发时下胚轴不伸长或伸长有限，只是上胚轴或胚芽迅速向上生长，形成幼苗的主茎，而子叶始终留在土壤中，此类幼苗类型为子叶留土幼苗。

蚕豆、豌豆的幼苗，它们种子的萌发也是胚根先突破种皮向下生长，然后下胚轴基本不伸长，子叶留在土中，而上胚轴伸长，为子叶留土幼苗。

观察蚕豆(图 4-6C)、豌豆的幼苗，它们的子叶还留在土中，颜色未变绿，下胚轴基本看不到有伸长，而上胚轴伸长明显。

3. 禾本科植物幼苗

禾本科植物种子萌发时，也是胚根先突破种皮向下生长，然后下胚轴基本不伸长，子叶(盾片)留在土中；胚芽鞘套在胚芽外，随胚芽一起出土向上生长，然后胚芽突破胚芽鞘继续生长，形成幼苗的地上部分，所以它们的幼苗为子叶留土幼苗。

将禾本科植物幼苗的盾片节(子叶节)至胚芽鞘节的这一段称为中胚轴。

观察玉米(图 4-6D)幼苗的形态，找出子叶、胚芽鞘、中胚轴及真叶等所在部位。

总结实验中观察的所有幼苗所属类型：

子叶出土幼苗有________________________________。

子叶留土幼苗有________________________________。

(三)综合观察

(1)分别切取大豆、豌豆、菜豆、蚕豆的子叶、蓖麻、玉米、小麦的胚乳和胚等其他种子的各部位制作成临时制片，并利用 I_2-IK 溶液、苏丹Ⅲ溶液染色，鉴定其中含有哪些贮藏的营养物质。

(2)利用撕片法、刮片法及徒手切片法等临时制片方法,对实验中所提供的幼苗各部位制作临时制片进行观察,判断各部位的组织类型及细胞结构特点。

五、作业

(1)绘小麦(或玉米)胚的结构简图,并注明各部分的名称。

(2)总结实验中观察过的种子及幼苗各是哪种类型?

六、综合思考

(1)什么是上胚轴、下胚轴及中胚轴?子叶出土幼苗与子叶留土幼苗分别是由于哪个部位伸长与否引起的?

(2)如何鉴定不同种子及种子中不同部位各含有哪些营养物质?

(孟 雷)

实验五　植物根的形态结构与发育

一、实验目的

(1)了解不同类群植物根系的基本形态特点。

(2)掌握根尖分区,各分区的结构特点。

(3)掌握根的初生结构及双子叶植物根的次生结构特点。

(4)掌握侧根的起源和形成。

(5)了解根瘤的形态和结构。

二、实验材料

1. 新鲜材料

大豆(*Glycine max*)、蚕豆(*Vicia faba*)、向日葵(*Helianthus annuus*)、蓖麻(*Ricinus communis*)等双子叶植物幼苗,小麦(*Triticum aestivum*)、玉米(*Zea mays*)等单子叶植物幼苗,培养皿中培养2～3 d的新鲜小麦根尖。

2. 永久制片

玉米或洋葱(*Allium cepa*)根尖纵切制片,蚕豆或棉(*Gossypium hirsutum*)根毛区横切制片(根初生结构横切制片),小麦、玉米、鸢尾(*Iris tectorum*)和水稻(*Oryza sativa*)根的横切制片,蚕豆根具形成层横切制片,棉、花生(*Arachis hypogaea*)或菜豆(*Phaseolus vulgaris*)老根横切制片(根次生结构横切制片),蚕豆或桑(*Morus alba*)具侧根的根横切制片,具根瘤的花生根横切制片等。

三、实验用品

显微镜、镊子、载玻片、盖玻片、吸水纸、刀片、培养皿、吸水纸、I_2-KI水溶液等。

四、实验内容与方法

(一)根系的类型(参见图12-1)

1. 直根系

取蚕豆等双子叶植物幼苗观察,根系有一条自胚根发育而来的明显的主根,其上有多条侧根,侧根逐级分枝。有的植物胚轴上还生有少量不定根。

2. 须根系

取小麦等单子叶植物幼苗观察,根系没有明显的主根,主要由粗细相似的不定根组成,不定根上也有逐级分枝的侧根。

总结直根系与须根系有何区别?如何判断主根与侧根、定根与不定根?

(二)根尖的外形及分区

1.直接观察

取培养皿中培养的小麦幼根(图 5-1),从顶端开始观察根尖外形及分区。

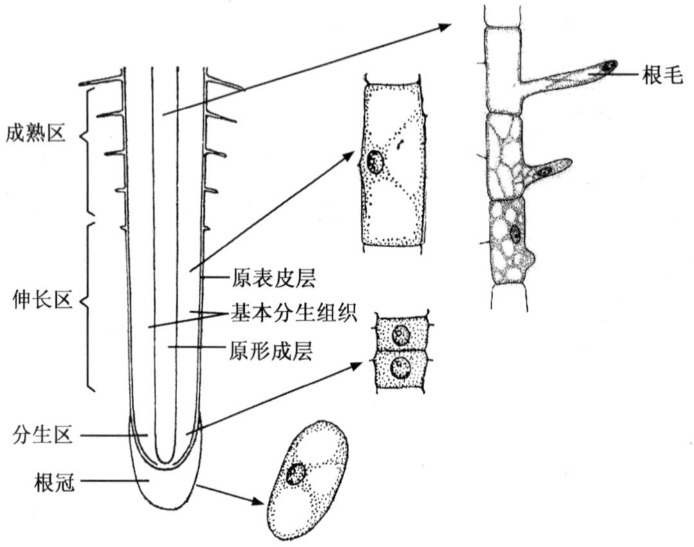

图 5-1 根尖纵切面示意图

(1)根冠 最先端略带黄色的部分为根冠,形如帽状。

(2)分生区(生长点) 位于根冠内方,不透明且略带黄色的部分,其体积很小,由根冠包围。

(3)伸长区 在分生区和根毛区之间较光滑透明的部分为伸长区。

(4)根毛区(成熟区) 在伸长区之后,生有根毛的部分为根毛区(成熟区)。

2.压片及染色观察

观察完小麦根尖外形后,截取培养皿中培养的新鲜小麦根尖(长约 5 mm)做压片,并用 I_2-KI 溶液染色后观察(制片时适量压碎,使细胞间相互覆盖少易于观察)。

(1)根冠 其外围的细胞极易脱落,这些细胞中液泡明显;常含有淀粉粒,观察根冠不同部位细胞中的淀粉粒(被 I_2-KI 溶液染成蓝紫色)在细胞内的分布是否有规律,为什么?

(2)分生区 分生区细胞体积小,排列紧密,核/质比大,处于分裂期的细胞内部结构不易观察。

(3)伸长区 由分生区向根毛区方向,可见细胞逐渐伸长,液泡逐渐明显。由分生区向根毛区方向观察不同细胞的形状、大小和细胞内液泡大小、数目以及核/质比等都有何变化?理解细胞分裂、生长、分化、发育成熟的过程。

(4)根毛区 在显微镜下仔细观察根毛,可见根毛是由表皮细胞发生的,根毛和发生它的细胞之间没有细胞壁隔开,一条根毛由 1 个细胞组成。观察最短的根毛在根毛区的什么部位?最长的根毛在什么部位?新的根毛又是在哪个部位形成?根尖各区在外部形态和内部解剖结构上有无明显的界限?总结根尖分区、各区来源、细胞特点和组织类型以及各区执行的生理功能。

(三)根尖的内部结构

取玉米(或洋葱)根尖纵切制片,参见图 1-3,观察根尖各区的结构及细胞特点。

1.根冠

位于根的最先端,由薄壁细胞(营养组织)组成,呈帽状,套在分生区的外方,保护分生区的幼嫩细胞,观察根冠外围细胞和中央柱细胞的结构特点,它们执行何种生理功能?

2.分生区(生长锥)

位于根冠的上方(内侧)。细胞体积很小,排列整齐紧密,细胞壁薄、核大质浓,具有较强的分裂能力,为顶端分生组织。在高倍镜下识别处于不同分裂时期的细胞。

3.伸长区

位于分生区与根毛区之间,其特点为:细胞沿纵轴方向伸长,向根毛区方向细胞分裂能力逐渐减弱,并出现初步分化。伸长区由初生分生组织构成,由外到内分化为原表皮、基本分生组织和原形成层,以后分别发育为根毛区的表皮、皮层和维管柱(中柱)。

4.成熟区(根毛区)

位于伸长区之后,最明显的标志是表皮上有根毛(洋葱根尖成熟区表皮无根毛),同时内部各种组织已分化成熟,由外到内分为表皮、皮层和中柱 3 部分,组成根的初生结构。根中柱部分可见有口径小的环纹、螺纹导管出现。

(四)根的初生结构

1.双子叶植物根的初生结构

取蚕豆(或棉)根毛区的横切制片(图 5-2,**彩版** 2-1)从外向内观察,根的初生结构可分为表皮、皮层、维管柱 3 部分:

(1)表皮　是根毛区最外面的一层细胞,排列紧密,细胞略呈长方体形,其长轴与根的长轴平行,在横切面上则近于方形。许多表皮细胞的外壁向外突起并延伸形成根毛,根毛区的表皮为吸收组织。在制片中是否能观察到完整根毛?为什么?

(2)皮层　位于表皮之内,所占比例较大,可分为 3 部分。

①外皮层:是皮层最外面的一层到数层薄壁细胞,细胞排列紧密,无明显的细胞间隙。外皮层执行何种功能?

②皮层薄壁细胞:多层细胞,细胞体积较大,细胞壁薄,排列疏松,有明显的细胞间隙。皮层薄壁细胞为何种组织?执行何种功能?

③内皮层:是皮层最内的一层细胞。细胞排列紧密,每个细胞的左右径向壁与上下横壁上有一条木化、栓化的带状加厚区域,称为凯氏带。在根横切面上,常可见内皮层径向壁上被染成红色的凯氏点(**彩版** 2-2)。凯氏带的生理功能是什么?显微镜下如何快速找到径向壁上具凯氏点的内皮层细胞?

(3)维管柱(中柱)　是内皮层以内的中央部分,分为以下几部分。

①中柱鞘:中柱的最外层,与内皮层相邻,为一层或几层排列紧密的薄壁细胞,具有潜在的

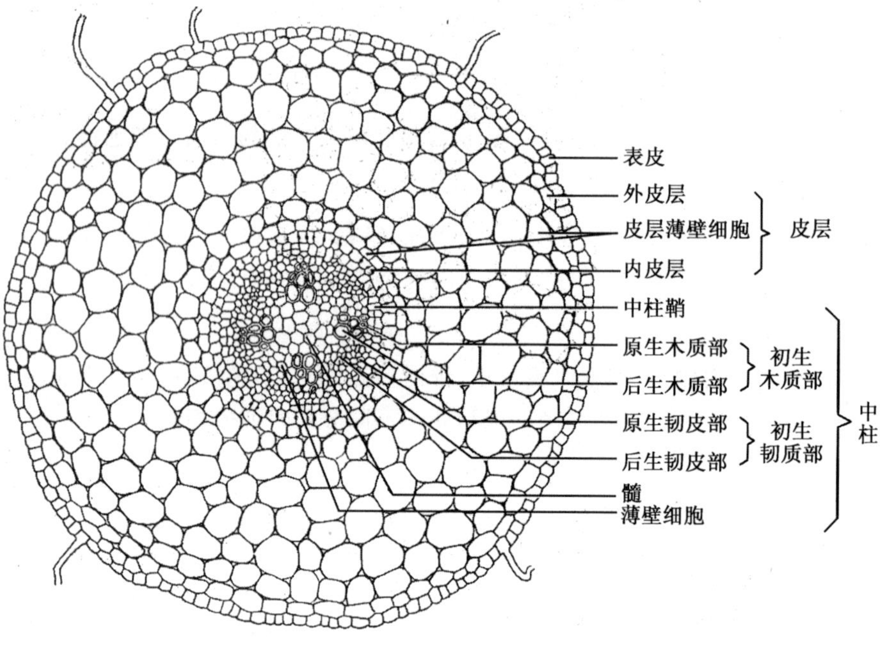

图 5-2　蚕豆根毛区横切面

分裂能力，随着根的发育以后可脱分化形成侧根原基，维管形成层的一部分以及第一个木栓形成层。

②初生木质部与初生韧皮部：它们呈束状，在横切面上辐射相间排列。初生木质部 4～6 束（有几束初生木质部，就叫几原型根），呈星芒状，主要由导管组成（细胞壁染成红色）。靠近中柱鞘的初生木质部细胞分化较早，口径较小，为原生木质部；靠近轴心的初生木质部细胞分化较晚，口径较大，为后生木质部。初生木质部发育方式为外始式，这种发育方式有何生理意义？初生木质部主要执行什么生理功能？初生韧皮部位于每两束初生木质部之间，被染成绿色，束数与初生木质部束数相同，主要是由筛管、伴胞等组成，发育方式亦为外始式。初生韧皮部主要执行什么生理功能？你所观察的根制片为几原型？

③薄壁细胞：位于初生木质部和初生初皮部之间及中柱的中央部分，其中在初生木质部和初生初皮部之间有一部分为原形成层保留的细胞，在根次生生长时能形成维管形成层的一部分。

④髓：有些植物的根的中央由薄壁细胞组成，这部分薄壁细胞被称为髓。

2. 单子叶植物根的结构

观察鸢尾根横切制片（**彩版** 2-3），从外向内也分为表皮、皮层和维管柱 3 部分，但它与蚕豆、棉等双子叶植物根的初生结构不同，主要区别是：

①内皮层细胞五面加厚并木质化、栓质化，只有外切向壁是薄的，所以横切面常呈“马蹄”形，只有在对着原生木质部角处的内皮层细胞仍保持原有未加厚的薄壁状态，这种细胞称为通道细胞（**彩版** 2-4），它是皮层和维管柱之间物质交换的通道。在根发育后期外皮层细胞壁常加厚木栓化。这种变化有何生理意义？

②初生木质部、初生韧皮部多束，根为多原型。髓细胞在发育后期，细胞壁常会加厚木化。

③没有形成层,无次生生长和次生结构。

另观察小麦(图 5-3)、玉米(**彩版** 2-5)和水稻根(参见图 3-3)的横切制片,并与鸢尾根结构作比较。分析你所观察的鸢尾、玉米、小麦和水稻根的横切制片结构特点,推测其取材于根的哪个部位。

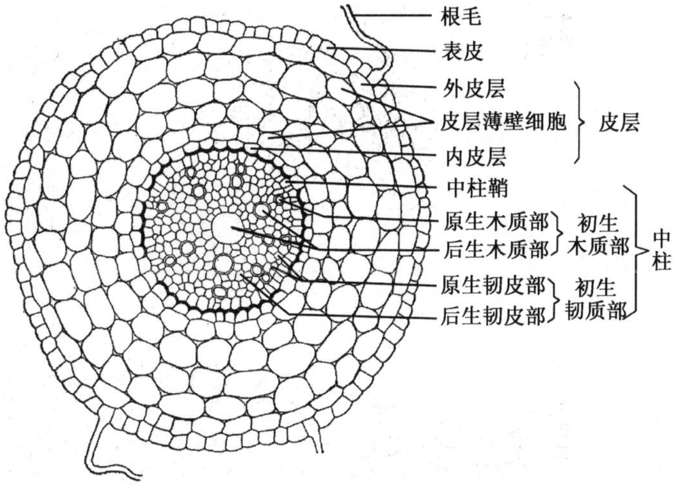

图 5-3 小麦根毛区横切面细胞图

(五)侧根的形成

观察蚕豆等植株的直根系,主根上生长着侧根,侧根的列数与母根的原型数相关。

取蚕豆(或桑)具侧根的制片,观察侧根的发生与细胞组织特点(图 5-4):

①侧根起源于正对着初生木质部的中柱鞘细胞,因此侧根为内起源。观察侧根原基细胞特点及其分裂分化过程(图 5-4A),侧根原基属于哪种类型的分生组织?

②侧根的发育和主根一样,经历伸长、分枝和加粗等形态建成过程。在制片中主根是横切面,侧根则是纵切面(图 5-4B,**彩版** 2-8)。主根的木质部与侧根的木质部相连。

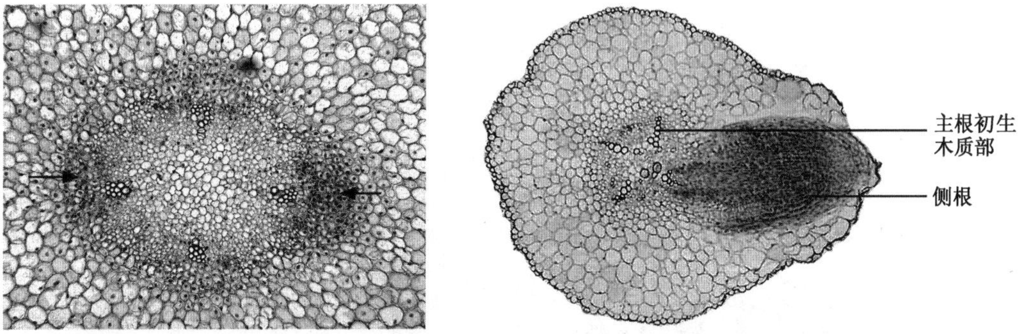

A.侧根原基产生(箭头所指)　　B.侧根形成

图 5-4 蚕豆根横切示侧根发生过程

(六)维管形成层的产生及活动

取具形成层的蚕豆根横切制片观察,注意初生韧皮部内侧保留的原形成层细胞首先分裂,形成由扁平细胞构成的、排列较整齐的几个弧形形成层片段(图 5-5A,**彩版** 2-6);接着原生木质部顶端的中柱鞘细胞脱分化,成为形成层的另一部分,并与先形成的弧形片段连接,这时形成层成为波浪状环,进一步发育为圆环形(图 5-5B)。你能否从几张不同切片中看到形成层从弧形片段发展为形成层环的过程及由维管形成层活动产生的次生结构?如何识别维管形成层?维管形成层由几种类型细胞构成?

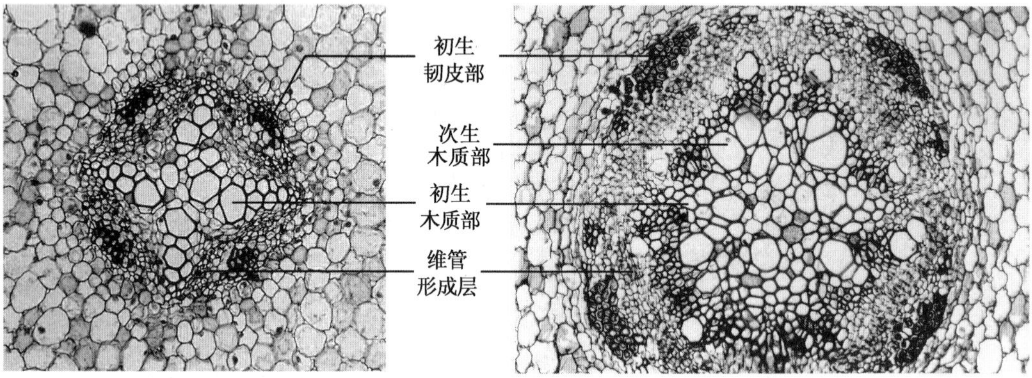

A.弧形维管形成层的发生　B.圆环形维管形成层形成

图 5-5　蚕豆根横切(部分)示维管形成层的发生及活动

(七)根的次生结构

取花生(棉或菜豆)老根的横切制片(图 5-6,**彩版** 2-7),参照图 5-6 从外向内观察识别。

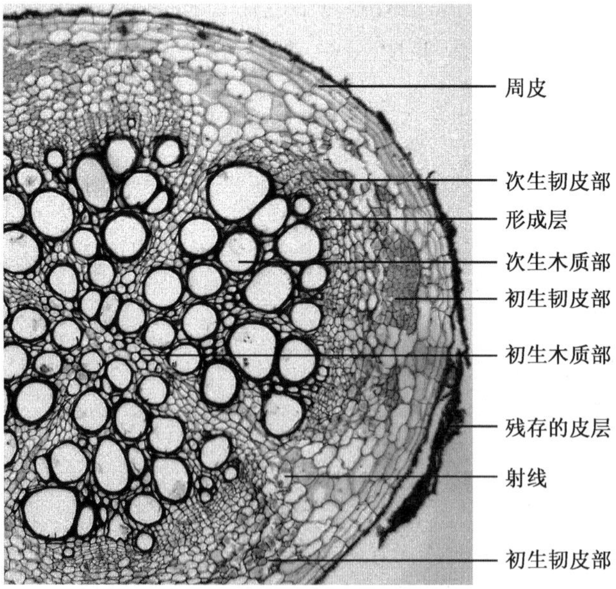

图 5-6　花生老根(部分)横切面

1.周皮

位于老根最外方，由木栓形成层细胞分裂、分化发育而来，周皮包括3部分：

(1)木栓层　最外面的几层细胞，横切面上呈长方形(径向壁短于切向壁)，排列紧密，细胞壁栓化，被染成黄褐色；无原生质体。它属于什么组织？执行何种功能？

(2)木栓形成层　一层细胞，位于木栓层之内侧，它主要进行切向分裂，它属于什么组织？执行何种功能？

(3)栓内层　位于木栓形成层之内侧，1～2层，它属于什么组织？如何区分栓内层与其内侧相邻的细胞？

2.初生韧皮部

位于周皮之内为分散的束状，如何找出它的位置，其组成成分是什么？

3.次生韧皮部

紧邻初生韧皮部，由筛管、伴胞、韧皮纤维和韧皮薄壁细胞等组成，一部分韧皮薄壁细胞形成韧皮射线。请根据各类细胞的结构特点进行识别，每类细胞组织执行何种功能？

4.维管形成层

形成层细胞特点为切向壁长，径向壁短的扁平细胞。在次生韧皮部与次生木质部之间，可见由形成层和其刚分裂的几层扁平细胞组成的“形成层区”，形成层细胞以平周分裂为主，向内分裂、分化产生次生木质部；向外分裂、分化产生次生韧皮部，使根不断加粗。由于内方其形成的次生木质部的积累使维管形成层的位置逐渐外移，形成层细胞进行平周分裂的同时也进行垂周分裂，扩大维管形成层本身的周径。根形成层的出现与活动对根的初生结构产生哪些影响？

5.次生木质部

由导管、管胞、木纤维、木薄壁细胞等组成。请根据各类细胞的结构特点进行识别，每类细胞组织执行何种功能？找到木射线了吗？它从何处通往何处？

6.射线

由初生木质部外方的中柱鞘细胞脱分化形成的形成层，向内外分裂分化产生的薄壁细胞组成。

7.初生木质部

位于老根的中央，根据初生木质部特点，请找出你观察的制片是几原型的根。少数双子叶植物由于后生木质部向心发育未达到中心，形成了由薄壁细胞构成的髓(如花生)。

(八)根瘤

观察花生根具根瘤的制片(图5-7)，可见根瘤是根的皮层细胞受根瘤菌刺激迅速分裂所形成的瘤状突起。由于受刺激的细胞强烈分裂和体积的增大，使部分皮层畸形生长，结果使根的本体以相当小的比例偏在一边。根瘤中央的薄壁细胞被感染，细胞中有大量的根瘤菌(染色较深处)，根本体与根瘤间有维管束相连。根瘤菌与根是如何共生的？

另取大豆、蚕豆等豆科植物根系上的根瘤，压片观察被根瘤菌侵染的细胞和根瘤菌的特征。

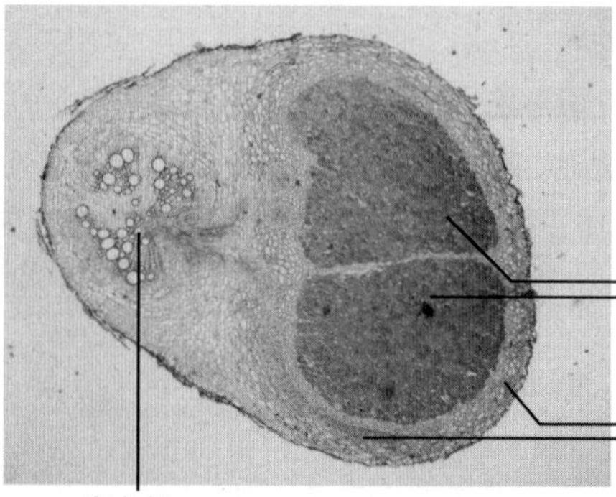

图 5-7 具根瘤的花生根横切面

(九)综合观察

取蚕豆、大豆、向日葵、蓖麻、洋葱、玉米等植物根做连续徒手横切临时制片观察,根据结构特点分析哪些是双子叶有植物,哪些是单子叶植物?总结不同类群植物根的结构(初生、次生)组成特点。理解根的伸长、分枝及加粗生长的动态过程。

(十)作业

(1)拍摄所要求观察的典型结构图像(不同放大倍数),制作 PPT,注明每个图像的详细结构,并简要说明结构的特征及执行的生理功能。

(2)绘蚕豆根初生结构、棉花根的次生结构横切面简图,并注明各部分名称。

(3)列表总结比较单子叶植物根的结构与双子叶植物根初生结构的异同。

(十一)综合思考题

(1)从根尖各区的动态发育过程分析根是怎样进行伸长生长的?

(2)侧根是怎样发生的?有无规律?侧根和根毛有何区别?

(3)形成层的出现与活动对初生结构有哪些影响?

(4)总结双子叶植物根的加粗生长过程和形成的次生结构特点(维管形成层、木栓形成层的产生,活动、次生结构组成特点及各自执行的生理功能)。

(黄淑莉)

实验六　植物茎的形态结构与发育

一、实验目的

(1)了解茎的基本形态特征、芽的类型和茎的分枝类型。

(2)掌握茎尖的结构、顶端生长及分化。

(3)掌握双子叶植物茎的初生结构和次生结构及禾本科植物茎的结构特点。

(4)了解裸子植物茎的结构及茎的三切面特点。

(5)了解根—茎结构的转换与连接。

二、实验材料

1. 新鲜材料

(1)枝条及幼苗　毛白杨(*Populus tomentosa*)或加拿大杨(*Populus canadensis*)、紫丁香(*Syringa oblata*)、桃(*Amygdalus persica*)、梨属(*Pyrus*)、胡桃(*Juglans regia*)、枫杨(*Pterocarya stenoptera*)、女贞(*Ligustrum lucidum*)、桂花(*Osmanthus fragrans*)、毛泡桐(*Paulownia tomentosa*)、法国梧桐(*Platanus orientalis*)等的枝条,棉(*Gossypium hirsutum*)的花、果枝及营养生长的枝条,小麦(*Triticum aestivum*)全株,大豆(*Glycine max*)、蚕豆(*Vicia faba*)、向日葵(*Helianthus annuus*)、蓖麻(*Ricinus communis*)等的幼苗,旱伞草(*Cyperus alternifolius*)植株。

(2)木材离析材料　杨属(*Populus*)茎、松属(*Pinus*)茎的木材离析材料。

2. 永久制片

黑藻(*Hydrilla verticillata*)、洋紫苏(*Coleus blumei*)、草石蚕(*Stachys sieboldii*)、玉兰(*Magnolia denudate*)茎尖纵切制片,向日葵或棉幼茎横切制片,玉米(*Zea mays*)或高粱(*Sorghum bicolor*)茎横切制片,小麦、水稻(*Oryza sativa*)茎横切制片,3～4 年生椴树(*Tilia tuan*)茎横切制片,松属(*Pinus*)茎横切制片。

三、实验用品

显微镜、镊子、载玻片、盖玻片、吸水纸、刀片、培养皿、吸水纸、平底指形管、指形管架、1%红墨水,I_2-KI 水溶液等。

四、实验内容与方法

(一)茎的基本形态

1. 木本植物枝条的观察(图 6-1)

观察毛白杨、加拿大杨、胡桃或法国梧桐的枝条,区分顶芽、侧芽、节、节间、叶痕、叶迹、皮孔及芽鳞痕。

(1)顶芽、侧芽(腋芽) 着生于枝条顶端的芽为顶芽;侧芽着生于枝条的侧旁,因位于叶腋,又叫腋芽。

(2)节与节间 茎上着生叶的地方为节,相邻的节与节之间的部分为节间。

(3)叶痕与叶迹 叶脱落后在茎上留下的疤痕为叶痕;叶痕上的点状突起为叶迹,它是枝条与叶柄中的维管束断离后留下的痕迹,又叫束痕。

(4)皮孔 为茎表面的许多圆形或椭圆形小点,是茎与外界交换气体的通道。

(5)芽鳞痕 是芽发育为幼茎时,芽外的鳞片(芽鳞)脱落后留下的痕迹,多数芽鳞痕在茎的周围排成一轮。

根据芽鳞痕的数目,可以推断枝条的年龄,你所观察的枝条是________年生的。

2.草本植物枝条的观察

观察大豆、蚕豆或蓖麻等植物的枝条,注意寻找它们的顶芽及叶腋的腋芽(均为裸芽),节、节间及叶痕等特征,它们无芽鳞痕,皮孔不明显。

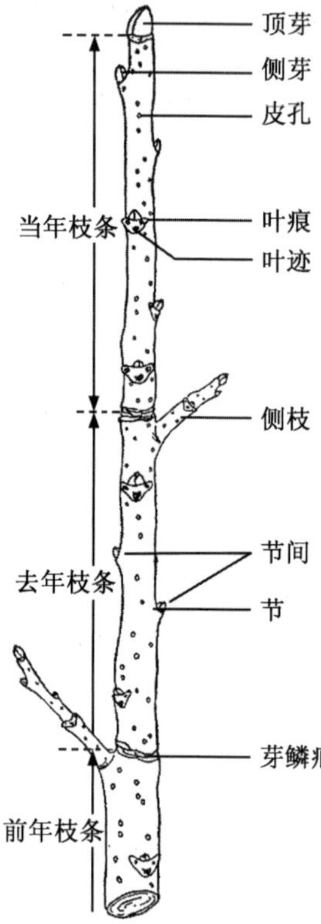

图 6-1 胡桃枝条的形态图

(二)芽的类型

观察各类枝条,识别各种芽的类型。

1.鳞芽、裸芽

观察毛白杨、加拿大杨、桃、梨、紫丁香等的芽,其外面包有鳞片,都叫鳞芽;而棉花、蚕豆等草本植物及胡桃的花芽,其外没有芽鳞包被,为裸芽。

有鳞芽的植物还有________________________________。

有裸芽的植物还有________________________________。

2.叶芽、花芽、混合芽

(1)叶芽 发育为枝条的芽为叶芽 解剖观察毛白杨、加拿大杨的顶芽或桃的并生芽中间的芽,除外面的芽鳞外,里面有多层幼叶,即为叶芽。

有叶芽的植物还有________________________________。

(2)花芽 发育为花或花序的芽为花芽 解剖观察桃并生芽中的边侧芽,可见芽内分化出花萼、花冠等部分;解剖观察毛白杨、加拿大杨的侧芽,可见雌蕊、雄蕊等部分,说明它们都是花芽。

有花芽的植物还有________________________________。

(3)混合芽 可发育为既形成花或花序又长叶的枝条。解剖观察梨的混合芽,其中既包含叶,又包含花芽。

有混合芽的植物还有________________________________。

3.并生芽

观察桃的枝条,一般在叶腋并排着生有3个芽,称为并生芽,其中间的瘦尖芽一般为叶芽,两侧较大的为花芽。

4. 柄下芽

观察法国梧桐枝条，其叶芽为叶柄膨大的基部所覆盖，拨开叶柄基部才可看到芽，称为柄下芽。

（三）茎的分枝与长枝、短枝

观察各类枝条，识别各种分枝类型。

1. 单轴分枝

观察毛白杨、加拿大杨等植物的枝条，它们的顶芽活动占优势，形成较直的主轴，发育为侧枝的叶芽较不发达，为单轴分枝。实验材料中单轴分枝的植物还有____________________。

2. 合轴分枝

观察棉花具花、果的枝条，其顶芽形成花，顶芽下面的侧芽代替顶芽活动使茎继续生长，然后此侧枝的顶芽又形成花……，这样的枝条是由各级侧枝联合形成的，此分枝方式称为合轴分枝。实验材料中合轴分枝的植物还有______________________________。

3. 假二叉分枝

观察紫丁香枝条，其顶芽形成花序或不发育，由其下部的两个侧芽发育，形成对生的两个枝条，称为假二叉分枝。

4. 分蘖

指禾本科等植物通常在具有长节间的地上茎很少分枝，而在地面以下或接近地面处几个节间基本不伸长的节上发生的分枝。观察具有分蘖的小麦植株，其分蘖是植株在生长初期时，接近地面的茎的节间很短，这些相距很近的节上长有腋芽，腋芽抽出的枝条即为分蘖。

5. 长枝和短枝

在某些植物同一植株上有长枝和短枝之分，节间较长的枝条即为长枝，节间极短的枝条为短枝。

观察棉花的枝条有长枝和短枝之分，二者的分枝方式不同。长枝是营养生长的枝条，常为单轴分枝；短枝是开花结果的枝条，为合轴分枝。

（四）茎尖的结构

取黑藻、玉兰、洋紫苏（或草石蚕）茎尖纵切制片，置低倍镜下观察叶芽纵切面的基本组成。最顶端是生长锥，其下方两侧的小突起为叶原基，再向下则是长大的幼叶；在幼叶的叶腋内呈圆形突起的是腋芽原基，将来发展成腋芽（图 6-2）。

转换高倍镜观察生长锥及其下方的细胞结构特点，区分茎尖的分区，自上而下可分为分生区、伸长区和成熟区 3 部分，顶端无类似根冠的结构；在伸长区已经出现原表皮层、基本分生组织及原形成层的分化；在黑藻茎尖制片中还能看到许多通气结构。

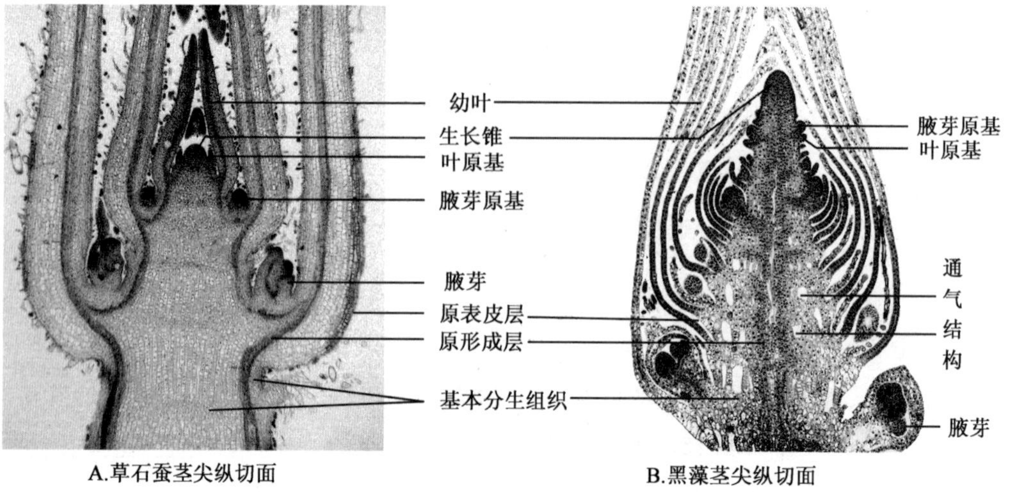

图 6-2 茎尖结构

(五)草本双子叶植物茎的初生结构

1.向日葵或棉幼茎

取向日葵或棉幼茎横切制片置于低倍镜下观察,区分表皮、皮层和维管柱 3 部分及所占比例,再转换高倍镜观察各部分的细胞组成与结构特点(图 6-3、图 6-4,**彩版** 2-9,2-10):

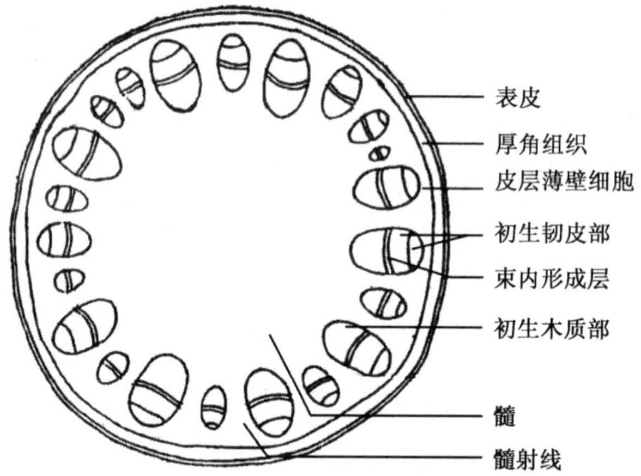

图 6-3 向日葵幼茎横切结构简图

(1)表皮 位于幼茎最外一层,由形状扁平、排列紧密而整齐的生活细胞构成,外壁有角质层覆盖;有时能看到气孔器;茎的表皮属于初生保护组织。

(2)皮层 位于表皮内方,占有横切面的比例较根的为小,包括靠近表皮的 2～4 层含有叶绿体的厚角组织细胞,和内方占皮层大部分的多层大型薄壁细胞;皮层最内一层细胞与根的内皮层有何区别?皮层内还有什么结构?

(3)维管柱 为皮层以内的部分,占横切面绝大部分,由维管束、髓和髓射线组成。维管束由内方的初生木质部和外方的初生韧皮部及其间的束中形成层组成,属于外韧无限维管束;在横切面上许多维管束排成一环。

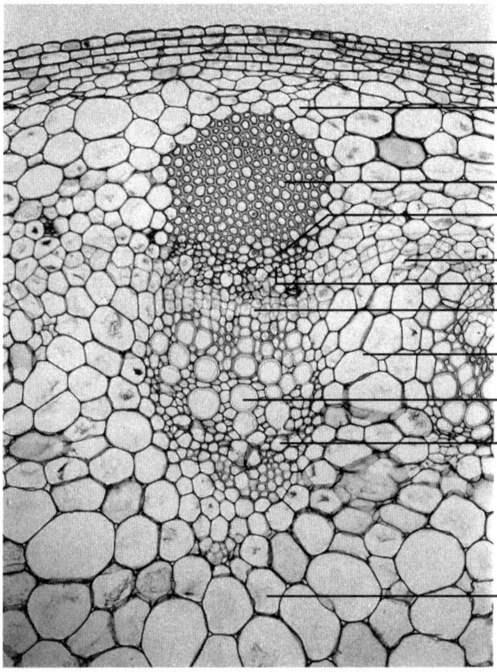

图 6-4　向日葵茎横切面(部分)

①初生韧皮部:由筛管、伴胞、韧皮薄壁细胞和韧皮纤维组成,韧皮纤维常成束(堆)排列于外侧。

②束内(中)形成层:在初生木质部和韧皮部之间,为几层切向扁平、排列整齐的小型细胞;在有些制片中,部分区域已有束间形成层出现并活动。

③初生木质部:位于束中形成层内方,其比例大于初生韧皮部,由导管、管胞、木薄壁组织和木纤维(制片时被染成红色)组成,其中最明显的是导管,导管常径向成串排列。原生木质部在内,木薄壁组织较发达,后生木质部在外,为内始式发育方式,木纤维较发达。

④髓:位于茎中央,主要由薄壁细胞组成,占维管柱的大部分。

⑤髓射线:位于相邻两维管束之间,内接髓部,外连皮层,为径向排列的薄壁细胞。在草本植物茎中较宽,而在木本植物茎中则较窄。

2.大豆、蚕豆或向日葵幼茎(新鲜材料)

取大豆、蚕豆或向日葵幼苗的茎,做徒手横切临时制片,置于显微镜下观察。

(六)禾本科植物茎的结构

1.玉米或高粱茎

取玉米或高粱茎横切制片,置于显微镜下观察。与双子叶植物茎初生结构相比,无皮层、维管柱、髓及髓射线之分,而由表皮、基本组织与散生在基本组织中的多数维管束组成(图 6-5,**彩版** 2-11)。

(1)表皮　最外一层排列紧密的细胞,外壁具角质膜。

(2)基本组织　包括位于表皮内方的几层厚壁组织和以内的薄壁组织。在近厚壁组织的几层薄壁组织中常含有叶绿体。

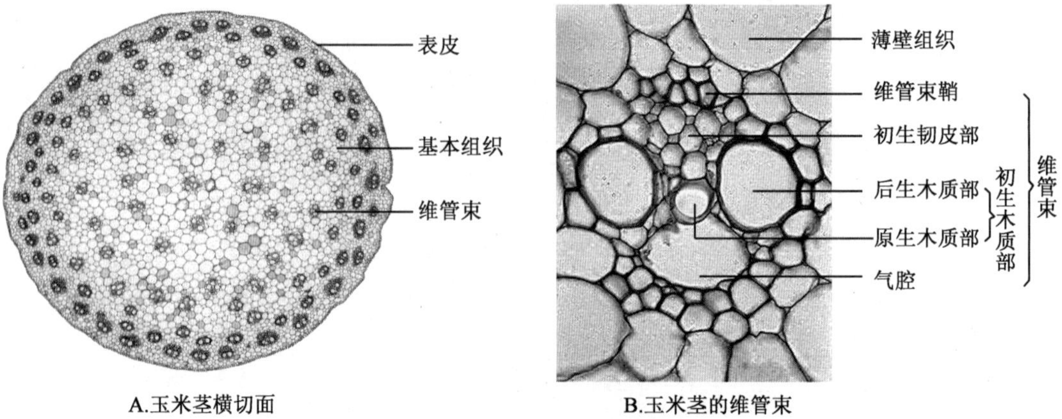

图 6-5　玉米茎与玉米茎的维管束横切面

(3)维管束　散生于基本组织中，外围的维管束较小而多，内方的维管束较大而少。选一发育良好的维管束详细观察：

①维管束鞘：为包围整个维管束的厚壁组织，在内外方向常较发达，左右两侧数量较少。

②初生韧皮部：位于维管束的外侧，其外方的原生韧皮部常被挤破成一狭条；内方的后生韧皮部结构明显，由筛管和伴胞细胞组成。

③初生木质部：位于韧皮部的内方，整体呈“V”形。V 形的基部为原生木质部，包括 1 个环纹导管和 1 个螺纹导管及少量的木薄壁细胞；初生生长后期导管和木薄壁细胞常被撕破而形成胞间道(气腔)。V 形的顶端则各有 1 个大型的孔纹导管，其间有厚壁细胞和管胞。

在初生韧皮部与初生木质部之间无维管形成层，其维管束属于“有限外韧维管束”。

2. 小麦或水稻茎

取小麦(图 6-6，**彩版** 2-12)或水稻茎横切制片置于显微镜下观察，其结构和玉米、高粱茎大致相同。主要区别为：

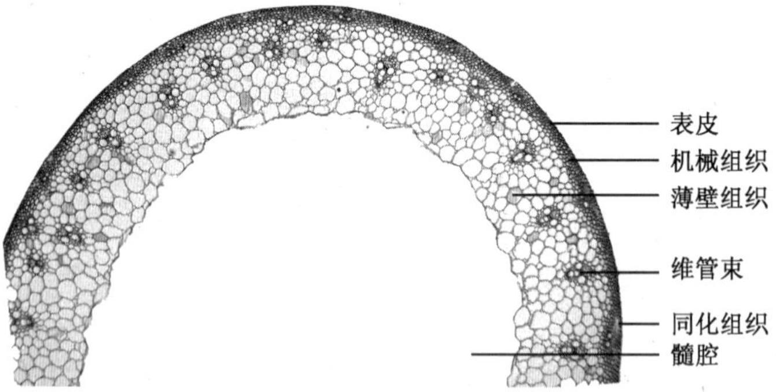

图 6-6　小麦茎横切面(部分)

(1)表皮内侧有几层同化薄壁细胞，并被机械组织所分隔。

(2)维管束大致排为内外两环，内环数量较少个体较大，外环数量较多个体较小。

(3)茎中央具中空的髓腔。

(七)木本双子叶植物茎的次生结构

取3～4年生椴树茎横切制片置于显微镜下观察(图6-7、图6-8,**彩版**2-14)。

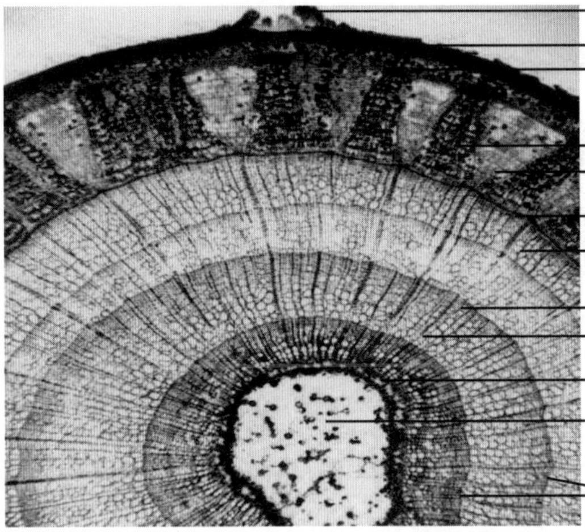

图6-7　椴树茎横切面(部分)

(1)表皮　如果最外层细胞外表面有一层角质膜存在,则说明表皮存在;若无角质膜存在则说明表皮有可能已损毁或脱落;你观察的制片中表皮是否存在?

(2)周皮　表皮下方的数层扁平细胞,排列紧密。被染成褐色的多层栓化厚壁细胞为木栓层,紧接其内的1～2层扁平的小型薄壁细胞为木栓形成层,木栓形成层内方1～2层薄壁细胞为栓内层。木栓层、木栓形成层和栓内层共同构成茎的次生保护组织——周皮。在周皮上有时可看到皮孔。

(3)皮层　位于栓内层的内方,由厚角组织和薄壁组织构成。

(4)韧皮部　整体呈三角形,放射状排列于形成层外方,由外侧数量很少的初生韧皮部和内侧较多的次生韧皮部组成,其中有大量的韧皮纤维(成束排列,染色较深)与筛管、伴胞、韧皮薄壁细胞间隔排列。生长多年后,皮层和初生韧皮部还存在吗?为什么?

(5)维管形成层　位于韧皮部内方,由几层切向扁平的薄壁细胞组成,整体呈圆环形。

(6)木质部　位于形成层内方,被染成红色占茎的绝大部分,包括历年形成的大量次生木质部和数量很少的初生木质部。次生木质部中的几个同心圆环即为生长轮(年轮),你所观察的制片中有________个生长轮。每一生长轮中的内侧细胞口径大细胞壁薄,为早材;外侧细胞口径小壁厚,为晚材。

(7)维管射线　由射线原始细胞分裂变化形成,由薄壁细胞组成,在木质部中称木射线,常为1～2列细胞,而在韧皮部中则称韧皮射线,常加宽成漏斗状。

(8)髓　位于茎的中央,由多数大型薄壁细胞组成,其外圈有一由小型薄壁细胞组成的环髓带。

(八)裸子植物茎的结构及木材三切面

1.裸子植物茎的结构

观察松茎横切制片(**彩版**1-12a),区分年(生长)轮、边材、心材,裸子植物的茎和一般双子

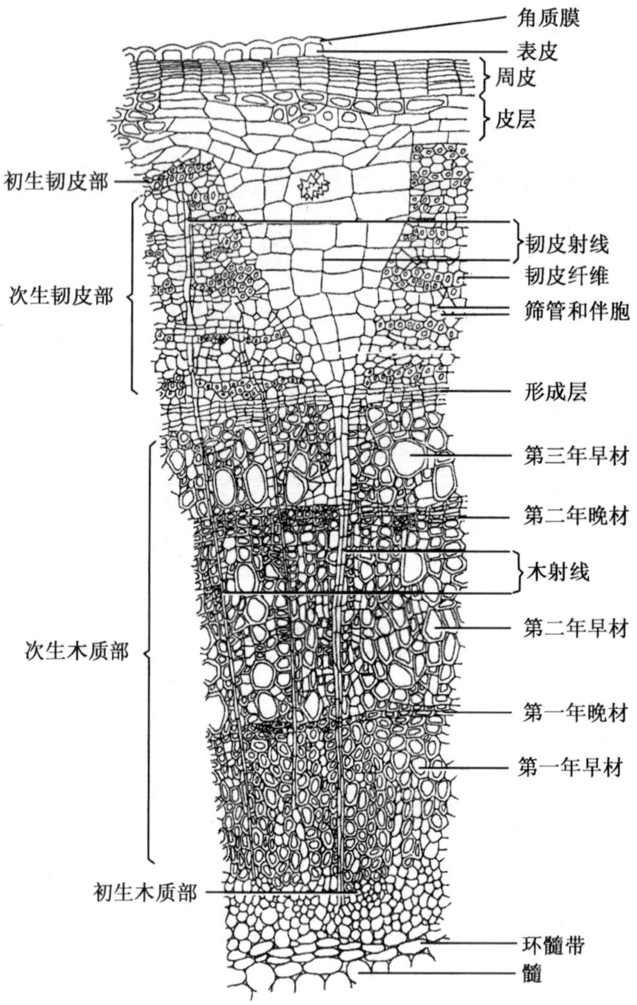

图 6-8 椴树茎次生结构(部分)示意图(引自王幼芳等,2007)

叶木本植物的茎基本相似,主要区别有:

(1)具大量明显的圆形树脂道,其周围是一圈具分泌功能的生活细胞。

(2)韧皮部细胞排列紧密,由大口径的筛胞和小型的韧皮薄壁细胞组成,无筛管和韧皮纤维。

(3)木质部由大量排列均匀整齐的管胞和较少的木薄壁细胞组成,其中早材的管胞口径大壁薄,晚材的管胞口径小壁厚,排列紧密。无导管和典型的木纤维。

(4)射线由一列沿半径方向排列的长方形薄壁细胞或射线管胞组成。

2. 木材三切面

取松茎三切面制片,观察 3 个不同的切面上次生木质部(木材)中各种组织的分布和形态特征,从而建立茎结构的立体构象(图 6-9A)。

(1)横切面(图 6-9B) 年轮为同心圆,早材与晚材轮廓清楚;木质部管胞横切面呈方形,径向壁上具缘纹孔呈剖面观;射线为放射状的单列细胞。可看到射线的宽度和沿半径方向的长度。

(2)径向切面(图 6-9C)　管胞纵向排列,细胞呈长梭形,细胞壁上的具缘纹孔呈正面观(同心圆形);木射线横卧,有几层细胞高度。可看到射线沿纵轴方向的高度和沿半径方向的长度。

(3)切向切面(图 6-9D)　管胞呈纵向排列,细胞壁上的具缘纹孔多呈剖面观;木射线被横切。可看到射线的宽度和高度。

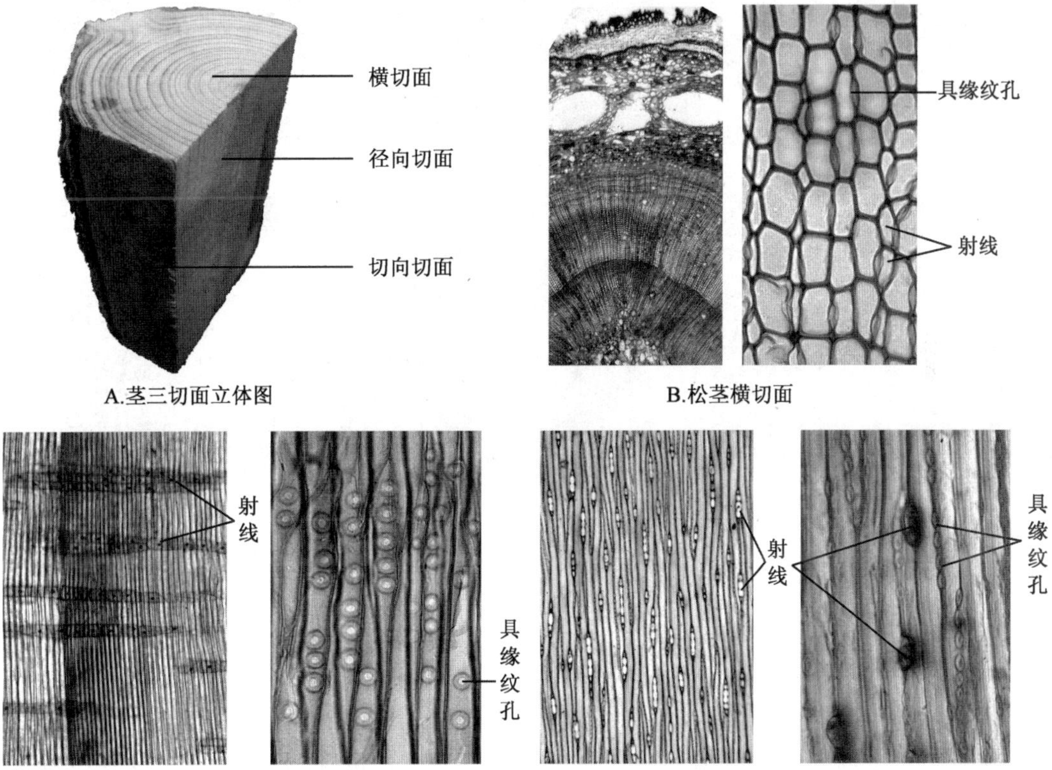

图 6-9　松茎的三切面

(九)综合观察

1. 植物根-茎过渡区

选取大豆、向日葵、蓖麻等任一植物的幼苗,先区分幼苗的子叶、真叶、下胚轴、上胚轴和根,然后自根部开始,向上胚轴方向作连续徒手横切片,每隔 5～10 mm 取一切片(图 6-10),并按顺序将切片逐一放于滴有少许清水的载玻片上(材料可摆放 2～3 排,容纳不下时可放在另一张载玻片上)。盖上盖玻片(注意不要改变切片顺序),置显微镜下依次、逐片观察初生维管组织的结构变化,判断哪些切片是根的结构(或哪一段是根)? 哪些切片是茎的结构(或哪一段是茎)? 哪一些切片是根-茎过渡区的结构。注意后生木质部的分叉、

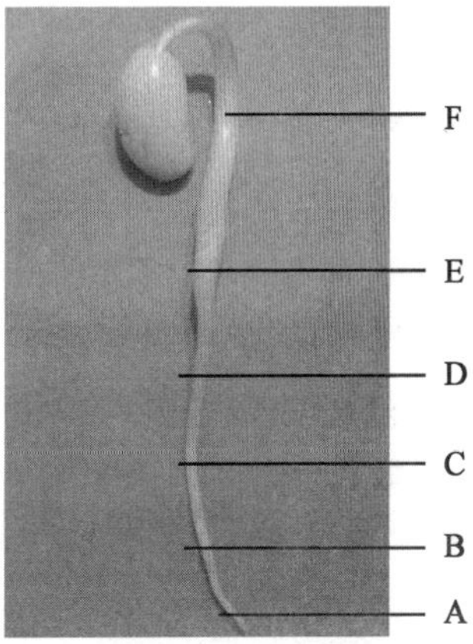

图 6-10　大豆幼苗根-茎转换区横切取材示意图

倒转和并合的过程(图 6-11),记录过渡区起始与终止的位置及过渡区的长度;从立体结构上理解根-茎过渡区内的维管束如何变化。

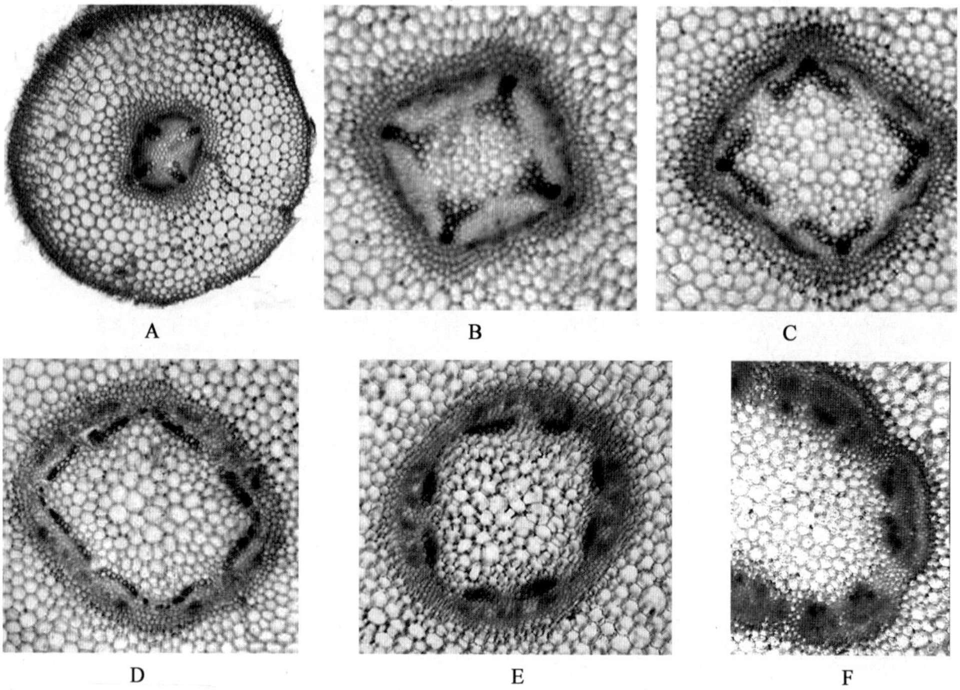

图 6-11　大豆幼苗根一茎转换区不同部位的横切面,示初生维管组织的结构转换

A～F 示后生木质部的分叉、倒转、移位和并合的过程

根-茎维管组织的连接还有其他多种形式,可以任选其他植物的幼苗进行该实验。

2. 茎的水分运输途径和速率

取 40～50 cm 高的向日葵、蓖麻、蚕豆或旱伞草等植物的植株,用刀片在茎基部切去根系,迅速插入盛有红墨水及自来水(对照)的平底指形管中。约 1 h 后,将茎取出,作徒手横切片,观察红墨水的存在部位,判断水分运输的途径;粗略地估算水分上升的速率;同时观察这几种植物茎的结构特点。

3. 木材组成细胞观察

取杨茎的木材离析材料,观察导管、管胞、木纤维及木薄壁细胞的特征(图 6-12)。

导管为两端具穿孔的管状细胞,侧壁上具有不同的木化加厚花纹;管胞侧壁上也有不同的木化加厚花纹,但两端不具穿孔且直径一般较导管细;木纤维为两端细尖的梭形长细胞,一般无加厚花纹;木薄壁细胞一般为小形、等径的薄壁细胞。

另取松茎的木材离析材料,观察管胞、木薄壁细胞等特征,并与毛白杨木材离析材料作比较。

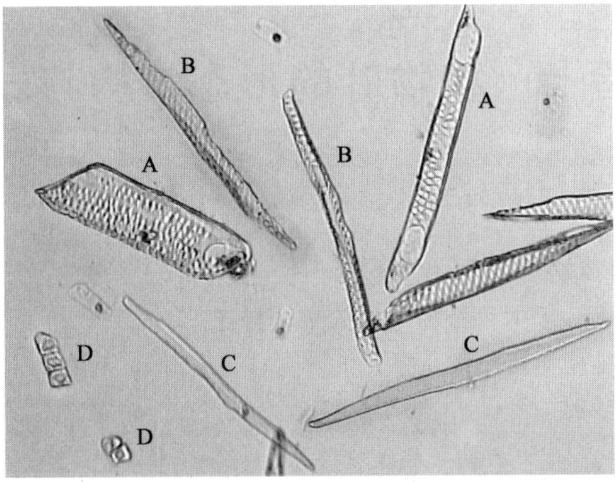

图 6-12　毛白杨木材组成细胞

A. 导管　B. 管胞　C. 木纤维　D. 薄壁细胞

五、作业

(1)拍摄所观察的典型结构图像(不同放大倍数),制作 PPT,注明每个图像的详细结构。

(2)绘玉米(或小麦)茎中一个维管束的横切面细胞图,并注明各部分的名称。

六、综合思考

(1)根尖与茎尖在形态和结构上有何异同点?

(2)双子叶植物与禾本科植物茎的结构有何区别?

(3)双子叶植物根和茎维管形成层的发生和活动有何异同点?

(4)比较双子叶植物根与茎初生结构的不同,说明根、茎是如何连接的。

(5)能从哪些结构特征判断木材的三向切面?

(高润梅)

实验七　植物叶的形态结构与发育

一、实验目的

(1)了解双、单子叶(以禾本科为例)植物叶的组成。

(2)掌握双子叶植物和禾本科植物叶片的结构特点。

(3)理解叶的形态结构与环境的关系。

(4)了解离层与落叶的关系。

二、实验材料

1.新鲜材料

天竺葵(*Pelargonium hortorum*)、大叶黄杨(*Euonymus japonicus*)、小叶黄杨(*Buxus sinicassp. sinica* var. *parvifolia*)、紫丁香、棉(*Gossypium* sp.)、油菜(*Brassica chinensis*)、桃(*Amygdalus persica*)、豌豆(*Pisum sativum*)、蚕豆、月季、菝葜(*Smilax china*)、刺槐(*Robinia pseudoacacia*)、夹竹桃(*Nerium oleander*)等植物的带叶枝条,蚕豆(*Vicia faba*)、小麦(*Triticum aestivum*)、玉米(*Zea mays*)、芦荟(*Aloe vera*)、玉簪(*Hosta plantaginea*)等植物的新鲜叶片,小麦叶肉组织离析材料。

2.永久制片

棉、海桐(*Pittosporum tobira*)、玉米、小麦、水稻(*Oryza sativa*)、松(*Pinus* sp.)、夹竹桃、眼子菜(*Potamogoeton franchetii*)、芦荟、玉簪等植物叶片的横切制片,银杏(*Ginkgo biloba*)叶柄基部纵切制片。

三、实验用品

显微镜、镊子、载玻片、盖玻片、吸水纸、刀片、无色透明指甲油、培养皿等。

四、实验内容与方法

(一)双、单子叶(禾本科)植物叶的组成

1.完全叶

取天竺葵、棉、蚕豆、豌豆、月季等植物的叶观察,可见它们的叶是由叶柄、叶片和托叶三部分组成的,这样的叶称为完全叶(图 7-1A)。实验材料中还有哪些是完全叶________。

2.不完全叶

取大叶黄杨、小叶黄杨、油菜、夹竹桃及丁香等植物的叶观察,它们只具有叶的一或两个部分,这种叶称为不完全叶(图 7-1B)。实验材料中还有哪些为不完全叶________。

同时观察以上实验材料中哪些为单叶?哪些为复叶?并区分叶互生、对生及轮生等叶序类型。

3. 禾本科植物叶的组成

观察小麦或玉米的叶，它由叶片、叶鞘、叶舌、叶耳四部分组成(图 7-2)。

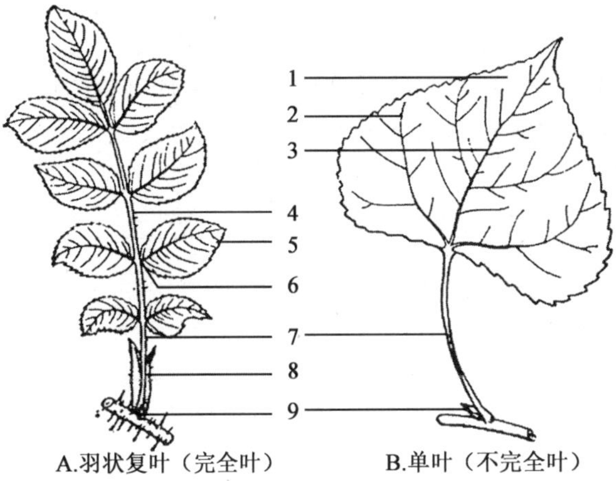

图 7-1　叶的组成（引自李景原等改，2007）
1. 叶片　2. 侧脉　3. 主脉　4. 叶轴(总叶柄)
5. 小叶片　6. 小叶柄　7. 叶柄　8. 托叶　9. 腋芽

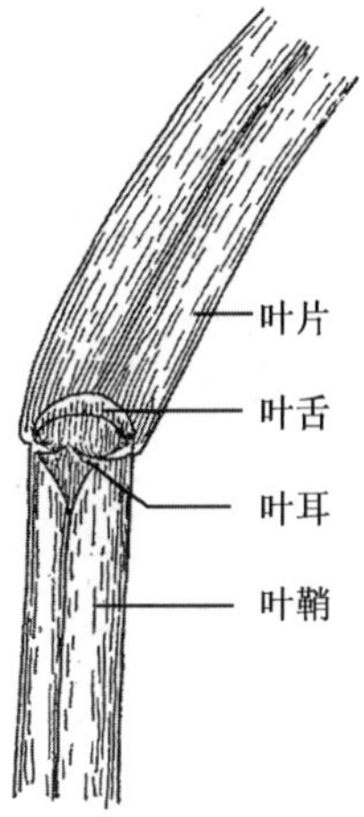

图 7-2　小麦叶的组成

并非所有禾本科植物的叶都具有叶舌和叶耳，它们的有无、大小及形状因不同植物而异，是禾本科植物分类鉴定的重要特征。

(二)双子叶植物叶片的结构

1. 棉叶

取棉叶横切制片(图 7-3)置于显微镜下观察，先区分表皮、叶肉和叶脉三部分，再仔细观察各部分的特征。

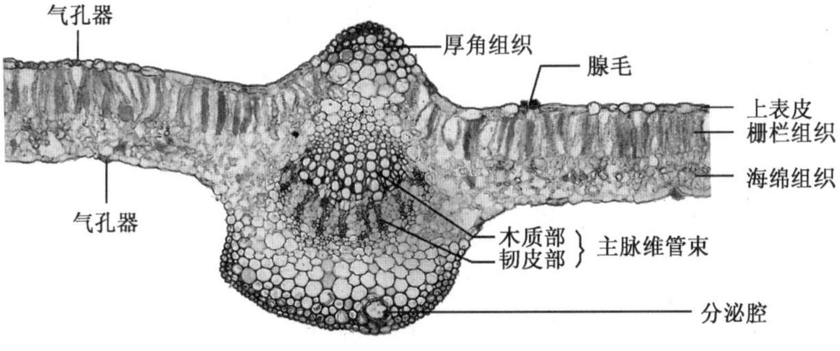

图 7-3　棉花叶片过主脉横切面

(1)表皮　位于叶的最外层，有上下表皮之分，形态结构与茎的表皮相似。注意观察上下表皮细胞角化程度和气孔器数目是否有差异？

(2)叶肉　上下表皮之间的薄壁组织，细胞中含有叶绿体，分为栅栏组织和海绵组织，为异面叶。

①栅栏组织：直接与上表皮相连接，单层细胞长圆柱形，长轴与表皮垂直，排列较紧密，呈

栅栏状，细胞中含有较多的叶绿体。

②海绵组织；位于栅栏组织和下表皮之间，由许多形状不规则的薄壁细胞组成，细胞排列疏松，胞间隙较大，叶绿体含量较少，近气孔处形成孔下室。

(3)叶脉　低倍镜下可见有主脉、大侧脉、小叶脉之分。高倍镜下，主脉中有1个大的维管束，木质部位于上方，韧皮部位于下方，两者之间有不发达的形成层。维管束周围有薄壁组织，上下方表皮内侧有数层厚角组织。侧脉、小叶脉直至脉梢结构渐趋简单，最终仅具单个导管分子和筛管分子。

在双子叶植物叶片的横切面上有时可看到纵向的导管等成分，是因为____。

2. 海桐叶

取海桐叶横切制片(**彩版** 2-18)于显微镜下观察，与棉叶比较其主要区别有：有无看到腺毛、表皮毛________；表皮外角质膜是否明显________；气孔器分布(上、下均有或哪一面有)________；栅栏组织细胞层数________，有无看到晶簇、分泌腔等________。

(三)禾本科植物叶片的结构

1. 小麦叶

取小麦叶横切制片(图7-4)置于显微镜下观察，可见：

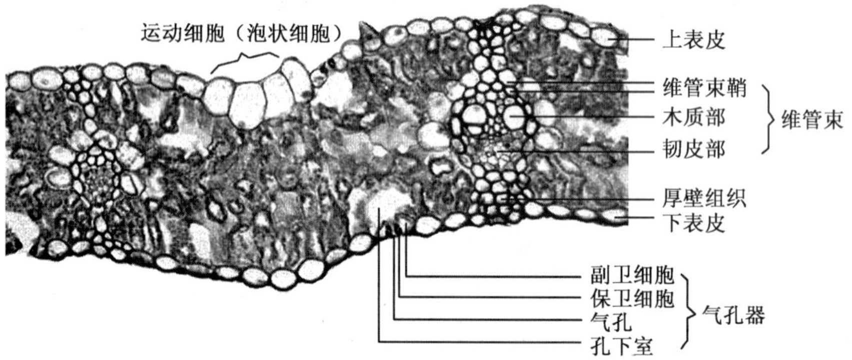

图7-4　小麦叶片横切面

(1)表皮　分上表皮和下表皮，表皮细胞近似长方形，排列紧密，外壁具角质层，其间较为均匀地分布有气孔器。在相邻两叶脉之间的上表皮上有几个呈扇形排列的大型薄壁细胞，即为泡状细胞，又称运动细胞。

(2)叶肉　细胞同型，无栅栏组织和海绵组织的分化，为等面叶。

(3)叶脉　维管束的结构与茎的相似。外围具双层维管束鞘，内层为小型厚壁细胞；外层为较大的薄壁细胞，叶绿体含量较少；此为C_3植物的结构特征。维管束与上下表皮间常有成束的厚壁细胞(维管束鞘延伸区)。

吸取1滴离析小麦叶肉细胞的液体，制成临时制片，在显微镜下观察叶其肉细胞的峰、谷、腰、环结构(图7-5)，理解小麦叶肉立体形态与横切面形态的不同。

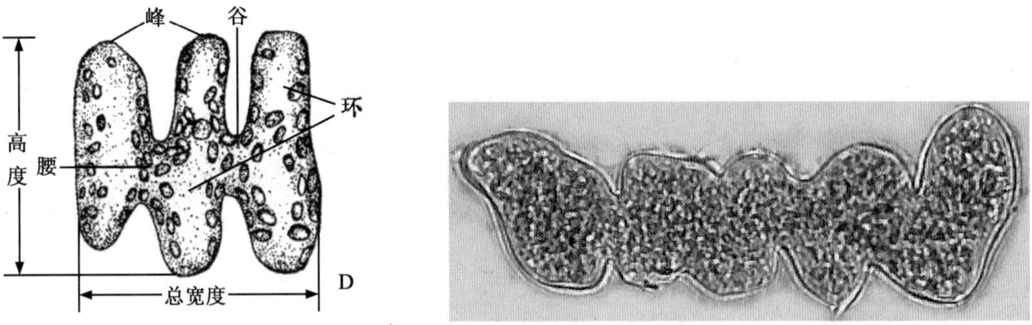

A.具三环的小麦叶肉细胞示意图　　B.分离的一个小麦叶肉细胞

图 7-5　小麦叶肉细胞

2.水稻叶

取水稻叶横切制片(**彩版** 2-21)置于显微镜下观察,与小麦叶比较,主要区别为:

(1)表皮细胞具大量栓质和硅质突起。

(2)主脉中通气组织发达,具 2 个大型气腔。

3.玉米叶

取玉米叶横切制片(**彩版** 2-19)置于显微镜下观察,与小麦及水稻叶比较,主要区别为:埋在叶肉中的小叶脉其维管束鞘由单层薄壁细胞组成,细胞较大,排列整齐,内含多数较大的叶绿体,外侧连着 1 圈叶肉细胞,组成了"花环"形结构,此为 C_4 植物的结构特征(图 7-6)。

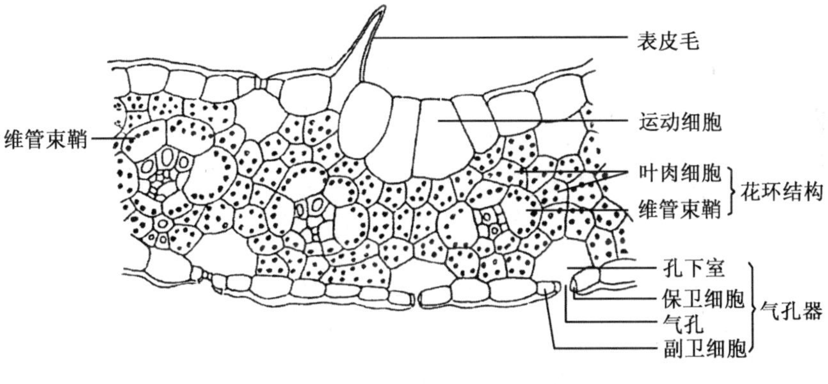

图 7-6　玉米叶片横切面示意图

(四)叶的生态类型的观察

1.旱生叶

(1)夹竹桃叶　观察夹竹桃叶片横切制片(图 7-7,**彩版** 1-8),注意以下特点:

①表皮细胞有较厚的角质膜。

②表皮细胞 3～4 层,为复表皮,外层表皮起保护作用,内层细胞通常具贮水作用。

③下表皮可向内凹入形成气孔窝,气孔器分布在气孔窝内表面,有许多表皮毛覆盖于气孔窝表面,可减少水分蒸腾。

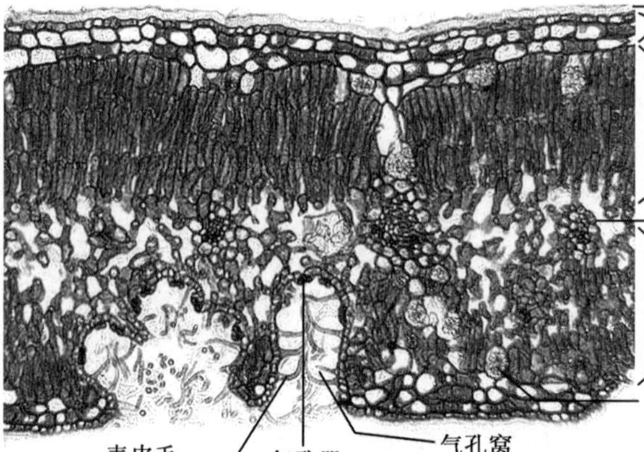

图 7-7　夹竹桃叶横切面

④栅栏组织较发达，有 3～4 层细胞。

⑤叶脉较发达。

(2)松针叶　松为裸子植物，叶多为针形，横切面呈半圆形或三角形，其针叶具有旱生叶结构特点；取松针叶横切制片观察，注意以下特点：

其表皮细胞壁厚、腔小，排列紧密，外面覆盖较厚的 1 层角质膜；表皮下有下皮层，为 1～3 层的木化厚壁细胞；气孔器沿针叶长轴纵向排列，保卫细胞下陷，副卫细胞拱盖其上(旱生叶结构表现)；另外，其叶肉细胞的壁向内折陷，横切面呈花瓣状；叶肉内分布有树脂道；有 1 个叶脉位于叶中部，内有 2 束维管束为外韧维管束，其周围有转输组织，由管胞与薄壁细胞组成，在转输组织外方有一层排列紧密的细胞，称为内皮层(图 7-8)。

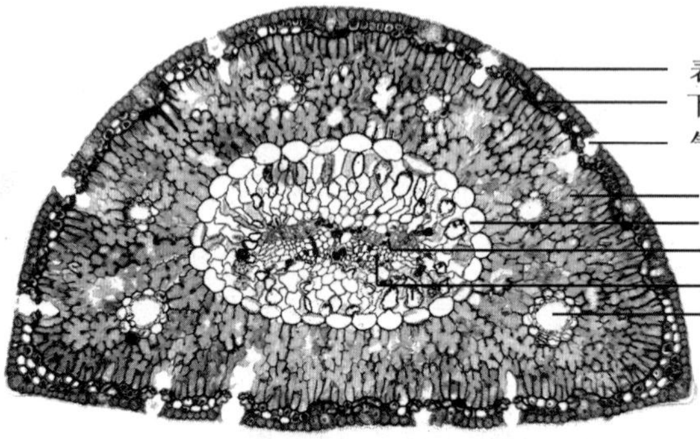

图 7-8　松针叶横切面

(3)芦荟叶　为肉质植物，叶肥厚多汁，叶内有许多大型的薄壁细胞以贮存水分。作叶片横切的徒手切片或用永久制片，在显微镜下观察，其表皮下有几层含叶绿体的同化组织，叶脉维管束结构不发达，其抗旱结构主要表现在叶的中心有大型贮水细胞(图 7-9，**彩版** 2-20)。

2. 水生叶

眼子菜是一种水生植物，取其叶横切(图 7-10A)制片观察。

叶片厚度如何？__________；表皮上有无发达的角质膜？__________，有无气孔？分布在哪一面？__________，表皮细胞中有无叶绿体？__________；叶肉细胞之间是否有发达的气腔？__________；叶片中机械组织是否发达？__________。

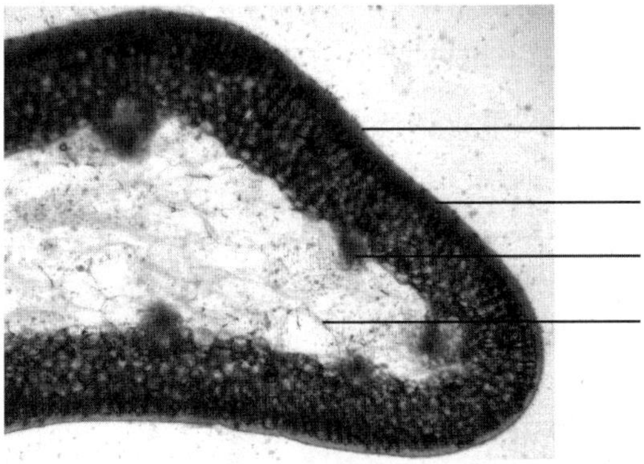

图 7-9　芦荟叶横切面

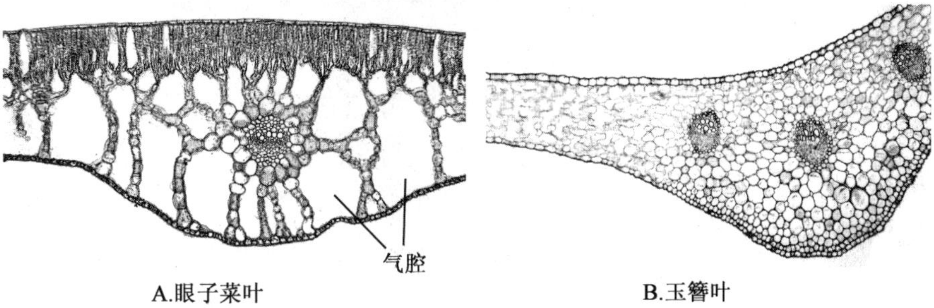

图 7-10　眼子菜叶和玉簪叶横切面

3．阴生叶

玉簪为阴生植物，观察玉簪叶片横切(图 7-10B)制片，可看到：叶片整体较薄，表皮角质膜不发达，叶肉无栅栏组织及海绵组织的分化，叶中无发达的机械组织。

(五)叶的离层

取银杏叶柄基部纵切制片，先用肉眼观察，判断哪部分是茎？哪部分是叶柄和腋芽？然后置于低倍镜下找到叶柄基部的离区，可见银杏叶的离层由薄壁细胞分裂而产生，细胞小而密集；被染成红色的几层细胞是保护层，细胞壁发生栓化和木化，落叶后起临时保护作用。有时还可看到保护层下方(靠茎一侧)有几层黄色细胞，为木栓层细胞，在落叶后起长久的保护作用(图 7-11，**彩版** 2-22)。

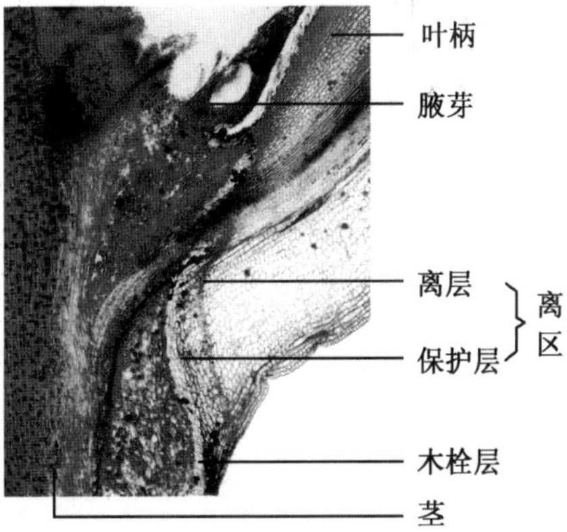

图 7-11　银杏叶柄基部纵切

(六)综合观察

1.叶片气孔器分布及结构特点

取蚕豆、大叶黄杨、小叶黄杨、月季、丁香、芦荟、玉簪、小麦、玉米等植物叶片，采用撕取表皮、刮取表皮或印迹(用无色或浅色透明的指甲油分别充分涂布于叶片背、腹面成一薄层,待干结后用镊子轻撕油膜,制成临时制片置于显微镜下观察)等方法,观察不同植物叶片上、下表皮上气孔器的分布状况、结构组成特点(如有无副卫细胞、数量及形状,保卫细胞形状等)及有无表皮毛、腺毛等结构。

2.叶片表皮上气孔器的分化与发育

撕取小油菜幼嫩叶片的下表皮制成临时装片,观察气孔器的分化过程,识别表皮细胞、保卫细胞母细胞、保卫细胞、气孔和副卫细胞(图 7-12)。

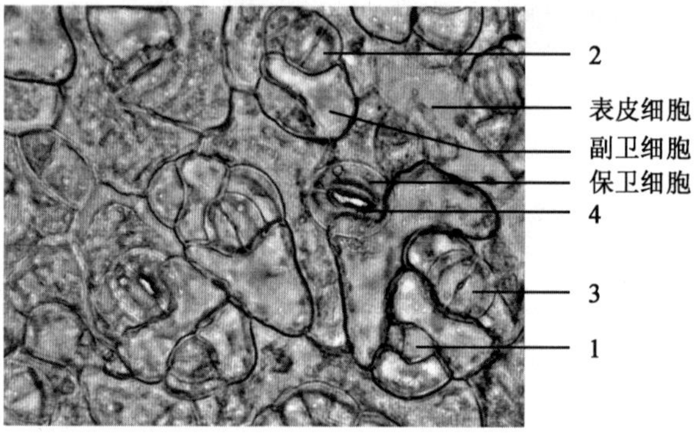

图 7-12 小油菜叶片下表皮气孔器的分化与发育

1.气孔母细胞时期 2.母细胞一分为二,形成两个尚未成熟的保卫细胞
3.两个保卫细胞相邻的细胞壁分开,初现气孔 4.发育成熟的气孔器

五、作业

(1)拍摄所观察的有关叶结构的典型图像(不同放大倍数),制作 PPT,注明每个图像的详细结构。

(2)比较双子叶植物叶(异面叶)与单子叶禾本科植物叶(等面叶)结构的异同。

六、综合思考

(1)在显微镜下,如何从维管束的结构上区别 C_4 植物玉米叶和 C_3 植物小麦叶?

(2)落叶植物叶子脱落前,叶柄基部的结构发生什么变化?在植物体哪些器官的哪些部位还可能产生离层?

(3)举例说明生态环境对叶的形态结构的影响以及叶的形态结构与功能的适应。

(王瑞云)

实验八　植物营养器官的变态

一、实验目的

(1)了解及识别植物营养器官的变态类型.

(2)理解同功器官和同源器官的概念。

二、实验材料

1.新鲜材料

萝卜(*Raphanus sativus*)、胡萝卜(*Daucus carota*)、甜菜(*Beta vulgaris*)的肉质直根,甘薯(*Ipomoea batatas*)的块根,玉米茎基部节上的支柱根,皂荚(*Gleditsia sinensis*)、洋槐(*Robinia pseudoacacia*)、枸杞(*Lycium chinense*)、小檗(*Berbens* sp.)等带刺的枝条,葡萄(*Vitis vinifera*)、豌豆(*Pisum sativum*)、葫芦科(*Cucurbitaceae*)植物具卷须的枝条,竹节蓼(*Homalocladium platycladium*)、仙人掌(*Opuntia* sp.)、莴苣(*Lactuca sativa*)的植株,草莓(*Fragaria ananassa*)或蛇莓(*Duchesnea indica*)的匍匐茎,莲藕(*Nelumbo nucifera*)、姜(*Zingiber officinale*)的根状茎,马铃薯(*Solanum tuberosum*)块茎,洋葱(*Allium cepa*)或大蒜(*Allium sativum*)的鳞茎,荸荠(*Heleocharis dulcis*)、芋头(*Colocasia esculenta*)或慈姑(*Sagittaria trifolia* var. *sinensis*)的球茎,猪笼草(*Nepenthes* sp.)植株,棉的花,菊科(*Asteraceae*)植物的头状花序等。

2.永久制片

萝卜、胡萝卜及甜菜的肉质直根横切制片,甘薯块根横切制片等。

3.标本

常春藤(*Hedera nepalensis*)具攀缘根,菟丝子(*Cuscuta chinensis*)具寄生根的新鲜植株或腊叶标本等。

三、实验用品

显微镜、镊子、载玻片等。

四、实验内容与方法

(一)根的变态

1.肉质直根

(1)观察萝卜、胡萝卜的肉质直根,其上部是由下胚轴发育而成,上面可有极短的茎,顶端着生叶,不具侧根;下部由主根发育而成,具有纵列的侧根。

将萝卜与胡萝卜的肉质直根作徒手横切或取其横切制片,用肉眼或用显微镜观察(图 8-1),

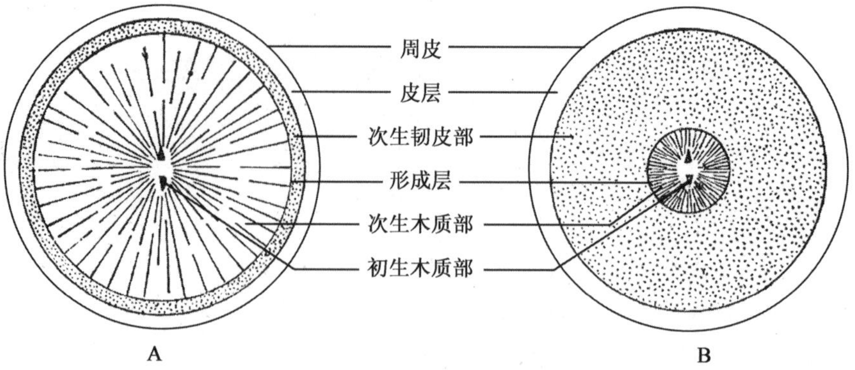

图 8-1 萝卜(A)、胡萝卜根(B)的横切面简图

可见萝卜次生木质部甚为发达,其中有大量由木薄壁组织转变成的副形成层(额外形成层)发育成的三生结构,占横切面的绝大部分,次生韧皮部发育很弱;胡萝卜的次生木质部不发达,而次生韧皮部较为发达。在发达的次生木质部和次生韧皮部中均以贮藏薄壁组织为主要成分。初生木质部所占比例较小,在中央清晰可辨。

(2)观察甜菜肉质直根的外形及横切制片(图 8-2) 甜菜根为肉质直根,上部主要由下胚轴发育形成,不具侧根;下部由主根发育形成,具侧根。观察侧根有几纵列,从而推测母根为几原型。

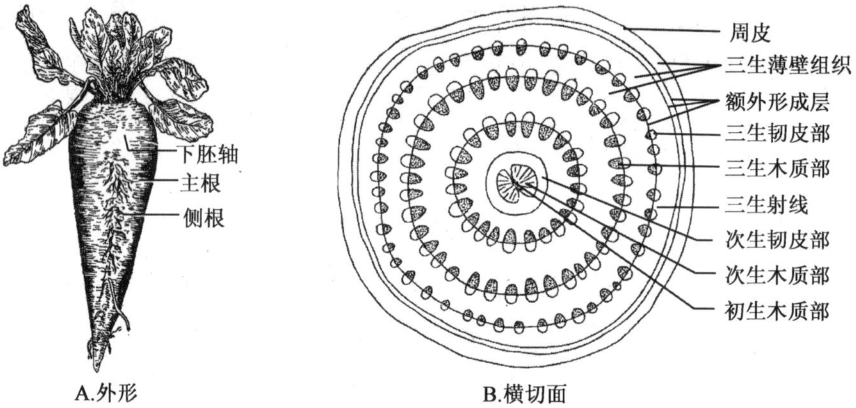

图 8-2 甜菜根的外形及横切面简图

观察甜菜根的横切制片:从内向外它的中心被染成红色的部分,包括位于中央的初生木质部和外围相对占比例较大的次生木质部,其外为一圈被染成绿色的次生韧皮部,次生木质部和次生韧皮部之间为维管形成层;再向外可见数圈同心圆形的额外形成层(副形成层),额外形成层向内外分裂分化,形成由大量的三生薄壁组织和排成环形的三生维管束构成的三生结构,三生维管束之间为三生射线,三生木质部(其中的导管被染成红色)在额外形成层内侧,三生韧皮部在额外形成层外侧,三生薄壁组织(淡绿色)具贮藏功能,由此形成膨大的以贮藏组织为主的肉质直根。最初的额外形成层由中柱鞘衍生,后又由三生韧皮部外侧的薄壁细胞形成新一圈额外形成层,再活动形成新一轮三生结构,以此类推。数一数你观察的制片有几个额外形成层。如何识别额外形成层?

2.块根

观察甘薯的块根(图 8-3),其由侧根或不定根的一部分膨大而成,外形较不规则,着生数列侧根。侧根着生处有时可见有不定芽。

取甘薯块根横切制片置于显微镜下观察,在大量的次生木质部中有大量的薄壁组织和星散的导管,在导管周围有额外(副)形成层产生。由于维管形成层和额外形成层的活动,使块根不断增粗肥大。

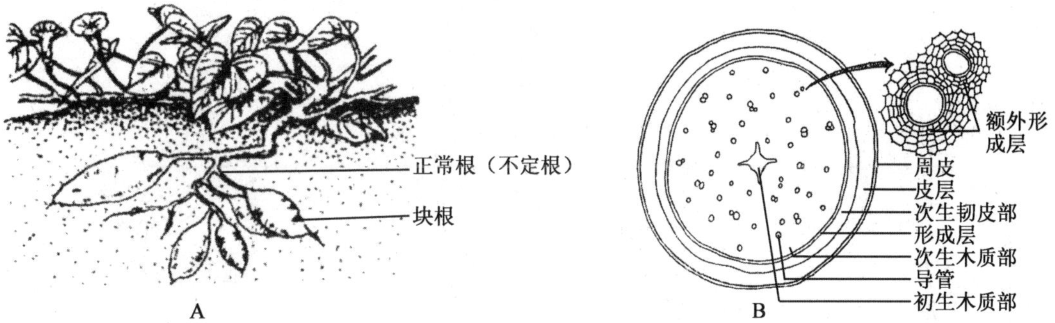

图 8-3　甘薯块根外形(A)及横切面简图(B)

3.气生根

由不定根形成,生长于地面以上(图 8-4)。

(1)支柱根　观察玉米、高粱茎基部节上的支柱根,其主要功能是支持植物体,又称支持根。

(2)攀缘根　观察常春藤等植物茎的一侧所产生的气生根,具攀缘作用。

(3)寄生根　观察菟丝子腊叶标本的吸器。

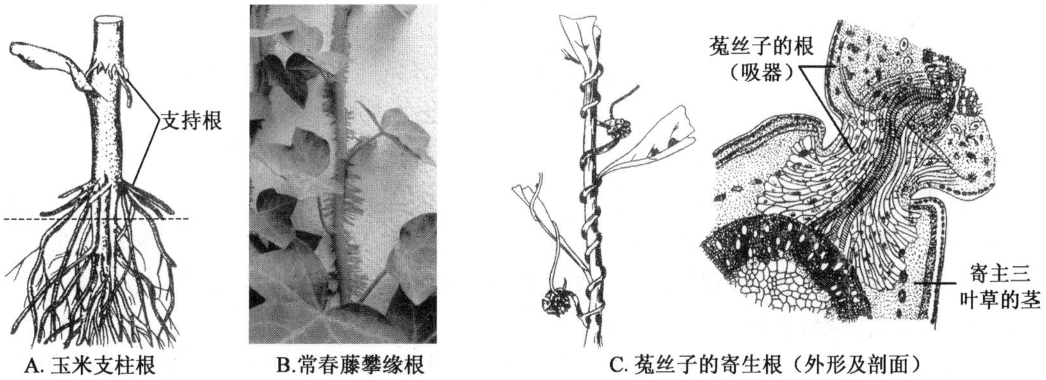

图 8-4　气生根

(二)茎的变态

1.地上茎(图 8-5)

(1)茎刺　取皂荚、枸杞等的枝条观察,位于叶腋的枝刺有时具分枝,由腋芽发育而成。

A.葡萄的茎卷须

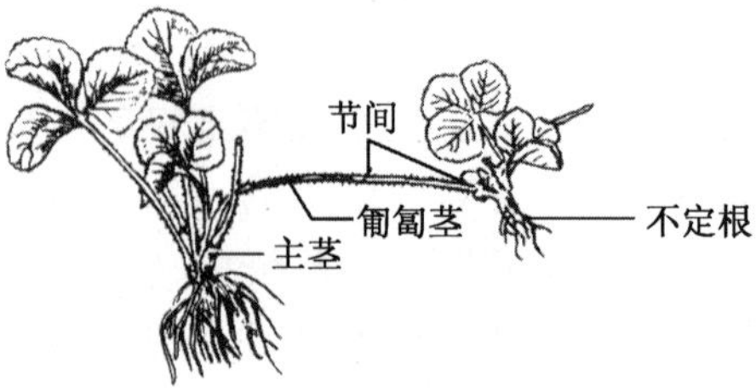

B.草莓的匍匐茎

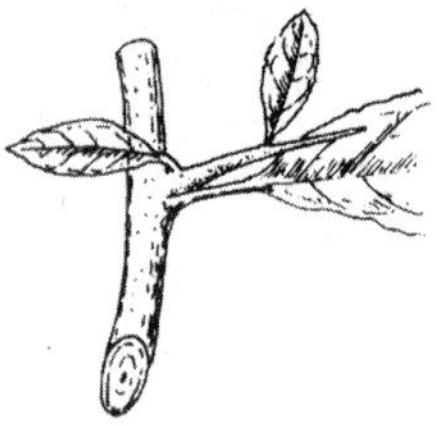

C.山楂的茎刺

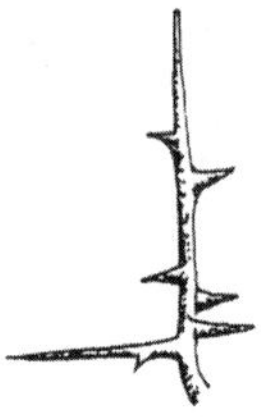

D.皂荚的茎刺

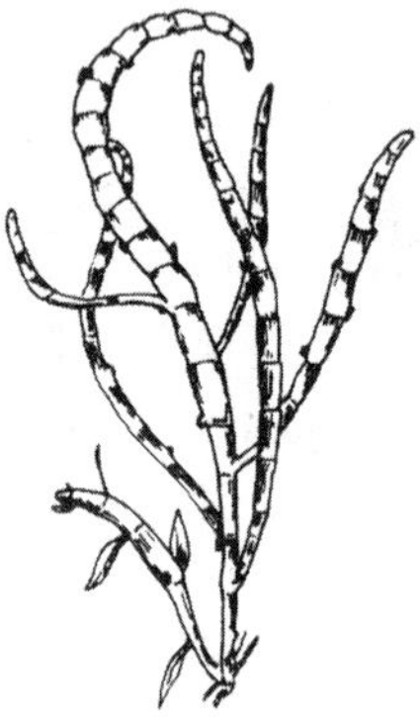

E.竹节蓼的叶状枝

F.假叶树的叶状枝

图 8-5　几种地上茎的变态

(2)茎卷须　观察葡萄或葫芦科植物的卷须。

(3)叶状茎(枝)　观察竹节蓼、假叶树、仙人掌等植物的茎,其叶退化,茎变为扁平,呈绿色,代替叶行使光合作用。

(4)肉质茎　观察莴苣的茎。

(5)匍匐茎　观察草莓、蛇莓的茎,细长呈匍匐状,节上生不定根。

2.地下茎(图 8-6)

(1)根状茎　观察莲藕、姜等,形状似根,横生土中,但有明显的节和节间,具顶芽和侧芽,在茎节上可产生不定根。注意:莲藕的缢缩部分为节,膨大部分为节间。

(2)块茎　观察马铃薯块茎,区别出顶芽、腋芽、膜质鳞叶或其叶痕(芽眉),块茎上的凹陷称为芽眼,为节部,芽眼内的芽即为腋芽。

观察马铃薯块茎横切制片,自外向内为周皮、皮层、双韧维管束和具放射状髓射线的髓。外韧皮部与木质部均有发达的贮藏组织,少量的输导组织分散其中,形成层不明显;内韧皮部与髓的外层共同组成环髓区。

(3)鳞茎　观察洋葱鳞茎纵剖面,鳞茎盘是节间极其缩短的茎,其上长有许多肉质的鳞叶。观察大蒜的鳞茎,注意与洋葱的区别。

(4)球茎　观察荸荠、芋头、慈姑的肥大地下茎,略呈球形。区分顶芽、侧芽、节、节间和膜质鳞叶。

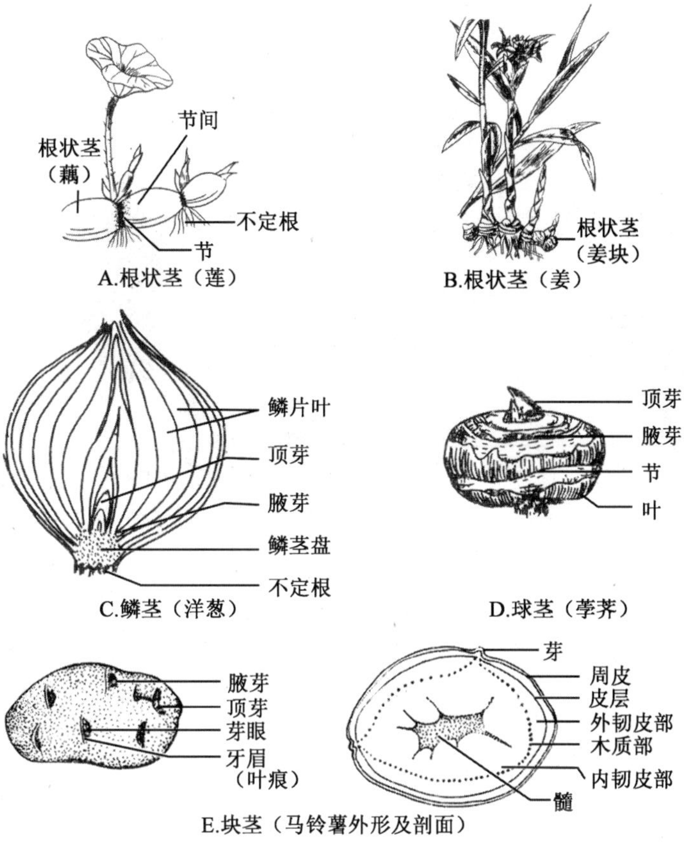

图 8-6　几种地下茎的变态

(三)叶的变态(图 8-7)

1.鳞叶

叶变成鳞片状，有的成为能贮藏营养物质的肉质鳞叶，如洋葱。

2.叶卷须

观察豌豆的小叶卷须和菝葜的托叶卷须。

3.叶刺

观察仙人掌、小檗的叶刺和洋槐的托叶刺。

4.苞片和总苞

生在花下萼片外的小形叶叫苞片，观察棉花的花外具有 3 片大型苞片(或称副萼)；而聚生在花序外围的叶叫总苞，观察菊科植物的头状花序外的绿色叶状总苞。

5.捕虫叶

观察猪笼草的叶，其叶柄分为 3 部分，基部为绿色扁平的假叶，中部细长为卷须状，先端成为瓶状的捕虫囊，其内有分泌腺，可分泌消化液以消化落入"瓶"中的昆虫，"瓶盖"实为叶片。

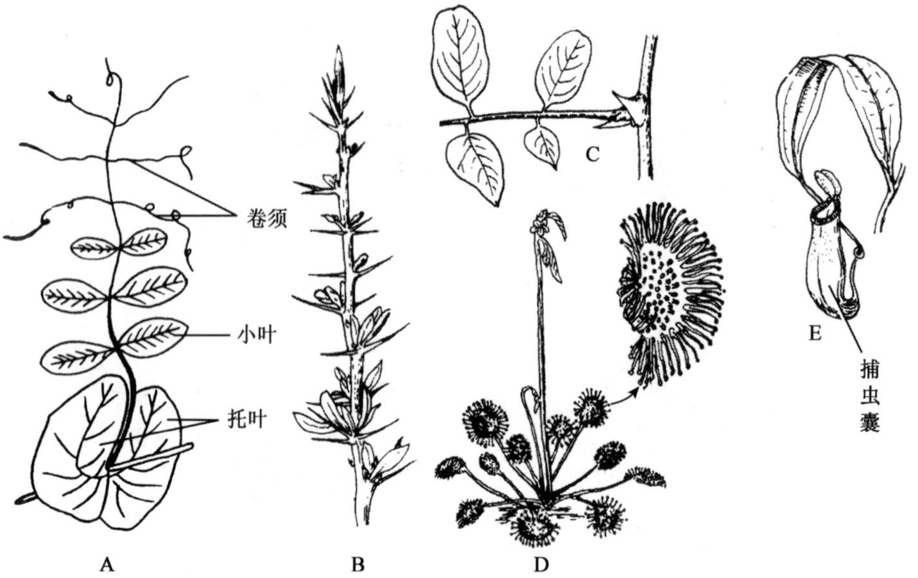

图 8-7 几种变态叶

A. 豌豆的叶卷须 B. 小檗的叶刺 C. 洋槐的托叶刺 D. 茅膏菜的捕虫叶 E. 猪笼草的捕虫叶

五、作业

(1)拍摄所观察的有关叶结构的典型图像(不同放大倍数),制作 PPT,注明每个图像中主要结构的名称。

(2)列表总结实验中所看到的植物所具有的变态器官的类型。

六、综合思考题

(1)比较甘薯根与甜菜根的额外形成层发生位置与形状的不同,其与根外部形状的形成是否有关?

(2)根据对根、茎、叶变态器官的观察,综述区别变态器官来源的依据。

(3)举例阐述同功器官和同源器官的概念。

(黄淑莉)

实验九　植物生殖器官的形态结构与发育

一、实验目的

(1)了解被子植物花的组成和各部分的特点。

(2)掌握花药的结构和花粉粒的发育过程。

(3)掌握子房、胚珠的结构、胚囊的结构与发育过程及胚的发育过程。

(4)认识各类果实以及它们的特征和区别。

二、实验用品

显微镜、放大镜、载玻片、盖玻片、镊子、解剖针、双面刀片、吸水纸、培养皿等。

三、实验材料

1.新鲜材料(或浸液保存的材料)

(1)花　油菜(*Brassica campestris*)、白菜(*Brassica pekinensis*)、二月兰(*Orychophragmus violaceus*)、百合(*Lilium* sp.)、桃(*Prunus persica*)、山桃(*Prunus davidiana*)、豌豆(*Pisum sativum*)、梨(*Pyrus bretschneideri*)等植物的花。

(2)果实　番茄、桃、枣(*Ziziphus jujube*)、胡桃、苹果(或梨)、橘(*Citrus reticulata*)、黄瓜(*Cucumis sativus*)、豌豆(*Pisum sativum*)、花生、皂荚、油菜、荠菜(*Capsella bursa-pastoris*)、棉花(*Gossypium hirsutum*)、木槿(*Hibiscus syriacus*)、连翘(*Forsythia suspense*)、紫丁香、向日葵、小麦、玉米、板栗(*Castanea mollissima*)、胡萝卜、五角枫(*Acer elegantulum*)、臭椿(*Ailanthus altissima*)、八角(*Illicium verum*)、草莓(*Fragaria ananassa*)、菠萝(*Ananas comosus*)等植物的果实。

2.永久制片

不同发育时期的百合、黄花菜(*Hemerocallis citrina*)、桃、小麦的花药(至少有幼嫩、成熟花药)横切制片,百合子房横切制片,百合胚囊发育各时期的制片,小麦子房纵切制片(示胚囊各期发育),荠菜幼胚制片,荠菜成熟胚制片,不同发育时期小麦胚的纵切制片。

四、实验内容与方法

(一)花的组成

1.油菜花的观察

取一朵油菜花,自外向内观察,可观察到6个部分(图9-1)。

(1)花柄(花梗)　着生在茎上,支持整个花,呈绿色。

(2)花托　花柄顶端着生花萼、花冠、雄蕊群、雌蕊群的部分。

(3)花萼　为花的最外一轮,淡绿色,萼片 4 枚,离生(属离萼),镊合状排列。

(4)花冠　位于花萼内轮,花冠黄色,由 4 枚分离的花瓣组成,称为离瓣花,每个花瓣可分为瓣片和瓣爪两部分。由于花瓣排列成十字形,故称十字形花冠。油菜花的花瓣形状、大小相同,通过花的中心做任意对称面,均能将花分成相同的两部分,故属整齐花(辐射对称花)。油菜花既有花萼,又具花冠,故为双被花。

(5)雄蕊群　位于花冠的内方,共 6 枚,其中 2 枚较短,4 枚较长,称四强雄蕊。每枚雄蕊由两部分组成:细长的部分为花丝;顶端的囊状物称为花药。在花丝的基部,还可见到 4 颗绿色的突起物,即为蜜腺(外分泌结构)。

(6)雌蕊　位于花的中央,形似一瓶状物即为雌蕊。雌蕊顶端扩大部分为柱头;基部膨大部分为子房;二者之间较细的部分为花柱。子房的基部着生于花托上,为子房上位。用刀片将子房做若干个横切,用放大镜或解剖镜进行观察,可见一假隔膜将子房分为假二室,每室可见一个(实为一列)胚珠着生于胎座上,为侧膜胎座,由此可推断这种雌蕊为二心皮合生的复雌蕊。

油菜花是辐射对称的完全花。

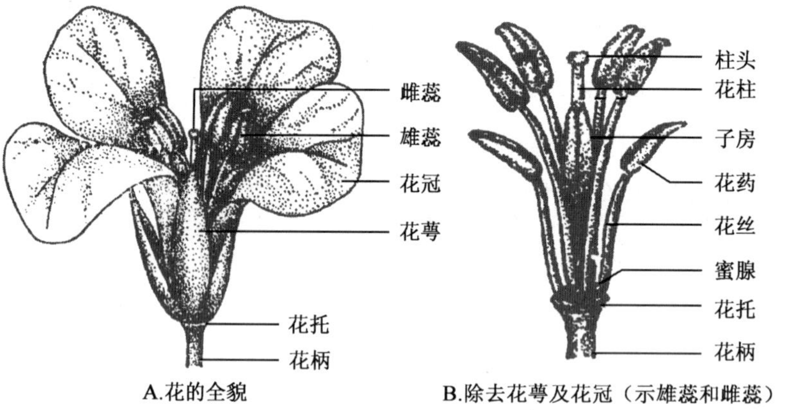

图 9-1　油菜花的组成

2. 百合花的观察

解剖观察百合鲜花,注意花被片为 6 片,2 轮互生排列,每轮同色、同形;雄蕊 6 枚,排成 2 轮,丁字着药;子房上位,横切子房,可见子房 3 室,每室 2 胚珠(实为立体纵向 2 排,即每室胚珠多数),中轴胎座。

3. 桃花的观察

桃花的花柄短小,花柄上是凹陷的杯状花托(也称花筒);在杯状花托的顶缘,由外向内着生着 5 个萼片、5 个花瓣(白色或粉红色)和多数分离的雄蕊。在杯状花托的底部,有 1 枚雌蕊(由 1 个心皮形成),包括柱头、花柱和子房 3 部分。仅子房底部着生于花托上,所以也是子房上位;花萼、花瓣和雄蕊都围绕着中央的雌蕊而生,为周位花。用双面刀片横切子房,用放大镜观察,可看到 1～2 枚胚珠着生在腹缝线上,其胎座为边缘胎座。

桃花也是辐射对称的完全花,与油菜花的主要区别在于其为周位花。

另外,也可以观察其他植物的花,了解不同植物花的组成特点。

(二)花药的结构

雄蕊花药中产生花粉母细胞，由花粉母细胞减数分裂形成小孢子。观察不同发育阶段花药的制片，了解不同发育阶段花药的基本结构。

1.百合未成熟(幼嫩)花药的结构

先取百合鲜花中幼嫩花药做横切徒手切片，制作临时制片，在显微镜下观察花药横切面的整体形状、花粉囊的数目及药隔位置等特点。

再取百合幼嫩花药横切永久制片(图 9-2，**彩版** 3-1、3-2)进行仔细观察。

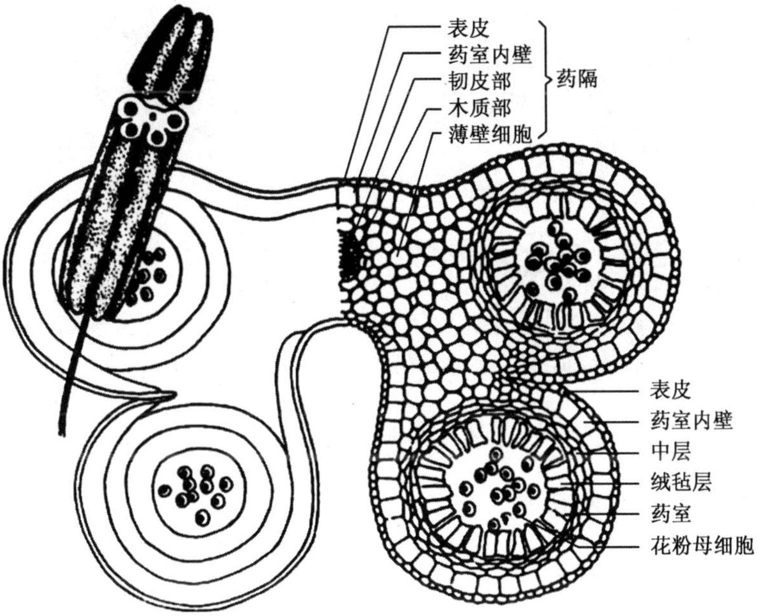

图 9-2　百合幼嫩花药横切面

(1)整体观察　先在低倍镜下观察，可见未成熟花药的横切面呈蝴蝶形，分为左右两半，中间以药隔相连，两侧各有 2 个花粉囊(多数被子植物花药和百合花药一样有 4 个花粉囊)，共 4 个药室。药隔主要由薄壁细胞组成，中间有 1 个周韧维管束，被染成红色的为木质部的导管。选择 1 个清晰完整的花粉囊至视野中央，转换高倍镜观察花粉囊的详细结构。

(2)花粉囊(花药)壁　它包括表皮、药室内壁、中层和绒毡层。

①表皮：花药最外面的一层细胞，扁平状，裸露在外的一面有薄的角质膜；有时可看到气孔器。

②药室内壁：位于表皮下的一层近于方形较大的细胞，细胞中常有染成红色的颗粒，为淀粉粒。

③中层：药室内壁以内的 1～3 层较小、横切面上较扁的细胞。

④绒毡层：花粉囊壁最内一层细胞，略呈长柱形，细胞质浓、细胞核大，有时可见二核或多核的细胞。

(3)药室　花粉囊壁以内为药室，药室中有很多近椭圆形或圆形的花粉母细胞。

2.百合成熟花药的结构

观察百合成熟花药横切制片(图 9-3A,**彩版** 3-3),并与幼嫩花药进行比较,其变化有:

(1)药室内壁细胞的细胞壁出现条纹状的加厚,因此该层细胞又叫纤维层。

(2)由于纤维层细胞壁的收缩,引起花粉囊壁的开裂,同一侧的一对花粉囊从彼此连接处开裂,使得原有的两个药室相互连通成一个药室。

(3)绒毡层细胞及大部分中层细胞已退化消失。

(4)药室中形成成熟花粉粒。百合的成熟花粉粒为2-细胞型花粉(有的花粉粒只切到1个核),注意区分营养细胞核及生殖细胞,花粉粒外壁上有网状花纹(图 9-3B,**彩版** 3-4)。

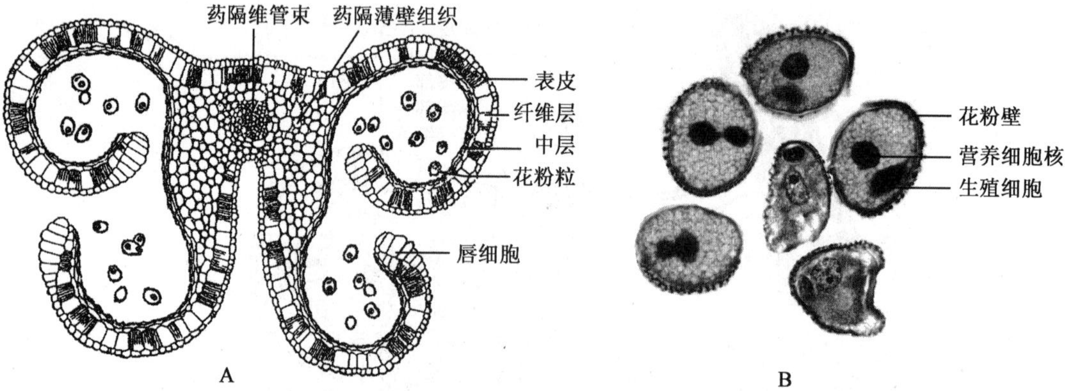

图 9-3 百合成熟花药横切面(A)和百合的 2-细胞型花粉粒(B)

(三)花粉粒的形成和发育

1. 百合花粉粒的发育和形成

按顺序取不同发育时期的百合花药横切永久制片,然后对准一个花粉囊的中部,转至高倍镜下观察从造孢组织时期到成熟花粉粒形成的各个时期,注意花粉囊壁和药室内细胞的变化过程。

(1)造孢组织时期　花药幼小,横切面呈蝴蝶形。此时花粉囊壁的各层分化还不明显;药室中央有许多细胞核大、细胞质浓、排列紧密的多角形的造孢细胞。有时可观察到正在进行有丝分裂的造孢细胞,以后造孢细胞发育为花粉母细胞。

(2)花粉母细胞时期　这时花粉囊壁的各层已分化明显。在药室中,有许多细胞核大、细胞质浓、彼此分离的圆形的细胞,即为花粉母细胞。在有些制片中,可观察到花粉母细胞内已出现染色体,说明它们已进入减数分裂的第一次分裂时期,此时花粉母细胞的染色体数仍为 2n。

(3)二分体和四分体时期　花粉母细胞完成减数分裂的第一次分裂,形成两个相连的细胞,称为二分体,二分体时染色体已为单倍体(n)。这时也可观察到花粉母细胞已完成减数分裂的第二次分裂,形成 4 个子细胞,但仍被包围在共同的胼胝质壁中,称为四分体时期。这个时期花粉囊壁的发育达到最顶峰。同一个药室内的花粉母细胞是同步发育的。

(4)单核花粉粒时期　此时绒毡层细胞开始退化,细胞壁解体,原生质连合在一起,形成着色很深的一圈,此后,这一圈具有多核的原生质团逐渐退化。此时的药室中,原来四分体的 4

个子细胞已从共同的胼胝质壁中释放出来；成为彼此分离的具有单倍染色体的小孢子，其核居中央，也称单核花粉粒。以后继续发育长大，形成的大液泡将细胞核由细胞中央挤到一边，称单核靠边期。

(5)成熟花粉粒时期　由单核花粉粒的核发生分裂，在药室中形成了多个由 1 个营养细胞和 1 个生殖细胞组成的成熟花粉粒(图 9-3B)。

2. 小麦花药的结构及成熟花粉粒

取小麦幼嫩花药横切制片观察。小麦花药的结构和百合的基本相同，但幼嫩花药壁的中层细胞层数与百合不同(**彩版** 3-6)。有些制片是小麦带有穗轴的一个小穗的横切面(图 9-4A，**彩版** 3-5)，切到了两朵花；应注意识别穗轴、小穗轴、外颖、内颖、外稃、内稃、雄蕊的花药及雌蕊的子房横切面等结构。

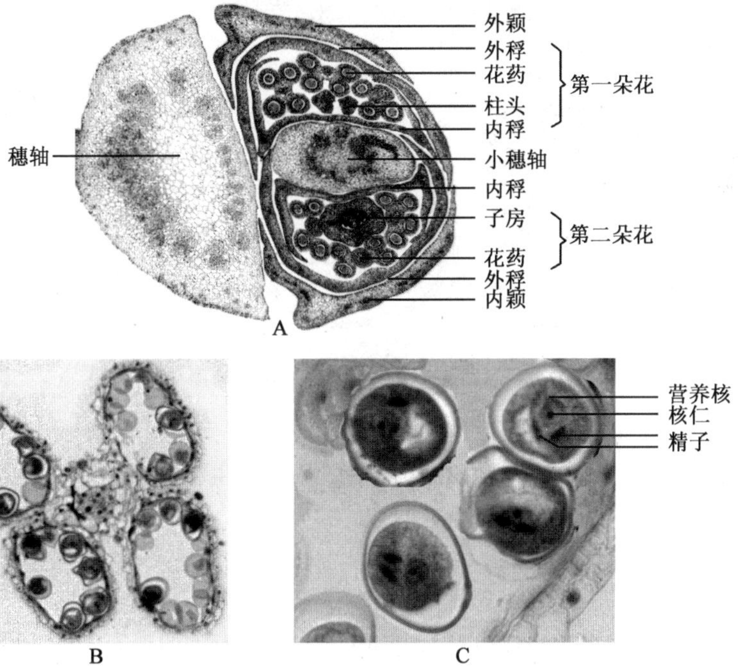

图 9-4　小麦幼嫩小穗的横切面(A)、小麦成熟花药的横切面(B)和小麦的 3-细胞型花粉粒(C)

取小麦成熟花药横切制片观察，此时花粉囊开裂，花药壁仅剩表皮及纤维层，中层及绒毡层已基本消失(图 9-4B，**彩版** 3-7)；其成熟花粉粒中包含 1 个营养细胞和 2 个精细胞，称为 3-细胞型花粉(图 9-4C，**彩版** 3-8)。

被子植物约有 1/3 的科中，在花粉粒成熟之前，生殖细胞要进行 1 次分裂，形成具 2 个精细胞的 3-细胞型花粉粒。

3. 花粉粒的形态和结构

用镊子夹取少许任一植物的花粉粒，做成临时装片，在显微镜下观察花粉粒的形状、大小、外壁上的花纹和萌发孔等。

(四)百合子房的结构

先取百合鲜花中子房做徒手横切切片,做临时制片。在显微镜下观察其子房横切面的整体形状、子房壁位置、子房室数目及每室胚珠数,判断心皮数及胎座类型(**彩版** 3-9)。

取百合子房横切的永久制片,置低倍镜下观察整个子房的结构,可见百合的雌蕊是由三心皮连合而成的复雌蕊(图 9-5)。

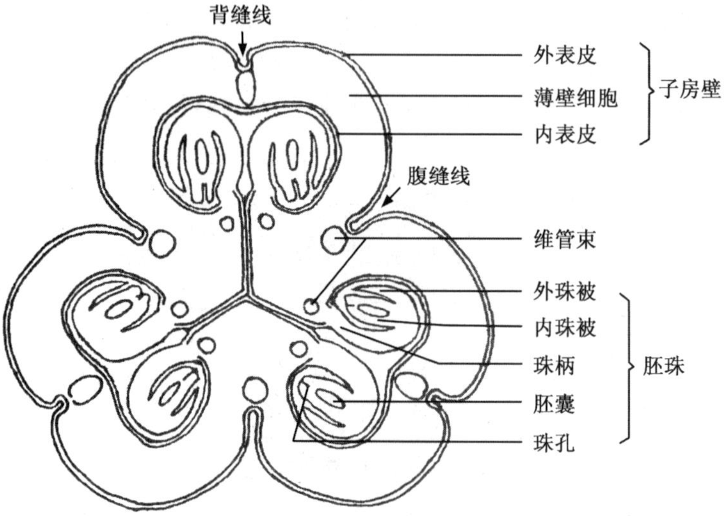

图 9-5 百合子房横切面简图

百合子房由子房壁、子房室、胎座和胚珠组成。横切面上可见有 3 个子房室,每室中可见到 2 个倒生胚珠(实际为纵向 2 列,**彩版** 3-10)。胚珠着生处为胎座,胚珠着生在中轴上,称为中轴胎座。

(五)百合胚珠的结构

在百合子房横切的永久制片中,先在低倍镜下选择一个切得完整的、通过胚珠正中纵切面的胚珠,再换高倍镜详细观察下列各个部分(图 9-6 ,**彩版** 3-10)。

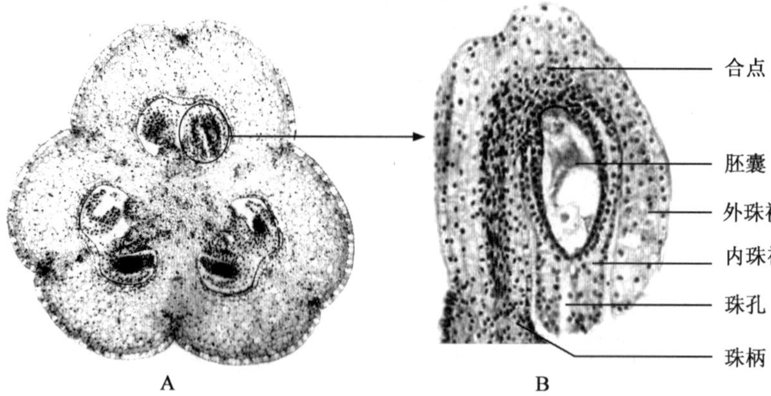

图 9-6 百合子房横切面(A)及一个倒生胚珠纵切面(B)

(1)珠柄　较粗而短，胚珠以珠柄着生在胎座上，有一维管束由腹缝线通过珠柄直达合点。

(2)珠被　胚珠外侧有两层珠被，在外方的为外珠被，在内方的为内珠被(靠近珠柄的一侧往往只有一层珠被)。

(3)珠孔　珠被在一端合拢处，留有一孔，即珠孔(由于珠孔很窄，正好切到它的机会不多，故在切片上不易见到)。

(4)珠心　位于珠被之内，由薄壁细胞组成。

(5)合点　在珠孔相对一端，珠被、珠心与维管束的汇合处为合点。

(6)胚囊　在珠心中发育，成熟的胚囊占据珠心的大部分体积。

(六)胚囊的发育与结构

1.百合胚囊的发育与结构

观察百合胚囊发育各时期的永久制片。注意：胚囊是一个囊状的立体结构，它的细胞或核不是都排列在同一个平面上，需要通过观察连续切片，才能弄清胚囊的全貌。

百合胚囊的发育一般经历了胚囊母细胞时期、减数分裂时期、后四核胚囊时期和成熟胚囊时期(图 9-7，**彩版** 3-11、3-12)，根据其胚囊形成方式其胚囊也被称为贝母型胚囊。

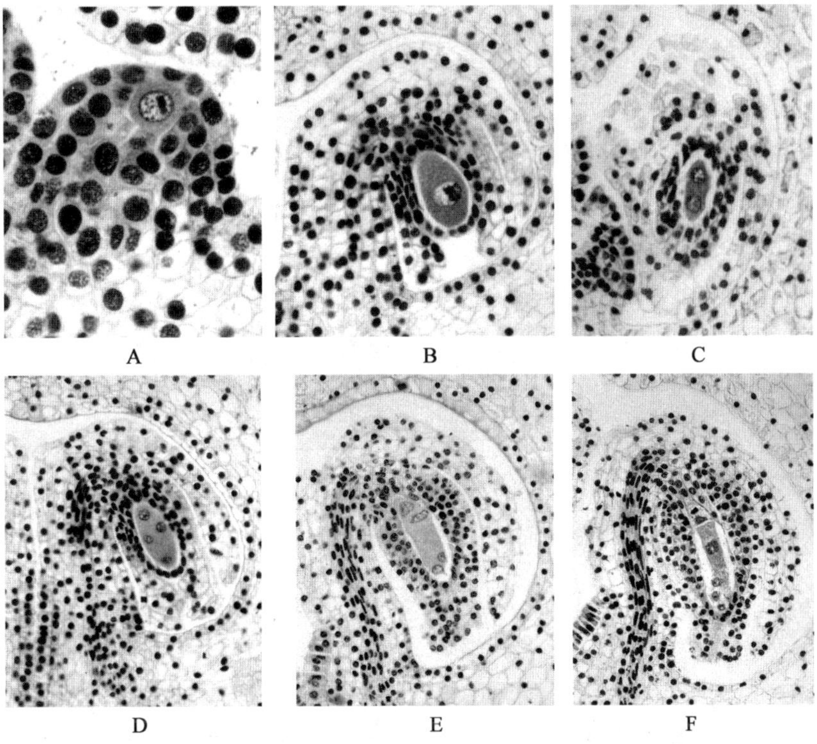

图 9-7　百合胚珠的纵切片，示胚囊的发育过程(贝母型)

A. 孢原细胞　B. 胚囊母细胞　C. 二核时期　D. 第一次四核时期　E. 第二次四核时期　F. 成熟胚囊

(1)胚囊(大孢子)母细胞　取百合幼小子房横切制片，刚发育的胚珠原基，是一团珠心组织，在其前端、表皮之下分化出一个大细胞，这个大细胞早期称孢原细胞(图 9-7A)，后来直接发育为胚囊母细胞(图 9-7B)，它明显大于周围其他细胞，细胞核大，细胞质浓。在有些制片中可见到在珠心组织基部的外围已有珠被正在发生和形成。

(2)胚囊母细胞减数分裂　胚囊母细胞第一次分裂后形成两个大小相同的子核(图 9-7C)；接着这两核进行减数分裂的第二次分裂，形成 4 个大孢子核，也称第一次四核时期(图 9-7D)。4 个大孢子核的染色体数目均为胚囊母细胞染色体数目的一半，为单倍体(n)。此时胚珠的两层珠被已发育完全，胚珠已经倒转过来。

(3)后四核胚囊　百合的 4 个大孢子核中有 3 个大孢子核移向合点端，珠孔端只留下 1 个大孢子核，呈 3+1 排列。此后，合点端的 3 个核在分裂时 3 个纺锤体合并、相互融合，形成两个三倍体的大核；珠孔端的 1 核正常地分裂，形成 2 个单倍体的小核，结果出现了 2 个三倍体的大核和 2 个单倍体的小核，为第二次四核时期(图 9-7E)，这一时期也称为后四核胚囊期。

(4)成熟胚囊(图 9-7F)　后四核胚囊的 4 个核又进行一次有丝分裂，形成 4 大、4 小共 8 个核。8 核形成后，胚囊两端各有一个大核和一个小核向胚囊中央移动，相互靠拢形成极核并与周围的细胞质组成中央细胞($4n$)。合点端的 3 个大核进一步发育为 3 个反足细胞($3n$)，珠孔端的 3 个小核 1 个发育为卵细胞(n)，另外 2 个发育为助细胞(n)，最后形成了 7 个细胞 8 个核的成熟胚囊。

在你所观察的制片中，胚囊处于哪一发育时期？________________。

2. 小麦胚囊的发育(图 9-8)

小麦的胚囊发育类型属于单孢子胚囊中的蓼型，大多数被子植物的胚囊发育类型都是这

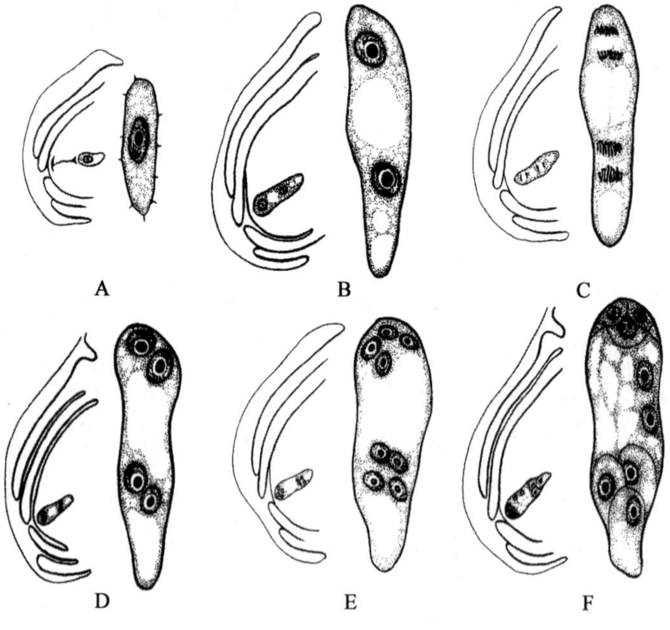

图 9-8　小麦胚囊的发育

A. 单核胚囊　B. 二核胚囊　C. 二核胚囊的核在分裂中期　D. 四核胚囊　E. 八核胚囊，其中在胚囊两极各分布 4 个核　F. 含有 7 个细胞 8 个核的成熟胚囊

种类型。取小麦子房纵切永久制片(示胚囊各期发育)观察:仔细寻找胚囊母细胞时期、四分体、单核、二核、四核和八核期胚囊。胚囊母细胞减数分裂Ⅰ和Ⅱ都形成横的分割壁,因此形成的4个大孢子(或称大孢子四分体)成一直线排列。4个大孢子中仅合点端的1个发育成有功能的大孢子,以后发育成胚囊,其余3个大孢子退化。留存功能大孢子体积逐渐增大,进而发育为单核胚囊,接着进行第一次有丝分裂,产生的2个细胞核分别移向胚囊两极,接着这2个细胞核各进行两次有丝分裂,形成八核胚囊,以后进一步发育为7细胞8核的胚囊。

注意:小麦胚囊中的3个反足细胞还会继续分裂,形成20~30个细胞,这一特点又与典型的蓼型胚囊不同。

在你所观察的制片中,胚囊处于哪一发育时期?____________________。

(七)胚的发育

1.荠菜果实和种子的形态

取新鲜荠菜的短角果,用刀片沿角果窄面纵切,观察其胎座、隔膜和胚珠特点。

荠菜的短角果呈三角形或倒心形,由两心皮组成,其边缘互相连接形成一室,在心皮边缘连接处着生两列胚珠,为侧膜胎座。但在两心皮相连的缝线处延伸出一个隔膜,因为它不是心皮弯向子房内形成的,故称假隔膜。隔膜将子房室分为两室,称假二室(图9-9,**彩版**3-13)。成熟短角果沿腹缝线开裂,其中有多数小型种子,假隔膜宿存。

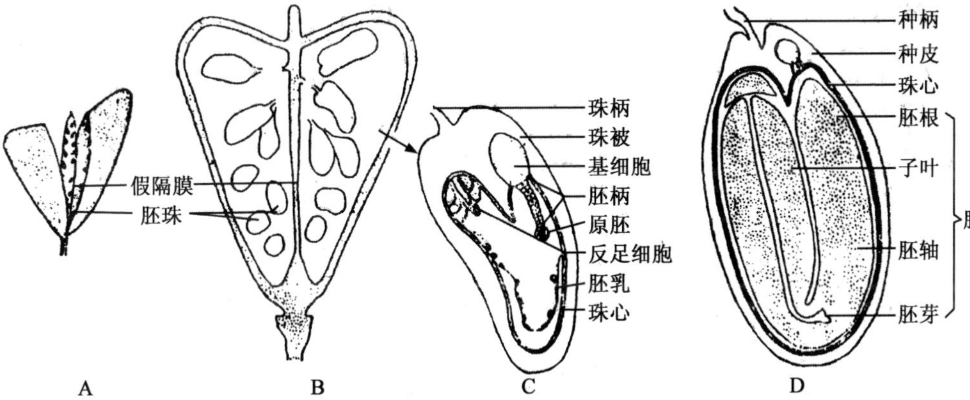

图9-9　荠菜胚的发育

1.荠菜的短角果(自腹缝线裂开,示假隔膜及胚珠)　2.荠菜幼果的纵切面
3.胚珠纵切面(示原胚)　4.种子纵切面(示老胚)

2.荠菜胚和胚乳的发育

取不同发育时期荠菜短角果纵切制片,先在低倍镜下观察整个短角果全貌。荠菜的胚珠是弯生胚珠,由于胚珠(种子)着生位置不一致,排列不整齐,所以在制片上可以看到多个通过不同部位切面的胚珠(种子),挑选一个比较完整并接近通过中央部位的胚珠(种子)的纵切面,在高倍镜下仔细观察胚和胚乳的不同发育阶段(图9-10,**彩版**3-14、3-15)。

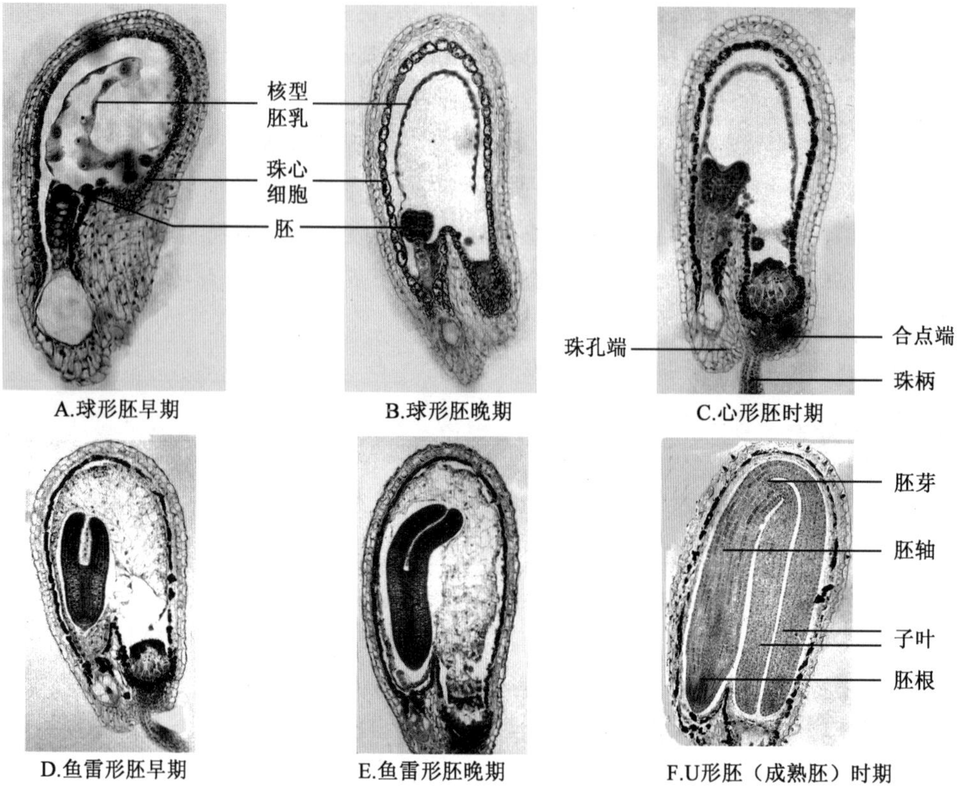

图 9-10 荠菜胚及胚乳的发育

(1)原胚时期　包括从 2-细胞胚到球形胚的各个时期。在这一阶段的胚囊内，在近胚囊珠孔端内方的基细胞多次横分裂发育为单列细胞组成的胚柄，它的最基部、紧贴珠孔端有 1 个高度液泡化的大型细胞，称胚柄基细胞。胚柄将幼胚推送至胚囊中部。在胚发育后期大部分胚柄细胞解体消失。

此时初生胚乳核经过多次核分裂，形成了多数游离核，分布在胚囊周缘，但尚未看到胚乳细胞的形成，因此荠菜的胚乳发育类型为核型胚乳。

(2)胚分化时期　这一时期胚开始分化出各种器官，包括心形胚和鱼雷形胚时期。在上述球形胚体顶端两侧，细胞分裂较快形成两个子叶原基，使整个胚呈心形，即为心形胚时期。当胚体和子叶继续长大后，呈鱼雷状，称鱼雷形胚。以后子叶随胚囊的形状而弯曲生长，胚柄逐渐退化。

该时期可看到胚囊靠外周的一些胚乳游离核周围已形成细胞壁而成为胚乳细胞，但以后随着胚体长大，胚乳细胞又常被发育中的胚吸收而解体。

(3)成熟胚时期　观察荠菜成熟胚的纵切制片，可见胚已经成熟呈弯形；有两片肥大的子叶，子叶之间夹生的小突起是胚芽，近珠孔端是胚根，胚芽与胚根之间为胚轴。此时胚乳大部分已被吸收，珠被发育为种皮，整个胚珠已发育为种子。

3. 小麦胚的发育

取不同发育时期小麦胚的纵切制片，先用低倍镜后用高倍镜观察。可以观察到二细胞原胚、棒状胚及顶部由小渐大的梨形胚等时期。后来梨形胚的中上部一侧出现一个凹沟，凹沟以上部分将来形成盾片的主要部分及胚芽鞘的大部分，凹沟处，即胚中间部分，将来形成胚芽鞘的其余部分和胚芽、胚轴和外胚叶，凹沟的基部形成盾片的下部。

小麦胚乳的发育类型也是核型胚乳。

取小麦成熟颖果纵切制片，观察其果皮与种皮的愈合情况、胚乳所在位置，重点观察其成熟胚的结构（图 9-11，**彩版** 3-16）。

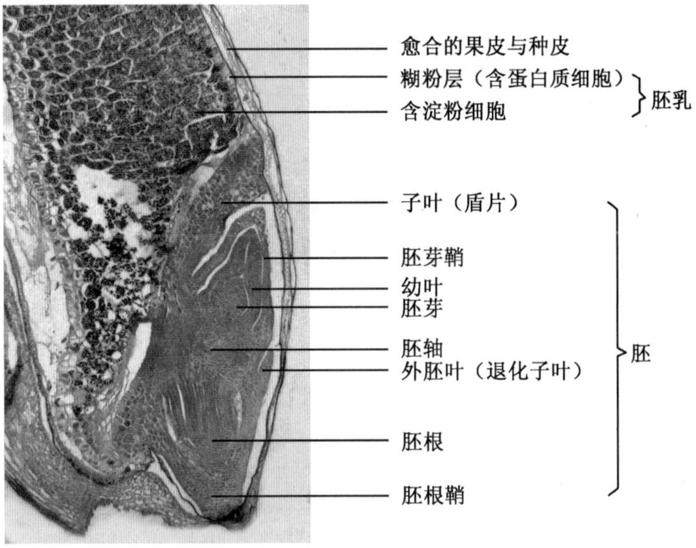

图 9-11　小麦颖果纵切（示成熟胚及胚乳）

（八）子房的发育和果实的形成

一般由花中的子房发育形成果实，果实包括果皮和种子两部分。

根据不同的分类方法，果实可分为真果、假果；单果、聚合果、聚花果。

1. 真果、假果

根据果实的来源，果实可分为真果和假果。

（1）真果　仅由子房形成的果实叫真果。如桃、西红柿等。

（2）假果　有些植物的果实，除子房外，还有花的其他部分（如花萼、花托等）参与了果实的形成，这样的果实叫假果。如黄瓜、苹果等。

2. 单果、聚合果、聚花果（彩版 9）

根据花及雌蕊群的关系，特别是心皮之间以及心皮与其他花部之间的关系，可将果实分为单果、聚合果和聚花果（复果）。

取各种类型的果实进行观察，注意观察其形态特征及各类果实的区别（在观察内容后面的横线上填上具有该果实类型的代表植物名称）。

（1）单果　是由一朵花中的单雌蕊或复雌蕊子房发育所形成的果实。

- 肉果类：果皮或果实的其他部分成熟后通常肉质多浆。

①浆果________________________________

②核果________________________________

③梨果________________

④柑果________________

⑤瓠果________________

• 干果类：果实成熟时果皮干燥。根据果皮是否开裂，又可分为裂果和闭果。

A. 裂果：成熟时果皮开裂。根据心皮数目和开裂方式的不同又可分为：

①荚果________________

②蓇葖果________________

③角果________________

④蒴果________________

B. 闭果：成熟时果皮不开裂。根据果皮及心皮的特征可分为：

①瘦果________________

②颖果________________

③坚果________________

④双悬果________________

⑤分果（离果）________________

⑥翅果________________

（2）聚合果　由一朵花中多数离生单雌蕊和花托共同发育而成的果实。每一个雌蕊形成一个独立的单果（小果），多个单果聚合在一个花托上，称聚合果，如________________。

（3）聚花果（复果）　由整个花序发育所形成的果实，如________________。

五、作业

（1）拍摄实验所观察的典型结构图像（不同放大倍数），制作 PPT，注明每个图像的详细结构。

（2）绘一个百合完整胚珠纵切面的简图，并注明各部分名称。

（3）以文字加箭头的形式（表解形式）总结由孢原细胞到成熟花粉粒（雄配子体）的发育形成过程；以文字加箭头的形式总结由孢原细胞到成熟胚囊（雌配子体）的发育形成过程。

六、综合思考

（1）幼嫩花药到成熟花药发育过程中，花粉囊壁发生哪些变化？其各部分执行哪些生理功能？

（2）什么叫减数分裂？它在植物体生长发育的那个阶段进行？有何生物学意义？

（3）简述被子植物双受精过程。为什么说双受精作用是被子植物进化的重要特征？

（4）种子各部分分别由胚珠的那些部分发育而来？为什么会形成无胚乳的种子？

（葛丽萍）

实验十　低等植物类群及代表植物

一、实验目的

(1)通过对代表植物的观察,掌握低等植物各大类群的主要特征。

(2)区分各门藻类植物,了解它们在植物界的演化地位。

(3)了解藻类与其生长环境之间的关系。

二、实验材料

1.新鲜材料

色球藻(*Chroococcus* sp.)、颤藻(*Oscillatoria* sp.)、螺旋藻(*Spirulina* sp.)、地木耳(*Nostoc commue*)、发菜(*Nostoc flogelliforme*)、裸(眼虫)藻(*Euglena* sp.)、衣藻(*Chlamydomonas* sp.)水绵(*Spirogyra* sp.)、丝藻(*Ulothrix* sp.)、纲毛藻(*Chladophora* sp.)、轮藻(*Chara* sp.)、各种硅藻的水样,紫菜(*Porphyra* sp.)、黑根霉(*Rhizopus* sp.)、青霉(*Penicillium* sp.)、酵母菌(*Saccharomyces* sp.)等。

2.永久制片

水绵整体及接合生殖装片,衣藻、团藻(*Volvox* sp.)、实球藻(*Pandordorina* sp.)、空球藻(*Eudorina* sp.)等装片,细菌三型、发网菌(*Stemonitis* sp.)孢子囊、黑根霉、青霉、曲霉(*Aspergillus* sp.)等装片,伞菌(*Agaricus* sp.)过菌褶横切制片,同层及异层地衣制片,海带(*Laminaria japonica*)孢子体横切面制片,海带配子体装片等。

3.展示标本

藻类、菌类、地衣各类标本。

三、实验用品

体视显微镜、显微镜、镊子、解剖针、载玻片、盖玻片、培养皿、吸水纸、刀片、蒸馏水、纱布、玻璃吸管、I_2-IK 溶液等。

四、实验内容与方法

(一)蓝藻门(Cyanophyta)

1.色球藻属(*Chroococcus*)

在淡水池塘、水沟及潮湿的土表常可采集到。吸取少量标本液制成临时装片,在显微镜下观察,色球藻常为单细胞或几个细胞构成的群体,细胞球形、半球形,常呈蓝绿色,细胞外有胶鞘质(图 10-1A,**彩版** 4-1)。

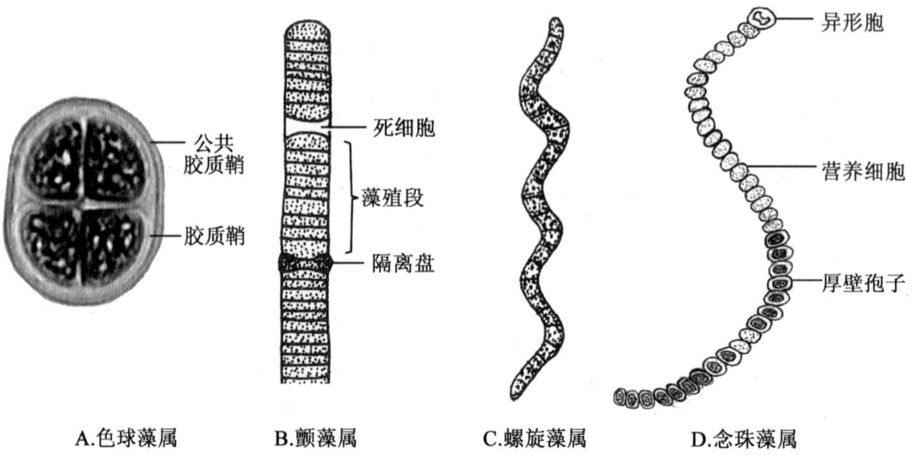

图 10-1 常见蓝藻

2. 颤藻属(*Oscillatoria*)

生于湿地或浅水边，在含有丰富有机质的污水中生长旺盛，为常见蓝藻。

用镊子取少量颤藻或以吸管吸取少量含颤藻水样做成临时制片。先用低倍镜观察，可见颤藻为蓝绿色的单列细胞丝状体，在水中常摆动，藻体两端细胞常呈半圆形，思考出现这种形状细胞的原因。在高倍镜下，可看出颤藻的细胞为扁平圆盘形，藻体胶质鞘不明显，无异形胞，但在藻丝中有时可见死细胞。死细胞无色透明，上下横壁呈双凹形。有时丝状体上还有胶化膨大的隔离盘。死细胞和隔离盘将丝状体隔成藻殖段(图 10-1B，**彩版** 4-2)。你知道藻殖段的功能吗？比较隔离盘与死细胞有何不同？

颤藻的细胞为原核细胞。细胞中央较透明的部分包含核物质，但无核结构，称中央质。光合片层和贮藏物分布在周围细胞质中，称周质(色素质)。周质中由于存在藻蓝素而呈蓝绿色。

3. 螺旋藻属(*Spirulina*)

生活于高 pH(pH 8.6～9.5、含较高浓度的碳酸盐和碳酸氢盐)的水体中，含高蛋白，现已可人工大量培养。

本属藻体多为多细胞丝状体，少数为单细胞。藻体呈螺旋形(图 10 -1C，**彩版** 4-3)。

首先观察容器中含螺旋藻的液体颜色，呈蓝绿色。然后取 1 滴液体，制成临时制片依次在低倍镜及高倍镜下观察，观察藻体形态、颜色及运动情况，比较它和颤藻的异同。

4. 念珠藻属(*Nostoc*)

陆生种，多生长在潮湿土表、岩石上，水生种一般附着在水底石块上或水生植物上生长。植物体为由念珠状的丝状体组成的群体，常具公共胶质鞘，外形呈片状、球状或发丝状，具异形胞，以藻殖段进行营养繁殖。

取干的地木耳或发菜(*N. flogelliforme*)，使之浸水膨胀，观察其外部形态并用手触摸，因植物体外有很厚的胶质鞘，故藻体黏滑。然后用镊子撕取少量材料放于载玻片上并捣碎藻体，制成临时制片观察，观察藻丝是否有分枝，识别营养细胞、异形胞及厚壁孢子(图 10-1D，**彩版**

4-4)。在丝状体中,营养细胞壁薄,细胞中央色淡区域为核质部分,周缘色深处即为色素质;异形胞壁厚,与营养细胞相连处内壁有发亮的球状加厚,由于细胞内缺乏藻蓝素而呈淡黄绿色,它的功能与营养繁殖和固氮有关;有时可见几个连续排列的椭圆形厚壁孢子,内含物浓,色深,它们是厚壁休眠孢子,经休眠后在合适条件下可萌发成新的丝状体。

(二)裸藻门(Euglenophyta)

裸藻又称眼虫藻,该门绝大多数为单细胞游动种类。由于它们一方面具有叶绿体、同化产物为副淀粉;另一方面又无细胞壁,可运动,并有胞口、眼点、储蓄泡,因此,它们既有植物性状,又有动物性状。

裸藻多生于有机质丰富的水体之中,在春夏季节的污水中常可找到,生长旺盛时常使水体变成绿色。

取1滴含有眼虫藻的水样制成临时装片,在显微镜下观察(图10-2,**彩版** 4-5)。

该属藻体为可运动的纺锤形单细胞,前端较粗而钝圆,具有1~3条鞭毛,1侧有1个红色眼点,后部较细。体表有1层周质膜,无纤维素的细胞壁。细胞中具有叶绿体,含有叶绿素a、叶绿素b、胡萝卜素和叶黄素。储藏的养料是副淀粉和脂肪。副淀粉是1种多糖,在细胞内成颗粒状、杆状或环状等固定形状。

生活状态好的眼虫藻在显微镜下移动迅速,难以观察,可选择运动能力差但尚未变形的个体观察。注意有些个体变形成了球形,但其中的叶绿体和眼点均可见。

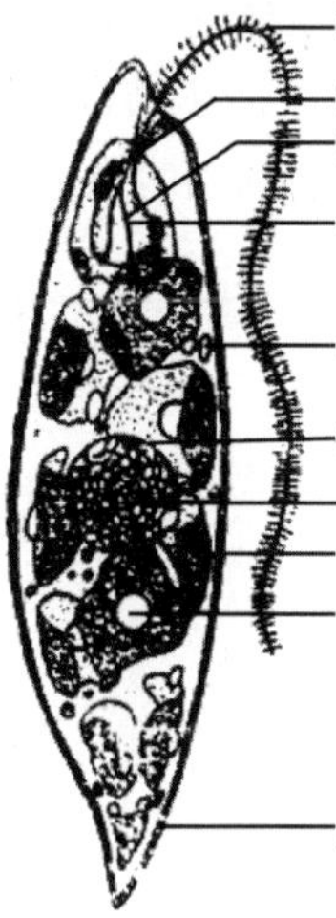

图 10-2 裸藻属

(三)绿藻门(Chlorophyta)

1. 衣藻属(*Chlamydomonas*)

分布广,多生于富含有机质的水体(水沟、池塘和积水洼地)中。

取1滴有衣藻的水样,制成临时装片,在低倍镜下找到藻体后在高倍镜下观察(图10-3,**彩版** 4-6)。衣藻植物体为单细胞,多呈卵形或球形。细胞内常具有1枚厚底杯状的叶绿体,其底部具一蛋白核(淀粉核),细胞质中有一细胞核。细胞前端有2个发亮的小泡是伸缩泡,在一侧有一红色的眼点。为了清楚地观察衣藻的鞭毛和鉴别淀粉核的性质,可从盖玻片一侧滴加 I_2-KI 溶液处理后再观察,此时鞭毛因吸附碘液而加粗,可以较清楚地见到两根鞭毛。同时,淀粉核遇碘变成蓝紫色或紫黑色。

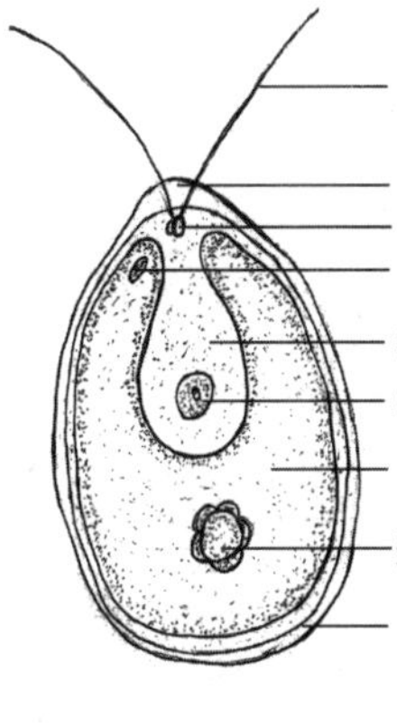

图 10-3 衣藻属

之后,取衣藻装片观察,对比观察结果。注意染色后的衣藻呈现不同颜色。

2. 水绵属(*Spirogyra*)

为淡水池塘中常见的一类丝状绿藻。在野外采集时,用手触摸植物体有黏滑感觉。

取少许水绵藻丝制成临时装片观察或观察永久制片。水绵藻体为不分枝的丝状体，细胞长柱形，每个细胞内有1或几条带状叶绿体螺旋状盘绕（不同种类细胞中叶绿体的数量及盘绕方式不同），叶绿体上可见蛋白核（淀粉核）（图10-4A，**彩版**4-7）。加1滴 I_2KI 溶液观察，可见蛋白核发生颜色改变。

水绵有性生殖的观察：观察水绵接合生殖制片。

水绵有性生殖称接合生殖，发生在春秋季节。可见藻丝由绿变黄，两条并列的藻丝细胞中部侧壁产生突起，两两相对连接，之后横壁解体形成一接合管。在此过程中，每个细胞（配子囊）中的原生质体逐渐浓缩成配子，一条藻丝中的配子以变形运动的方式移入相对的另一条藻丝的细胞中，2个配子结合形成合子，结果是一条藻丝中输出配子的细胞仅留下空壁，而另一条藻丝中接收配子的细胞中形成了合子（图10-4B，**彩版**4-8）。这种结合方式称为“梯形接合”。

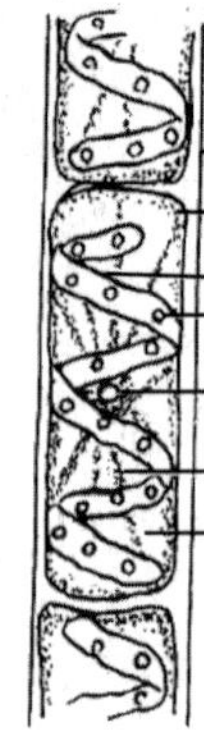

A.营养细胞结构

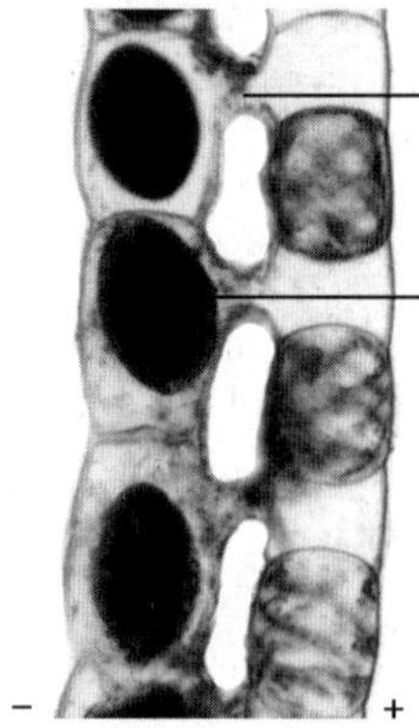

B.梯形接合生殖

图10-4 水绵

3. **丝藻属**（*Ulothrix*）

多固着生长于清洁流动水体中的石头上，丛生。用手触摸既不黏滑也不粗糙。

用镊子取少量丝藻制作临时制片，在显微镜下观察，植物体为不分枝丝状体，营固着生活。注意观察其细胞结构（图10-5），丝状体的每个细胞呈圆筒状，核位于中央，载色体宽带状，两边略内卷。丝状体末端的细胞分化为固着器，细胞不具载色体。

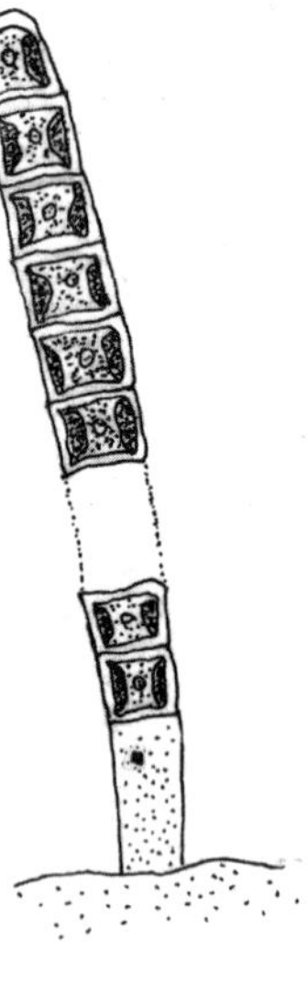

图10-5 丝藻属

4. **纲毛藻属**（*Chladophora*）

分布很广，淡水中最常见，用手触摸感觉粗糙。

用镊子取几条藻丝作临时制片，显微镜下观察，植物体是一种多分枝的丝状体，其细胞内具有网状叶绿体和多个细胞核（图10-6，**彩版**4-10）。注意比较纲毛藻与丝藻及水绵的异同。

5. **轮藻属**（*Chara*）

藻体高度分化，植物体多大型，一般高10～60 cm，多生于淡水中。

观察轮藻浸泡标本，注意分辨轮藻的主枝、侧枝和轮生短分枝，有假根吗？生在何处？辨别植物体上的节与节间，轮藻的生殖器官就生在轮生的短分枝节上，观察卵囊及精子囊的生长位置(图 10-7,**彩版** 4-15),并比较二者的形状与大小。

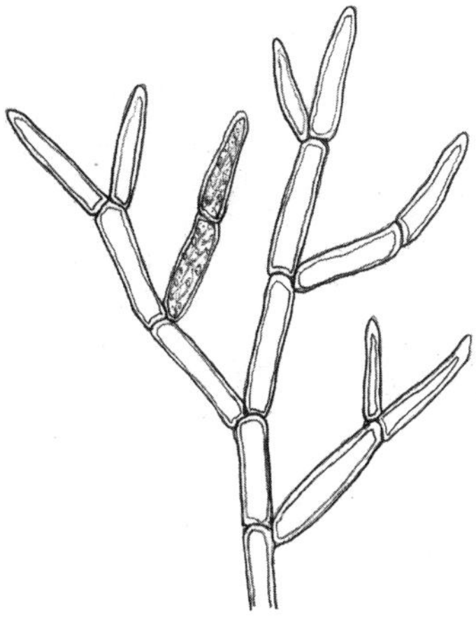

图 10-6　刚毛藻属

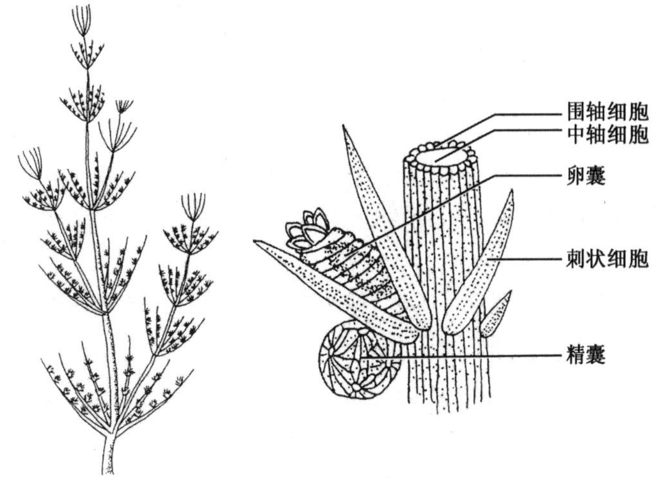

A.植物体的一部分

B.短枝的一部分

图 10-7　轮藻(引自王幼芳等,2007)

6. 其他绿藻

观察团藻属、实球藻属、空球藻属等装片,识别它们的整体形态特点(图 10-8,**彩版**4-9,4-11,4-12,4-13,4-14,4-16,4-17);也可观察其他自然水样制作的临时装片,有可能看到鼓藻属(*Cosmarium*)、新月藻属(*Closterium*),栅列藻属(*Scenedesmus*),水网属(*Hydrodictyon*),盘星藻属(*Pediastrum*)等绿藻。观察绿藻门大型海产种类标本,如浒苔(*Enteromorpha* sp.)、石莼(*Ulva* sp.)及刺松藻(*Codium* sp.)等,了解绿藻门的多样性。

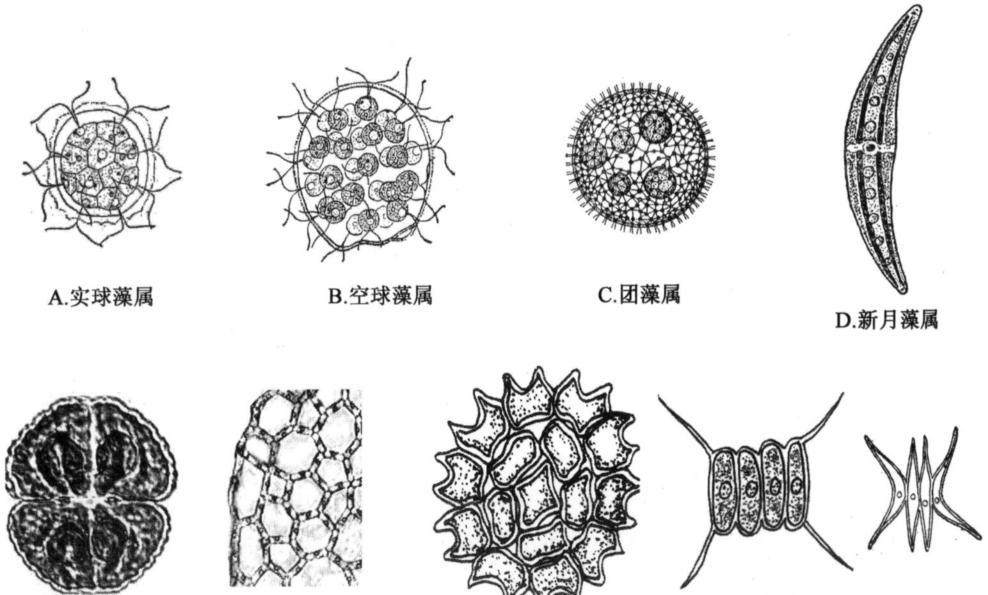

A.实球藻属

B.空球藻属

C.团藻属

D.新月藻属

E.鼓藻属

F.水网属

G.盘星藻属

H.栅列藻属

图 10-8　绿藻多样性

(四)金藻门(Chrysophyta)

硅藻纲(Bacillariophyceae)

生活于淡水及海水中,植物体多为单细胞,也可连成丝状或其他形状的群体。常见的有羽纹硅藻属(*Pinnularia*)及舟形硅藻属(*Navicula*)。羽纹硅藻多为单细胞,长形,两端钝圆,细胞壁由上下两个套合的瓣壳组成,壳面上的纹饰排列成两侧对称,色素体黄褐色。舟形硅藻也为单细胞,中部较宽,两端较尖,或为头状、喙状,在显微镜下大多类似于黄褐色小船,且有自发运动。

取1滴含有硅藻的水样制成临时装片,观察各种单细胞藻类,注意它们的形状、大小、纹饰及运动特点(**彩版** 4-20)。

(五)红藻门(Rhodophyta)

1. 紫球藻属(*Porphyridium*)

紫球藻属常生于湿土表面,在淡水和海水石块上都能生长,为单细胞类型。取少量紫球藻制作临时装片观察:细胞圆球形或卵形,呈紫红色,载色体为星芒状,中间有1蛋白核,细胞核常被载色体挤压到一侧而不易看清。

2. 紫菜属(*Porphyra*)

紫菜属植物体呈片状,新鲜的植物体颜色呈暗红、紫红或玫瑰红色,这是紫菜的配子体,其生活史属配子体发达的异型世代交替类型。取一小片紫菜(配子体)制成临时装片观察:藻体为薄膜状,多数只有1层细胞厚,细胞内含1个细胞核,载色体星芒状,上有1个蛋白核;有时可在叶状体上观察到果孢子囊和精囊,前者为深紫红色,后者为乳白色(图 10-9)。

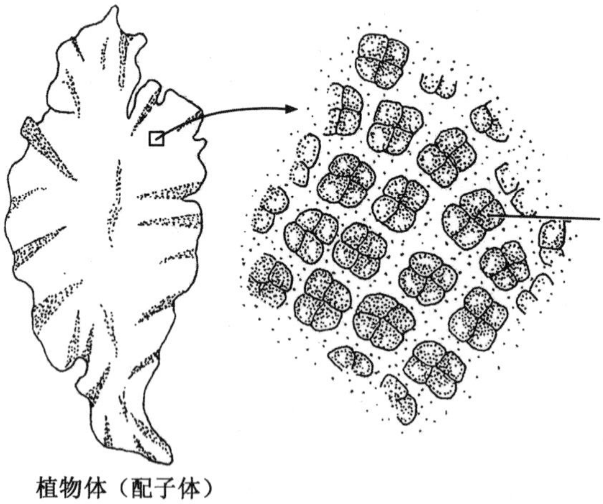

图 10-9 紫菜属(引自王幼芳等,2007)

观察红藻门其他植物腊叶标本,如石花菜(*Gelidium amansii*)(**彩版** 4-18)、珊瑚藻(*Corallina officinalis*)(**彩版** 4-19)、蜈蚣藻(*Grateloupia* sp.)、江蓠(*Gracilaria verrocosa*)、海萝(*Gloiopeltis furcata*)及角叉菜(*Chondrus ocellatus*)等,了解红藻门的多样性。

（六）褐藻门（Phaeophyta）

观察海带孢子体标本，藻体大型，呈长带形，由固着器、带柄、带片 3 部分组成。其生活史属孢子体占优势的异型世代交替。

取海带带片（孢子体）横切制片观察，其结构分为 3 部分：最外层为表皮，其内侧为皮层，中央为髓部。在生殖季节，孢子囊生于带片表面，孢子囊长卵形，与隔丝相间分布，隔丝细胞上部略膨大并高出孢子囊形成胶质冠，厚而透明，有保护孢子囊的作用；孢子囊与隔丝组成子实层。

海带配子体很小，取海带配子体装片在显微镜下观察：雌配子体由 1～2 个细胞组成，细胞多为球形或梨形，每个细胞都可以形成 1 个卵囊，内含 1 个卵细胞。雄配子体是由几个至几十个细胞组成的分枝丝状体，枝端的细胞形成精囊，内含多数侧生 2 根鞭毛的梨形精子（图 10-10）。

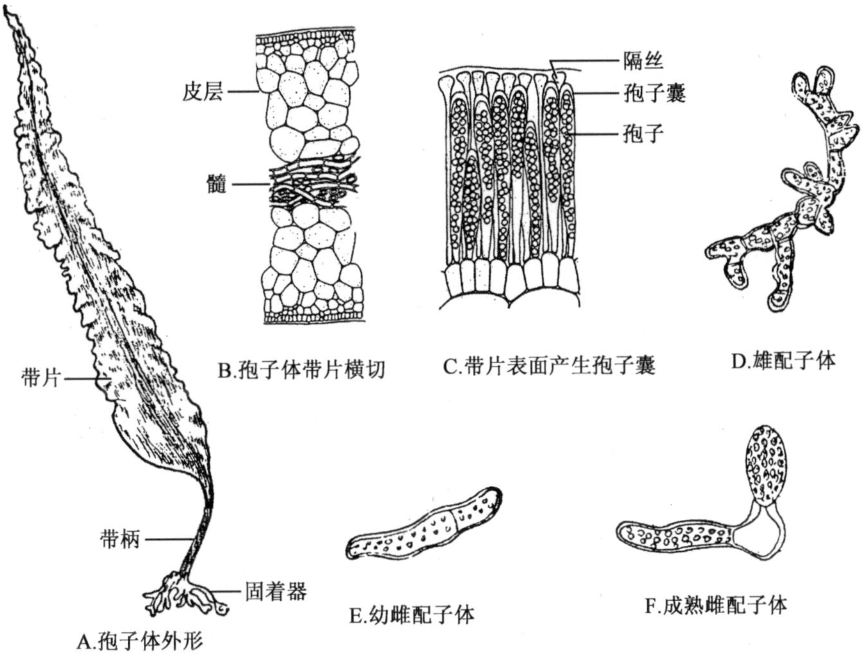

图 10-10　海带属

观察褐藻门其他植物腊叶标本，如鹿角菜（*Pelvetia silequosa*）、裙带菜（*Undaria pinnatifida*）（**彩版** 4-21）、鼠尾藻（Sagassum thunbergii）及海黍子（Sagassum kjelmanianum）等，了解褐藻门的多样性。

（七）细菌门（Bacteriophyta）

细菌是微小的单细胞原核生物。普通光学显微镜下可分辨其形态。取细菌三型装片，观察细菌的形态。注意由于细菌本身无色，故制作装片时常使装片背景呈黑色，细菌则呈现白色或浅蓝色；而有些装片是将细菌染成蓝黑色后制成装片，故底色是透明的；无论哪种装片，均可在装片中找到 3 种形态的细菌，它们分别为球菌、杆菌和螺旋菌（**彩版** 5-1）。

也可仔细观察有新鲜藻类的水样（尤其是有裸藻的水样）装片，常可看到各种形态的活的、游动的细菌。

(八)黏菌门(Myxomycophyta)

黏菌是介于动物和真菌间的生物,繁殖时产生孢子囊,内含具纤维素壁的单倍体孢子。取发网菌属孢子囊整体装片观察。这是黏菌的双倍体阶段的形态。在显微镜下可见囊柄和孢子囊,孢子囊呈长筒形,其中央为一条由囊柄延伸的囊轴,孢子囊内有许多纤细的孢丝交织成孢网,大量圆形的单倍体孢子藏在网眼中(**彩版** 5-2),孢子的壁是由纤维素构成的。

(九)真菌门(Eumycophyta)

1. 黑根霉属(*Rhizopus*)

属藻状菌纲(Phycomycetes),常见于陈腐的馒头、面包、水果等食品上。

在解剖镜下观察培养好的黑根霉群落(示范)。观察菌丝特征,注意孢子囊是否已产生,如产生,观察其形态及颜色,孢子囊与菌丝有何关系?

在显微镜下观察黑根霉永久制片(**彩版** 5-3),可见其菌丝无横隔,具匍匐枝、假根和孢子囊、孢子(图 10-11)。

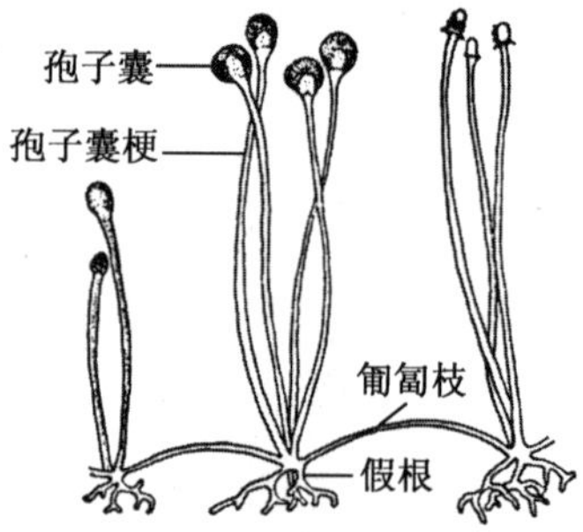

图 10-11 黑根霉菌丝体

2. 酵母菌属(*Saccharomyces*)

属子囊菌纲(Ascomycetes),菌体为单细胞,在发酵工业中应用广泛。

取 1 滴鲜酵母液制成临时制片,观察酵母菌的形状(细胞呈卵形或椭圆形)、细胞结构。注意观察出芽繁殖形成的分支链状结构(图 10-12A)。

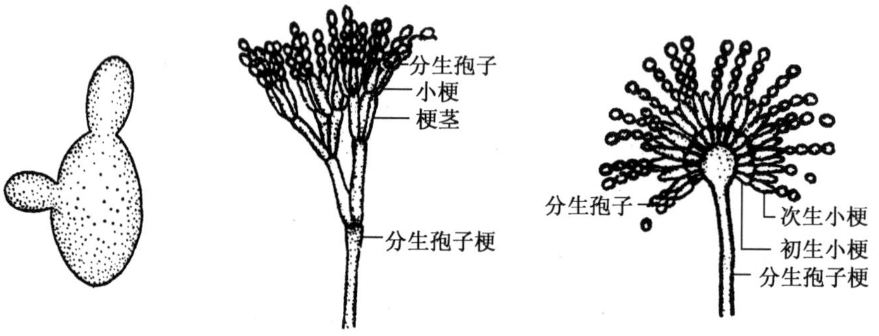

A.酵母菌属　B.青霉属　C.曲霉属

图 10-12 子囊菌的多样性

3. 青霉属(*Penicillium*)

属子囊菌纲。生长在腐烂的水果、面包等食品上。

在解剖镜下观察培养好的青霉群落(示范)。观察菌丝特征,注意孢子囊是否已产生,如产生,仔细观察并与黑根霉孢子囊对比区别。

取青霉属制片,在显微镜下观察。其菌丝与黑根霉有何不同?注意扫帚状的分生孢子囊梗的分枝方式及在最末端的小梗上产生的成串绿色分生孢子的情况(图 10-12B,**彩版** 5-4)。并在解剖镜下观察生长于橘皮上的青霉群落(示范)。

同时观察曲霉属制片(图 10-12C,**彩版** 5-5),并与青霉属比较。

如何区分黑根霉、青霉、曲霉?

子囊菌纲常见的还有冬虫夏草(**彩版** 5-6)。

4. 伞菌属(*Agaricus*)(图 10-13,彩版 5-7)

属担子菌纲(Basidiomycetes)。

伞菌生活史中子实体阶段发达,易于观察识别。从外形上看,子实体分为菌盖和菌柄两部分,它们都是由菌丝交织而成的致密结构。菌盖下面有菌褶,其两面为子实层。

取伞菌过菌褶(鳃)的切片,先在低倍镜下观察菌褶和子实层,再转高倍镜观察,可见子实层是许多短柱状的侧丝和担子垂直菌褶表面排列而成,担子末端形成 4 个短小的担子柄,每个柄上有 1 个球形担子,但在制片中不易同时看到 4 个担孢子,为什么?

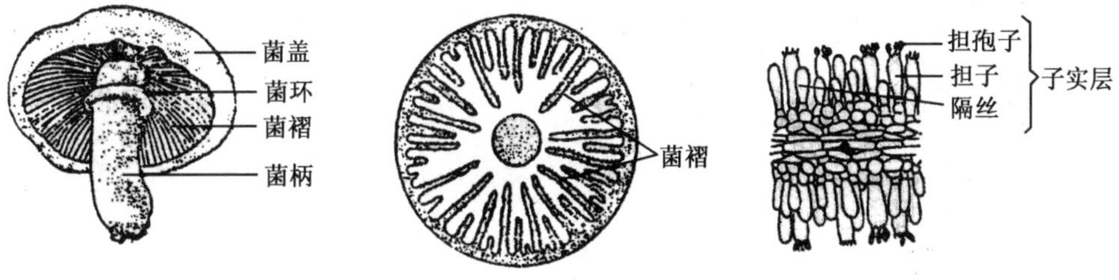

A.蘑菇的子实体　B.菌盖横切面　C.菌褶一部分放大

图 10-13　蘑菇的外形和菌褶的构造

担子菌纲常见的还有木耳(**彩版** 5-8)。

(十)地衣门(Lichenes)

观察各种地衣标本,了解壳状、叶状、枝状地衣的形态(**彩版** 5-9,5-10,5-11)。

观察叶状地衣制片,区分同层地衣(图 10-14A)和异层地衣(图 10-14B)。

A.同层地衣　B.异层地衣

图 10-14　叶状地衣剖面的结构

1.同层地衣

其切面中无藻胞层与髓层的区分,即共生藻细胞分散分布在菌丝中(**彩版** 5-12)。

你能分辨出藻类细胞在什么位置吗?

2.异层地衣

自上而下分为上皮层(由菌丝紧密交织而成)、藻胞层(藻细胞集中分布的区域)、髓层(由疏松菌丝组成)和下皮层(亦由菌丝紧密交织而成)(**彩版** 5-13)。有时在制片中可以看到菌丝较致密交织形成的囊状结构,即子囊果(**彩版** 5-14),你能判断它的类型吗?

观察常见地衣标本,区分壳状地衣、叶状地衣及枝状地衣。

五、作业

(1)拍摄实验中所观察的各种藻类、菌类及地衣的显微结构图像,制作 PPT,注明种类及特殊结构的名称。

(2)以表格形式总结实验中所观察的各种藻类、菌类及地衣的种类名称。

六、综合思考

(1)以实验中的代表植物为例,说明蓝藻门和绿藻门有何异同?说明蓝藻门植物原始性的特点?

(2)藻类、菌类和地衣植物各自的主要特征是什么?它们有共同之处吗?地衣中藻、菌有何关系?

(3)在观察取自自然水体的水样时,你分别观察到多少种藻类植物?如何判断它们分属哪些门?判断的依据是什么?你能否根据观察结果判断水体清洁程度?

(刘朝辉)

实验十一　颈卵器植物类群及代表植物

一、实验目的

(1)通过实验掌握苔藓植物、蕨类植物、裸子植物各大类群的分类特征及其代表植物的特征和生活史,识别常见植物。

(2)通过各类群特征比较,正确理解它们各自在植物界的系统地位,建立系统发育的概念。

二、实验材料

1.新鲜材料

地钱(*Marchantia pdymorpha*)(或其他苔类),葫芦藓(*Funaria hygrometrica*)、金发藓(*Polytrichum commune*)(或其他藓类),肾蕨(*Nephrolepis auriculata*),银杏、油松(*Pinus tabulaeformis*)、黑松(*P. thunbergii*)、白皮松(*P. bungeana*)、华山松(*P. armandii*)、雪松(*Cedrus deodara*)、侧柏(*Platycladus orientalis*)、圆柏(桧柏 *Sabina chinensis*)、柳杉(*Cryptomeria fortunei*)及水杉(*Metasequoia glyptostrobides*)等具大小孢子叶球的枝条。

2.永久制片

地钱叶状体横切制片(具胞芽杯),地钱雌、雄生殖托纵切制片,地钱孢子体纵切制片;藓原丝体装片,葫芦藓(或金发藓)(具精子器或颈卵器)植物体制片,藓孢子体纵切制片;蕨叶横切(具孢子囊群)制片、蕨原叶体装片、蕨幼孢子体装片。

3.苔藓、蕨类、裸子植物各类标本

三、实验用品

体视显微镜、显微镜、镊子、解剖针、载玻片、盖玻片、培养皿、吸水纸、刀片、蒸馏水、纱布等。

四、实验内容与方法

(一)苔藓植物(Bryophyta)

1.苔纲(Hepaticae)

观察生活的地钱植物体及浸泡标本,识别雌、雄配子体及其上生长的雌雄生殖托,识别胞芽杯等结构。结合永久制片观察掌握地钱植物体构造。

(1)配子体　地钱配子体是绿色扁平二叉分支的叶状体(图 11-1),平贴地面生长,其生长点就在二叉分枝的凹入处。叶状体表面(背面)有许多棱形的小格,每小格为 1 气室,内有 1 突出的不能关闭的气孔,叶状体中部有中肋,中肋上长有许多杯状结构称“胞芽杯”,胞芽杯内生有许多胞芽,胞芽是地钱营养繁殖的结构,为绿色扁平结构,两边各有 1 个凹陷处,基部有 1 短柄,由此短柄着生在胞芽杯底部,观察永久制片,可见胞芽断面边缘薄,中部厚,形似凸透镜。想一想胞芽长成的是几倍体植物体?地钱配子体腹面生有假根和鳞片。地钱为雌雄异株的植物,当地钱进行有性生殖时,在叶状体上分别长出雌、雄生殖托。

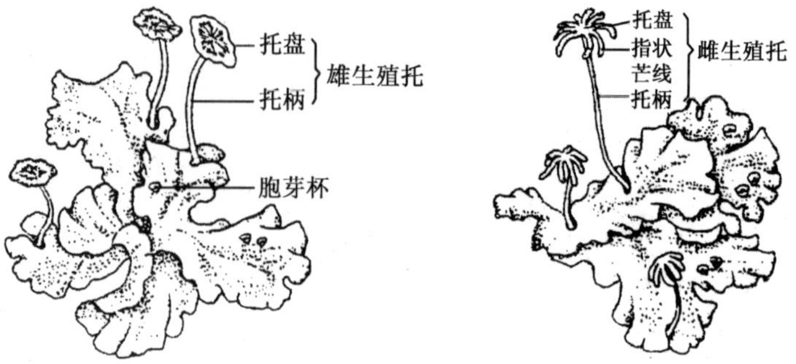

A.地钱的雄配子体（雄株）和雄生殖托　　B.地钱的雌配子体（雌株）和雌生殖托

图 11-1　地钱的雌、雄配子体

观察地钱叶状体横切永久制片(图 11-2),从背面到腹面依次为上表皮、同化组织、贮藏组织、下表皮。在上表皮上可见不能闭合的气孔,想一想这样的气孔对地钱的生长带来何种影响?在下表皮上可见假根和鳞片,它们有何区别?

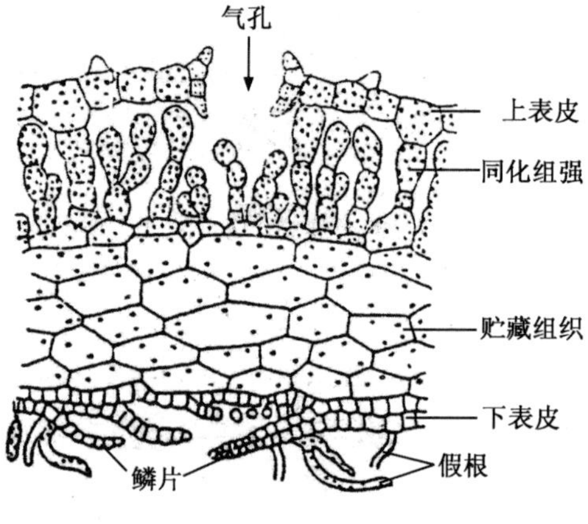

图 11-2　地钱叶状体横切面图

(2)地钱的有性生殖　地钱为雌雄异株的植物,当地钱进行有性生殖时,在叶状体背面分别长出雌、雄生殖托。从外形上即可区分二者,雄生殖托有一长柄(托柄),顶端 有 1 具波缘状浅裂的圆形托盘(**彩版** 6-1),用放大镜(或解剖镜)观察,可见其表面有许多小孔,这就是托盘内精子器的开口;雌生殖托亦有 1 长托柄,托盘边缘是 8～10 条指状芒线(**彩版** 6-3),在两个芒线之间各倒悬一列颈卵器。

进一步取地钱雌雄生殖托纵切永久制片观察(图 11-3)。雄生殖托的托盘内有许多精子

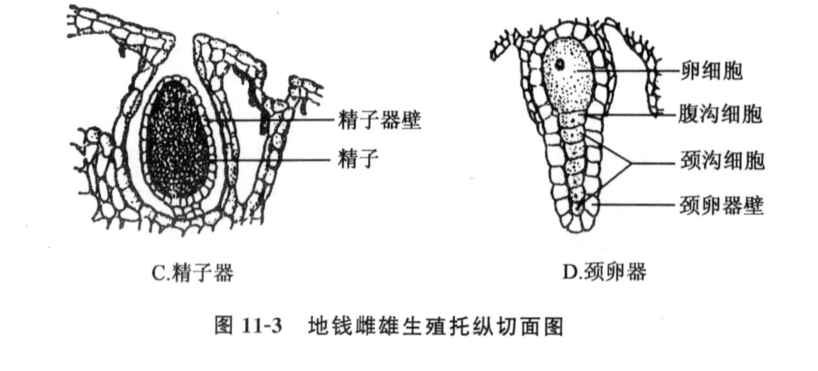

图 11-3　地钱雌雄生殖托纵切面图

器腔，每一腔内有 1 个卵圆形具短柄的精子器（图 11-3A、C，彩版 6-2），外有一层不育细胞包被保护，其内每个细胞产生 1 个游动精子。在雌生殖托的纵切制片中可见倒悬的颈卵器位于指状芒线之间，颈卵器膨大的腹部在上，颈部细长（图 11-3B、D，**彩版** 6-4），其中央有 1 列颈沟细胞，腹部有腹沟细胞和 1 个大的卵细胞。制片中这些结构你都见到了吗？如未全见，是什么原因？想一想地钱受精需要怎样的外界环境？

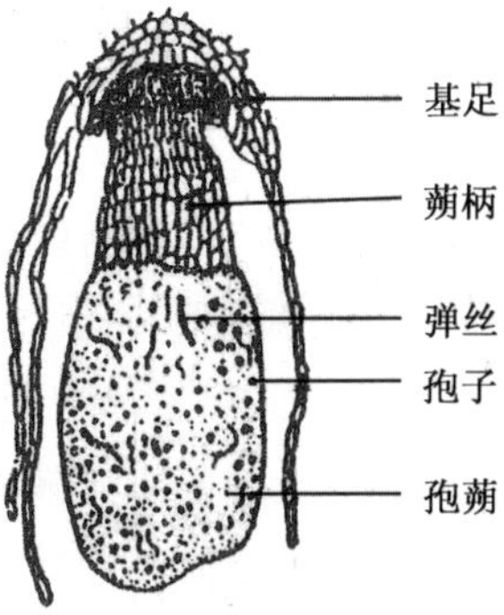

图 11-4 地钱孢子体纵切面

（3）孢子体 受精后受精卵直接在颈卵器中发育，形成的孢子体寄生在配子体上，由孢蒴、蒴柄和基足组成（图 11-4）。取地钱孢子体纵切制片观察，识别孢子体的每个部分。你见到弹丝了吗？它的功能是什么？孢子是几倍体？

2. **藓纲**（Musci）

观察新鲜葫芦藓（或其他藓类）或腊叶标本、浸制标本，识别配子体及孢子体（**彩版** 6-5），结合永久制片观察、掌握葫芦藓配子体、孢子体构造。

（1）配子体 其配子体具拟茎、叶分化和假根（图 11-5A）。拟叶很薄，除中肋外，仅由 1 层细胞构成。雌雄同株，但雌雄生殖器官生在不同的分枝上，形成雌器苞和雄器苞，拟茎基部生假根。你能根据课堂知识识别雌枝和雄枝吗？观察葫芦藓雌、雄器苞纵切制片，辨别精子器（图 11-5C，**彩版** 6-6）、颈卵器（图 11-5D，**彩版** 6-7）及隔丝、苞叶结构。想一想隔丝和苞叶有什么用？

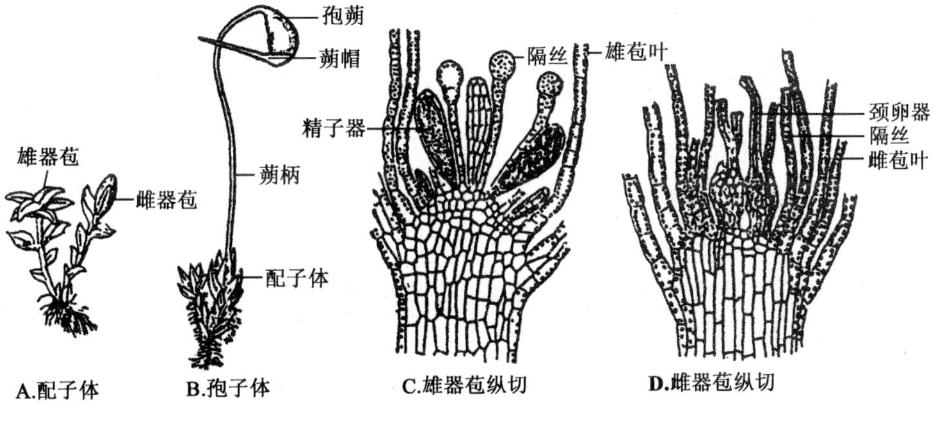

图 11-5 葫芦藓

观察土马棕（金发藓）精子器或颈卵器的纵切制片，与葫芦藓比较。

（2）孢子体 在颈卵器中发育的孢子体同样由孢蒴、蒴柄和基足组成（图 11-5B），孢蒴的顶端常可见蒴帽，蒴帽属于孢子体结构还是配子体结构？观察孢子体纵切制片，孢蒴结构与地钱的一样吗？有弹丝吗？其孢子散发借助孢子体的哪一部分结构？

比较苔、藓配子体和孢子体的异同。

(二)蕨类植物(Pteriophyta)

以肾蕨为例观察了解蕨类植物特点。

观察生活的肾蕨植物体及腊叶标本,了解孢子体构造,识别孢子囊群结构,结合永久制片观察、掌握孢子体结构特征和孢子囊群结构,识别配子体构造。

1. 孢子体的观察

观察花盆中的肾蕨植株(**彩版** 6-8),即孢子体。植株无地上茎,其地上部分为成束的大型叶。在靠近地面处可见一些拳卷的幼叶。仔细观察,在一些成熟大型叶的背面中脉两侧有规律的排列着肾形的孢子囊群(**彩版** 6-9),有囊群盖吗?

2. 孢子囊群、孢子囊和孢子及蕨叶结构的观察

取过孢子囊的叶横切制片(图 11-6,**彩版** 6-10),在显微镜下观察孢子囊群结构,区分囊群盖、孢子囊柄、孢子囊,仔细观察孢子囊,可见孢子囊壁上有一圈特殊的细胞,即环带细胞,这些细胞和其他囊壁细胞有何不同?它们有什么用途?在孢子囊中你看到孢子了吗?它们是孢子母细胞经减数分裂形成的。观察蕨叶横切,你看到维管组织了吗?苔藓植物中有这种组织吗?蕨类植物与种子植物一样同属维管植物。想一想孢子囊群和叶的关系。

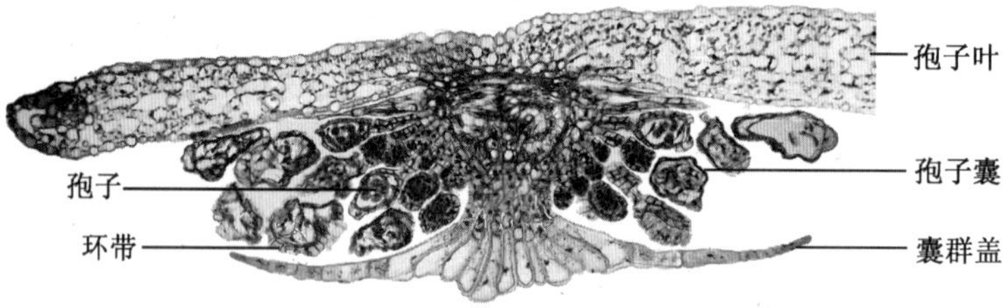

图 11-6　蕨的孢子叶横切面

3. 配子体(原叶体)的观察

孢子在适合的环境下萌发长成配子体,也称原叶体。

取原叶体制片(图 11-7,**彩版** 6-11,6-12)观察,可见原叶体心形,边缘部分由单层细胞组成,中央部分则有多层细胞。原叶体腹面生有无数假根,颈卵器和精子器均生于原叶体腹面。颈卵器多生于原叶体凹陷处附近,其腹部埋在原叶体组织中,露出颈部并开口于原叶体腹面,你看到颈卵器里面的细胞了吗?其结构和葫芦藓的相比有何异同?精子器多生于原叶体远离凹陷的一端,精子器球形,突出于原叶体表面,内生有游动精子。

4. 幼孢子体的观察(图 11-8,彩版 6-13)

取幼孢子体制片观察,可见幼孢子体从原叶体上长出,此时,孢子体暂时靠原叶体生活,它和成熟孢子体形态一样吗?想一想幼孢子体何时能独立生活?原叶体以后还存在吗?

观察其他常见蕨类植物新鲜材料或标本,如卷柏(*Selaginella tamariscina*)、问荆(*Equisetum arvense*),木贼(*E. hiemale*)、节节草(*E. romosissimum*)、槐叶苹(*Satvinia natans*)、蕨(*Pteridium aquilinum* var. *latiusculum*)等,了解蕨类植物的多样性。

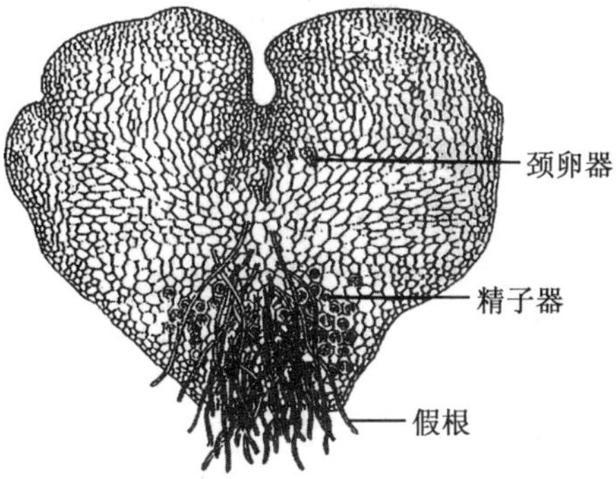

图 11-7　蕨原叶体(配子体)

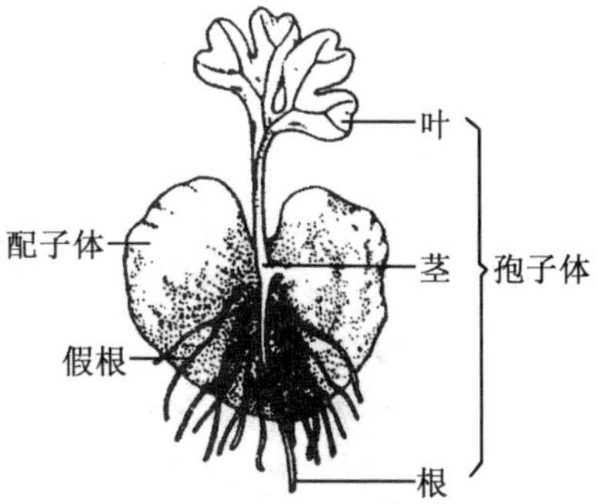

图 11-8　蕨的幼孢子体

(三)裸子植物(Gymnospermae)

1.观察苏铁的大、小孢子叶球

苏铁为雌雄异株植物,以标本或图片观察其大、小孢子叶球的形态及结构。

(1)小孢子叶球　由多数长盾形的小孢子叶螺旋状着生于中轴上,仔细观察小孢子叶背面,可见许多小孢子囊(图 11-9A,B),小孢子囊中发育有花粉粒。

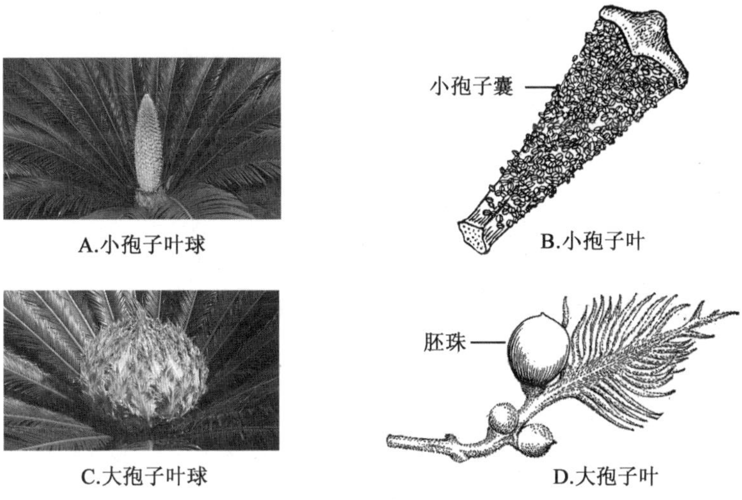

图 11-9　苏铁

(2)大孢子叶球　由许多大孢子叶密生于茎顶呈球形,大孢子叶密被棕黄色茸毛,上部边缘羽状分裂,下部为狭长的柄,胚珠 2～6 枚着生于柄部两侧受精并发育,成熟后成为裸露的种子(图 11-9C,D)。

2.观察银杏的大小孢子叶球的外形及构造

银杏也是雌雄异株,大、小孢子叶球生于短枝顶端的苞腋内(**彩版** 6-14a,6-15a),以新鲜或浸制标本观察其着生情况,孢子叶球的形态、大小及结构(图 11-10)。

(1)大孢子叶球(雌球花)　每个大孢子叶球由柄部、大孢子叶及胚珠三部分组成。柄部顶端通常有 2 个分叉,每个分叉顶部膨大成环状的结构即大孢子叶,又称珠领,在每一珠领上各有一乳突状突起即为裸露的直生胚珠(图 11-10B、C,**彩版** 6-14b),一般每个大孢子叶球仅有 1 枚胚珠受精后发育为种子。

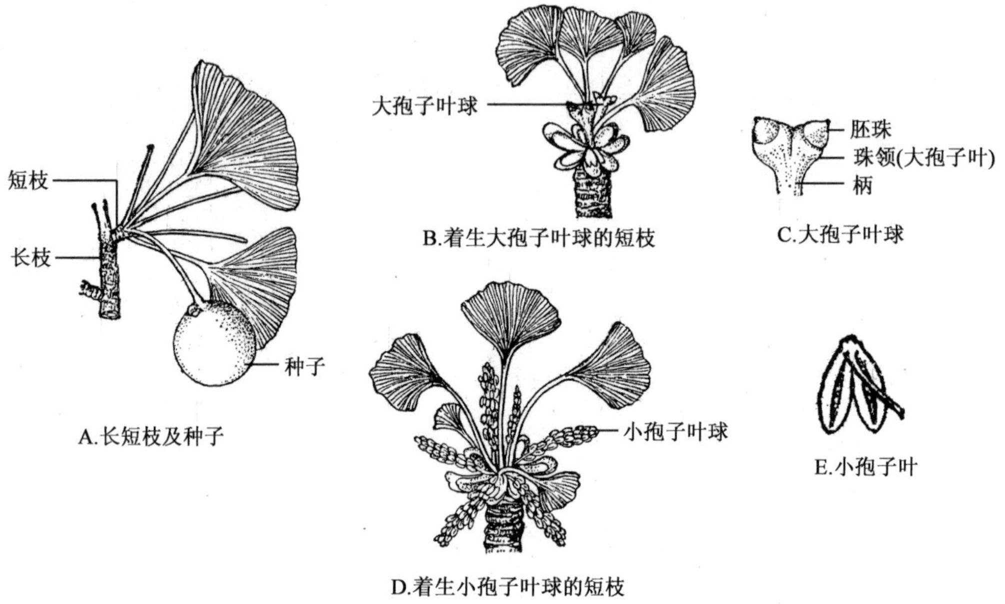

图 11-10 银杏

(2)小孢子叶球(雄球花) 呈柔荑状下垂,许多呈柄状的小孢子叶螺旋状着生于孢子叶球中轴上,每一小孢子叶顶端着生两个下垂的肾形孢子囊(图 11-10D、E,**彩版** 6-15b),花粉粒在小孢子囊中发育。

3.油松(或黑松)的解剖和观察

(1)枝条的观察 取一段油松(或黑松)枝条进行观察,可见其叶针形,二针一束,当年生新枝的顶端顶生或侧生数个紫红色的大孢子叶球,基部簇生数个棕黄色小孢子叶球(图 11-11A,**彩版** 6-16)。

(2)大孢子叶球(雌球花)的解剖和观察 用镊子取 1 个大孢子叶球进行观察,可见大孢子叶(包括珠鳞和苞鳞)在中轴上呈螺旋状排列。用刀片纵切大孢子叶球,在解剖镜下用解剖针轻轻将大孢子叶分开,从不同角度观察,可见大孢子叶成对着生,位于上部大的是珠鳞,其背面基部着生的是苞鳞,苞鳞较小。而珠鳞腹面近基部着生有 2 个倒生的胚珠。小心地用镊子取下一对完整的珠鳞和苞鳞,观察各部分结构。取油松大孢子叶球纵切片,进一步观察珠鳞和苞鳞及胚珠的结构(图 11-11B,C,**彩版** 6-17)。

(3)小孢子叶球(雄球花)的解剖和观察 用镊子取 1 个小孢子叶球在解剖镜下观察,可见小孢子叶也是螺旋状排列于中轴上。用镊子小心取下 1 片小孢子叶观察,可见小孢子叶背面着生 2 个小孢子囊(花粉囊)。用解剖针打开小孢子囊,能见到许多花粉粒,将花粉粒制成临时制片在显微镜下观察其具有 2 个气囊的特征(图 11-11E,F,G)。

(4)球果及种子的观察 取 3 年生大孢子叶球,可见种鳞螺旋状排列在球果轴上。取下 1 片种鳞,有时腹面能找到 2 枚带翅的种子(图 11-11 D)。想一想种子的组成情况,包含了几个世代的成分?想一想种鳞和珠鳞的关系。

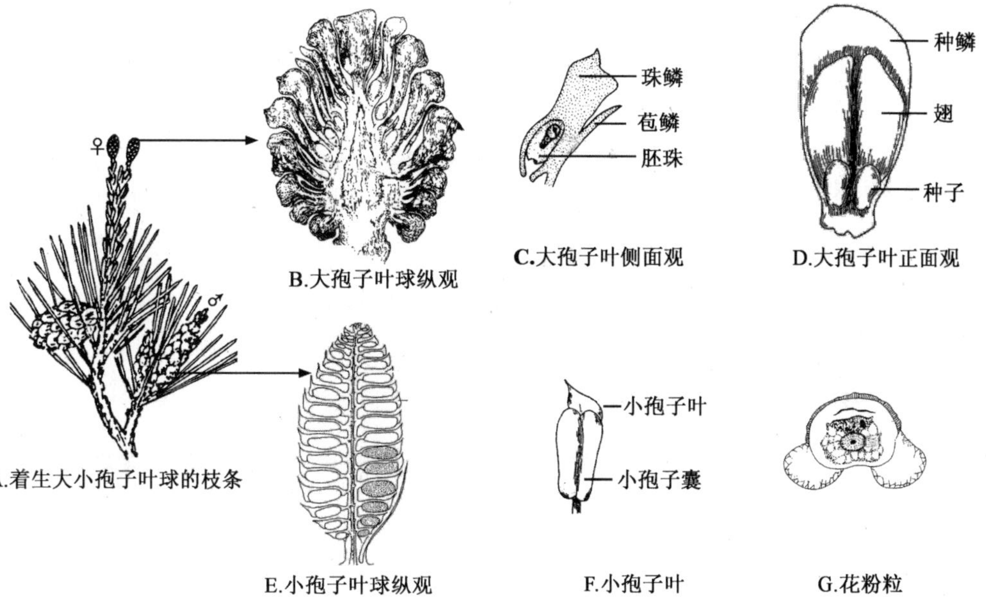

图 11-11 松属大小孢子叶球、孢子叶、花粉粒及种子

4.仔细观察其他各种裸子植物具大小孢子叶球的枝条标本

如黑松、白皮松、华山松、雪松、侧柏、圆柏(桧柏)、柳杉及水杉等,并记录它们的名称及各自的主要特点。

五、作业

(1)拍摄实验中所观察植物的外部形态、解剖结构及内部显微结构的图像,制作 PPT,并注明种类及某些特殊结构的名称。

(2)总结苔藓植物、蕨类植物及裸子植物的主要特点。

六、综合思考

(1)比较各类群植物生活史的异同,想一想哪类植物更适合陆生生活?为什么?

(2)比较蕨类植物和裸子植物的特点,为什么裸子植物比蕨类植物更适合陆生生活?

(3)观察松科植物的雌雄球花结构,思考其传粉机制。

(刘朝辉)

实验十二　被子植物分类的主要形态术语

一、实验目的

(1)了解根、茎及叶的分类学形态术语。
(2)掌握花各部分、花序及果实的形态术语。
(3)正确理解和掌握主要形态术语的含义。

二、实验材料

各种相关的根系、茎生长习性、叶序、叶形、叶尖、叶基、叶缘、叶脉、叶裂、复叶、花序、花冠、雄蕊、雌蕊、胎座、子房、果实等的腊叶标本及新鲜材料。

三、实验用品

体视显微镜、镊子、解剖针、载玻片、培养皿、刀片等。

四、实验内容与方法

被子植物分类是以植物的形态特征作为主要的分类依据,而各器官的形态都用一定的名词术语描述,因此,在学习或进行分类工作之前,必须熟悉、掌握这些术语,才能鉴定、描述植物,正确地进行分类。

观察相关形态术语的腊叶标本及图片,动手解剖新鲜植物材料并观察和理解常用的被子植物分类形态术语,

(一)根

根系类型分为直根系和须根系(图 12-1)。

1. 直根系(tap root system)

由明显而发达的主根和各级侧根组成的根系,观察大豆、向日葵等根系。

A.直根系　　B.须根系

图 12-1　根系类型

2. 须根系(fibrous root system)

主要由不定根组成，各条根的粗细相差不多，呈丛生状态，观察小麦，水稻等根系。

(二)茎

1. 根据植物茎的性质、寿命划分类型

(1)木本植物(woody plant)　茎的木质部发达，一般比较坚硬，这类植物的寿命较长，均为多年生的，可分为乔木和灌木。

①乔木(tree)：指有明显主干的高大树木，高达 5 m 以上，分枝距地面较高，观察毛白杨、旱柳等植物。

②灌木(shrub)：指主干不明显，分枝靠近地面，高不及 5 m 的木本植物，观察月季、荆条等植物。

(2)草本植物(herb)　茎中含木质成分很少，柔软、易折断，可分为一年生草本、二年生草本、多年生草本。

①一年生草本(annual herb)：即生活周期为一年或更短的草本植物，如水稻、玉米、棉花等。

②二年生草本(biannial herb)：生活周期为二年，第一年营养生长，第二年开花结实后枯死，如冬小麦、萝卜、白菜等。

③多年生草本(perennial herb)：能连续生存 3 年以上的草本植物，最少植物的地下部分生活多年，每年继续发芽生长，而地上部分每年枯死，如芍药、白头翁、萱草等。

(3)藤本植物(vein)　植物体细而长，不能直立，只能依附于其他物体，以缠绕或攀缘方式向上生长的植物。根据茎的质地可分为木质藤本(如紫藤、葡萄)和草质藤本(如牵牛、黄瓜)。

2. 根据茎的生长习性划分类型(图 12-2)

(1)直立茎(erect stem)　茎垂直地面直立生长，如杨树、小麦，水稻等。

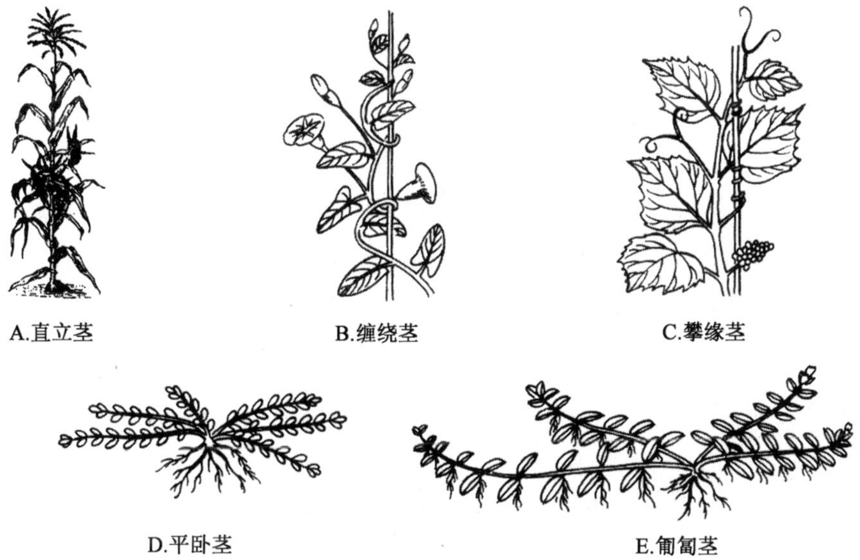

图 12-2　茎的生长习性

(2)平卧茎(prostrate stem) 茎平卧地面生长,不能直立,如蒺藜、地锦等。

(3)匍匐茎(repent stem) 茎平卧地面生长,但节上生有不定根,观察草莓、狗牙根等植物。

(4)攀缘茎(climbing stem) 茎上产生卷须,吸盘等攀缘器官,借助攀缘器官使植物攀附于他物上,观察葡萄、爬山虎、黄瓜等植物。

(5)缠绕茎(twining stem) 茎直接缠绕于他物上,观察牵牛、打碗花等植物。

(三)叶

1.单叶(single leaf)

1 个叶柄上只着生 1 个叶片的叫单叶。

2.复叶(compound leaf)

1 个叶柄上着生有 2 至多数小叶片的叫复叶。复叶依小叶片数及其着生方式的不同可分为几种类型(图 12-3)。

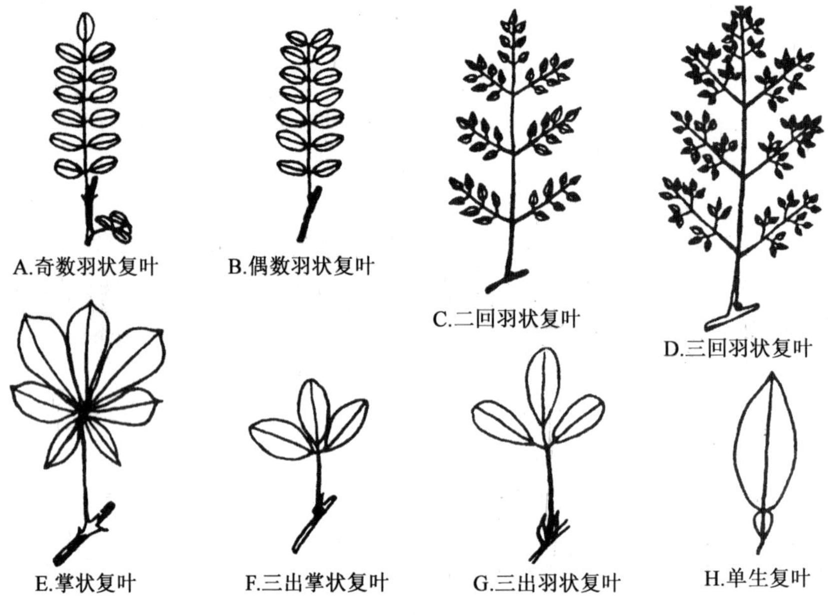

图 12-3 复叶的类型

(1)羽状复叶(pinnate leaf) 小叶排列在叶轴的两侧呈羽毛状,羽状复叶又分为:

①奇数羽状复叶(imparipinnate leaf):叶轴顶端生有一顶生小叶,小叶的数目为单数的羽状复叶,观察刺槐、核桃的复叶。

②偶数羽状复叶(paripinnate leaf):叶轴顶端生有二顶生小叶,小叶的数目为双数的羽状复叶,观察花生、锦鸡儿的复叶。

羽状复叶根据叶轴是否分枝及分枝次数,又可分为下列几种:叶轴不分枝,叶轴两侧生小叶片,叫一回羽状复叶,如核桃;叶轴分枝 1 次,各分枝两侧生小叶片,叫二回羽状复叶,如合欢;叶轴分枝两次,三级分枝两侧生小叶片,叫三回羽状复叶,如楝树。

(2)掌状复叶(palmate leaf) 小叶着生在总叶柄顶端,向各方展开而成掌状,如七叶树。

(3)三出复叶(trifoliolate leaf) 只有 3 个小叶着生在总叶柄的上。有羽状三出复叶和掌状三出复叶之分,前者顶生小叶生于总叶柄顶端,两个侧生小叶生于总叶柄顶端以下,如大豆、草木犀；后者是 3 小叶都着生于总叶柄的顶端，观察红花车轴草、菜豆等的复叶。

(4)单生复叶(unifoliate)　两个侧生小叶退化，总叶柄顶端只着生 1 个小叶，总叶柄顶端与小叶连接处有关节，观察柑橘的复叶。

3. 叶序(phyllotaxy)

指叶在茎或枝条上排列的方式(图 12-4)，常见的有：

(1)互生(alternate)　每节上只生着 1 个叶，观察杨、柳、小麦、棉花等植物。

(2)对生(oppoiste)　每节上相对着生两个叶，观察丁香、一串红等植物。

(3)轮生(verticillate)　每节上着生 3 个或 3 个以上的叶，观察夹竹桃等植物。

(4)簇生(fasciculate)　2 个或 2 个以上的叶着生于极度缩短的枝上，观察银杏、落叶松等植物。

(5)基生(basilar)　叶着生于茎基部近地面处，观察车前、蒲公英等植物。

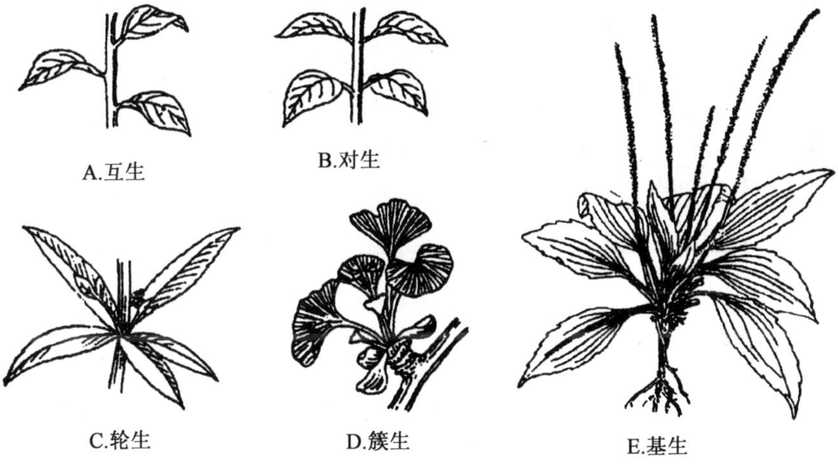

图 12-4　叶序类型

4. 叶的形状

叶的形状包括叶片的整体形状、叶裂、叶缘、叶尖、叶基以及叶脉等方面(图 12-5 至图12-9)。

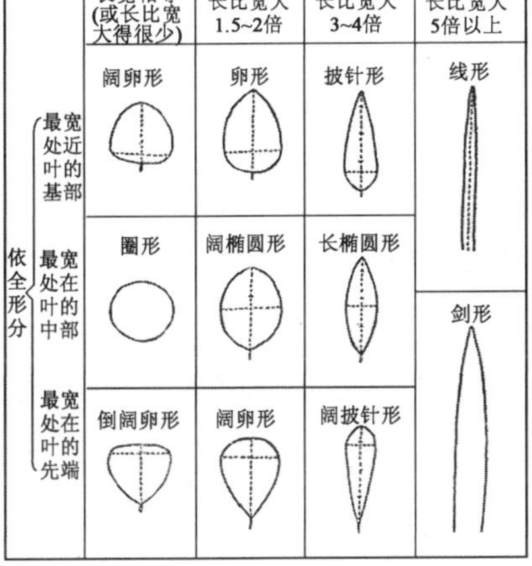

图 12-5　叶片整体形状

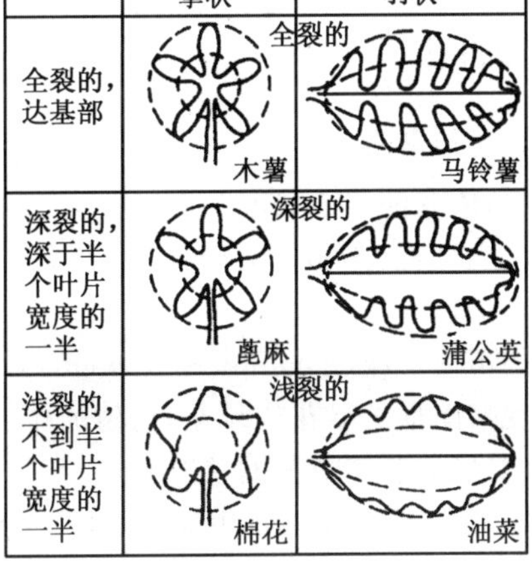

图 12-6　叶裂的类型

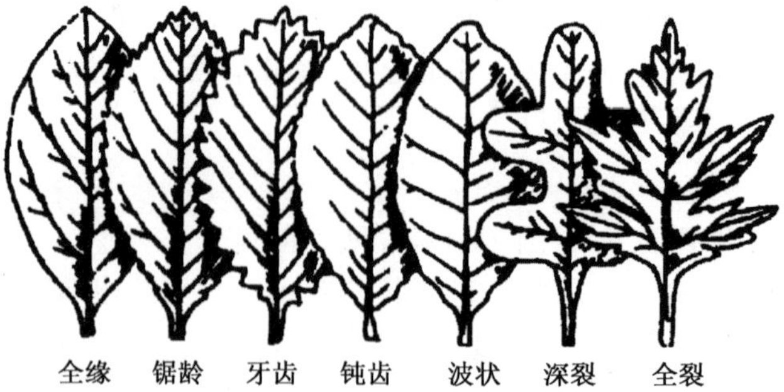

图 12-7 叶缘的基本类型

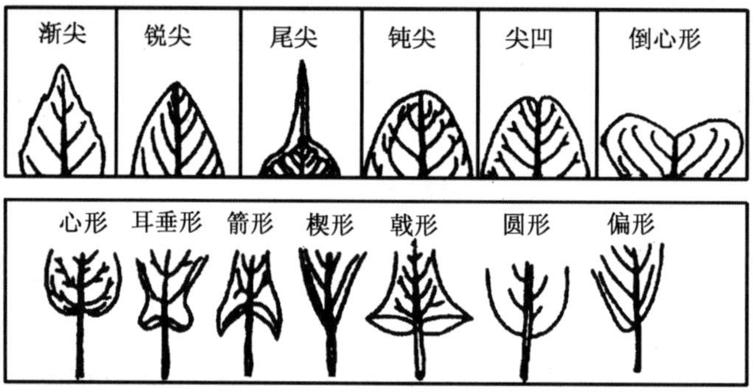

图 12-8 叶尖与叶基的类型

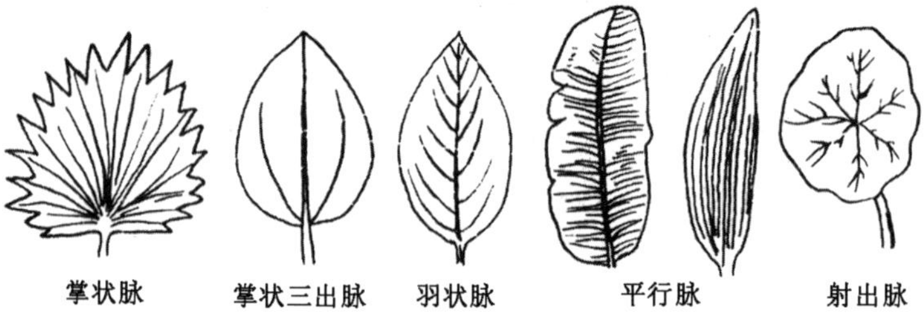

图 12-9 叶脉的分布形式图

(四)花

1.花的形态

(1)依花的组成状况分类

①完全花(complete flower):1 朵花中花萼、花冠、雄蕊、雌蕊 4 部分均具有的花。观察桃、油菜等植物的花。

②不完全花(incomplete flower):1 朵花中花萼、花冠、雄蕊、雌蕊四部分任缺 1～3 部分的。观察南瓜的雄花或雌花,杨树的雌、雄花等。

(2)依雌蕊与雄蕊的状况分类

①两性花(bisexual flower):1 朵花中,雄蕊和雌蕊都存在而且正常发育,观察小麦、油菜等植物的花。

②单性花(unisexual flower):1朵花中,只有雄蕊或雌蕊存在而且正常发育,其中只有雄蕊的,叫雄花(staminate flower);只有雌蕊的,叫雌花(pistillate flower);雌花和雄花同生于一植株上的,叫雌雄同株(monoecious),如玉米;雌蕊和雄蕊不生于同一植株上的,叫雌雄异株(dioecious),如大麻、杨树的花。

③中性花(neuter flower):1朵花中,雌蕊和雄蕊均不完备或缺少。

④杂性花(polygamous flower):1种植物既有单性花也有两性花。

⑤孕性花(fertile flower):能够结种子的花,即雌蕊发育正常的花。

⑥不孕性花(sterile flower):不结种子的花,即雌蕊发育不正常的花。

(3)依花被的状况分类

①双被花(dichlamydeous flower):1朵花同时具有花萼和花冠,如油菜花。

②单被花(monochlamydeous):1朵花只有花萼或花冠、或花萼与花冠分化不明显,如灰藜、菠菜、玉兰、百合的花等。

③无被花(nude flower):1朵花中花萼和花冠均缺,又叫裸花,如杨、柳的花。

④重瓣花(pleiopetalous flower):一些植物有数层(轮)的花瓣,如月季花。

(4)依花被的排列状况分类

①辐射对称花(actinomorphic flower):1朵花的花被片的大小、形状相似,通过花的中心,可以作两个以上的对称面,又叫整齐花(regular flower),如桃、李、油菜的花。

②左右(两侧)对称花(zygomorphic flower):1朵花的花被片的大小、形状不同,通过它的中心,只能按一定的方向,作一个对称面,又叫不整齐花(irregular flower),如唇形科、蝶形花亚科植物的花。

(5)距(calcar)　有些植物花的花萼或花冠向下部伸长成一细管状结构叫距,常于其内藏有花蜜,如堇菜科、兰科植物的花。

2.花冠的类型

由于花瓣的分离或连合,花瓣的形状、大小及花冠筒的长短不同,形成各种类型的花冠,常见有下列几种。

(1)蔷薇花冠(roseform corolla)　花瓣5片或更多,分离、成辐射状对称排列,如桃、梨、蔷薇、月季的花(**彩版** 7-1)。

(2)十字形花冠(cruciate corolla)　花瓣4片,离生、排列成十字形,如十字花科植物的花(**彩版** 7-3)。

(3)蝶形花冠(papilionaceous corolla)　花瓣5片,离生,成下降覆瓦状的两侧对称排列:最上一片花瓣最大,称旗瓣,位于花最外方;侧面两片较小称翼瓣;最下两片合生并弯曲成龙骨状称龙骨瓣,位于花的最内方。如豆科蝶形花亚科植物的花(**彩版** 7-6)。

假蝶形花冠:花瓣5片,离生,成上升覆瓦状的两侧对称排列:最上一片旗瓣最小,位于花的最内方;侧面两片翼瓣较小;最下两片龙骨瓣最大,位于花的最外方。如豆科云实亚科植物的花(**彩版** 7-7)。

(4)唇形花冠(labiate crorolla)　花冠基部合生成筒状,上部裂片分成二唇状,两侧对称,如唇形科植物的花(**彩版** 7-9)。

(5)漏斗形花冠(infundibulate corolla)　花冠全部合生成漏斗形,如牵牛的花(**彩版** 7-11)。

(6)管状(筒状)花冠(tubulate corolla)　花冠连合成管状(筒状),如向日葵花序的盘花(花序中央的花)(**彩版** 7-12)。

(7)舌状花冠(ligulate corolla) 花冠基部合生成短筒,上部合生并向一边开张成扁平状,如蒲公英的花(**彩版** 7-14)。

(8)钟形花冠(campanulate corolla) 花冠筒宽而稍短,上部扩大成钟形,如桔梗、沙参的花(**彩版** 7-15)。

(9)辐射状(轮状)花冠(rotate corolla) 花冠筒极短,花冠裂片向四周辐射状伸展,如茄、番茄的花(**彩版** 7-16)。

3.花被片在花芽中的排列方式

常见的有下列几种(图 12-10)。

图 12-10 花被片在花芽中的排列方式

(1)镊合状(valvate) 花瓣或萼片各片的边缘彼此接触,但不相互覆盖,如茄、番茄等。

(2)旋转状(convolute) 花瓣或萼片每一片的一边覆盖着相邻一片的边缘,而另一边又被另一相邻片的边缘所覆盖,如夹竹桃、棉花。

(3)覆瓦状(imbricate) 与旋转状排列相似,但必有一片完全在外,有一片则完全在内,如桃、梨、油茶等。

4.雄蕊的类型、花药在花丝上着生的方式及花药开裂的方式

(1)雄蕊的类型

①离生雄蕊(distinct stamen):1 朵花中雄蕊全部分离,如桃、梨等(**彩版** 7-2)。

②单体雄蕊(monadelphous stamen):1 朵花中雄蕊的花丝下部互相连合成一体,而花药分离,如木槿、棉花等植物的雄蕊(**彩版** 7-5)。

③二体雄蕊(diadelphous stamen):1 朵花中的雄蕊花丝合成 2 束。蝶形花亚科植物的雄蕊 10 枚,其中 9 个花丝连合,1 个单生也成二束,如刺槐、大豆等植物的雄蕊(**彩版** 7-6)。

④多体雄蕊(polyadelphous stamen):1 朵花中雄蕊的花丝连合成多束,如蓖麻、金丝桃等植物的雄蕊(**彩版** 7-8)。

⑤聚药雄蕊(syngenesious stamen):1 朵花中雄蕊的花丝分离,花药合生,如菊科植物的雄蕊(**彩版** 7-13)。

⑥二强雄蕊(didynamous stamen):1 朵花中雄蕊 4 枚,2 长 2 短,如一些唇形科植物的雄蕊(**彩版** 7-10)。

⑦四强雄蕊(tetradynamous stamen):1 朵花中雄蕊 6 枚,4 长 2 短,如十字花科植物的雄蕊(**彩版** 7-4)。

(2)花药在花丝上着生的方式(图 12-11)

①全着药(adnate anther):花药的一侧全部着生在花丝上。

②基着药(basifixed anther):花药的基部着生在花丝的顶端。

③背着药(dorsifixed anther):花药的背部着生在花丝上。

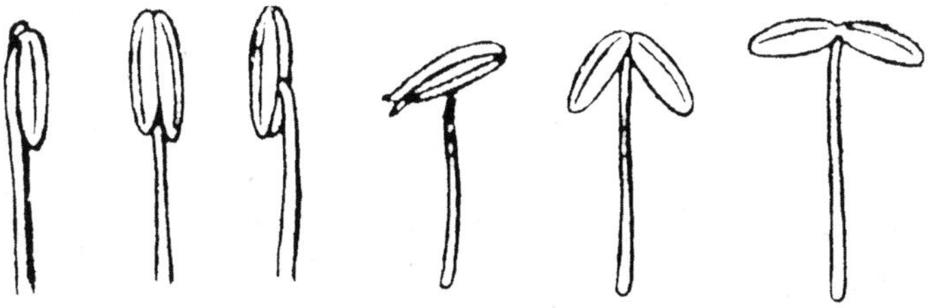

图 12-11　花药在花丝上着生方式

④丁字药(versatile anther):花药的背部中央着生在花丝顶端。

⑤个字药(divergent anther):花药形成两部分,基部张开,花丝着生在会合处,整体形如个字。

⑥广歧药(divaricate anther):花药的两部分叉开成一直线,花丝着生在会合处。

(3)花药成熟后开裂散出花粉的方式(图 12-12)

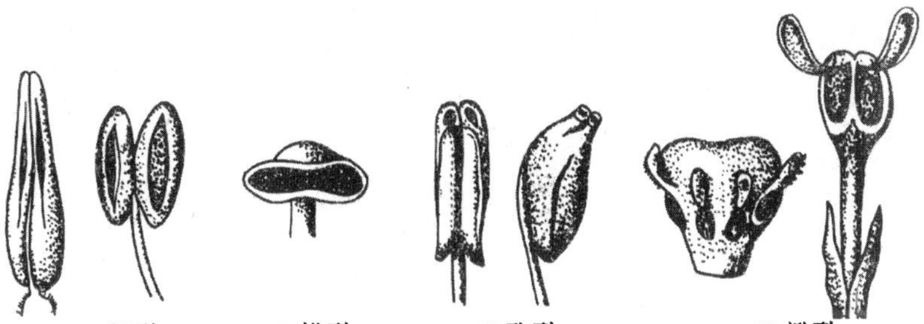

图 12-12　花药开裂方式

①纵裂(congitudinal dehiscence):花药沿纵轴方向裂开,是一种最常见的开裂方式,如油菜、小麦、百合、桃、梨等。

②横裂(transverse dehiscence):花药沿横轴方向裂开,如木槿。

③孔裂(porous dehiscence):药室顶端成熟时开一小孔,花粉由小孔中散出,如茄、杜鹃。

④瓣裂(valvuler dehiscence):花药的每个花粉囊形成活板状的瓣,成熟时,花粉由掀开的瓣下散出,如小檗、樟树。

5.雌蕊的类型

根据组成雌蕊的心皮数目、离合可分以下类型(图 12-13)。

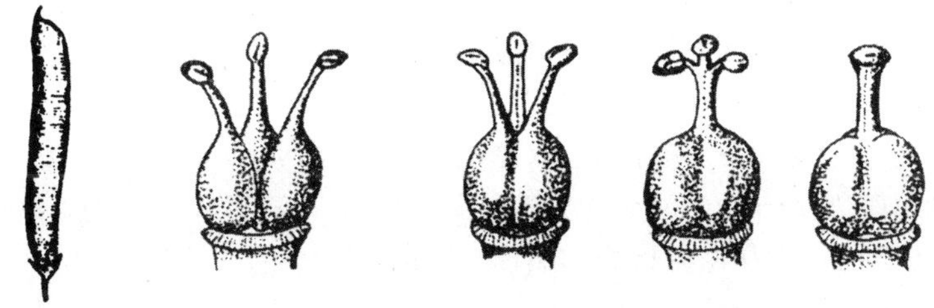

图 12-13　雌蕊类型

(1)单雌蕊(simple pistil) 1朵花中具有由1个心皮构成的雌蕊,如桃、李、杏及豆类植物的雌蕊。

(2)离生单雌蕊(apocarpous gynaecium) 1朵花中具2至多数心皮,每个心皮各自分离形成2至多数离生的单雌蕊,如毛茛、木兰、八角、芍药的雌蕊。

(3)复雌蕊(compound pistil) 1朵花中具一个由2个或2个以上心皮构成的雌蕊,叫复雌蕊,如丁香、苹果、梨的雌蕊。

一个复雌蕊的心皮数常可由柱头、花柱、子房室、果室及胎座的数目来判断。

6.子房位置的类型

子房着生在花托上,由于与花托连生的情况不同,可分以下几种类型(图12-14)。

(1)上位子房(epigynous ovary) 又叫子房上位,子房仅以底部与花托相连,花的其余部分均不与子房相连。但根据花被位置又可分为两种情况的上位子房。

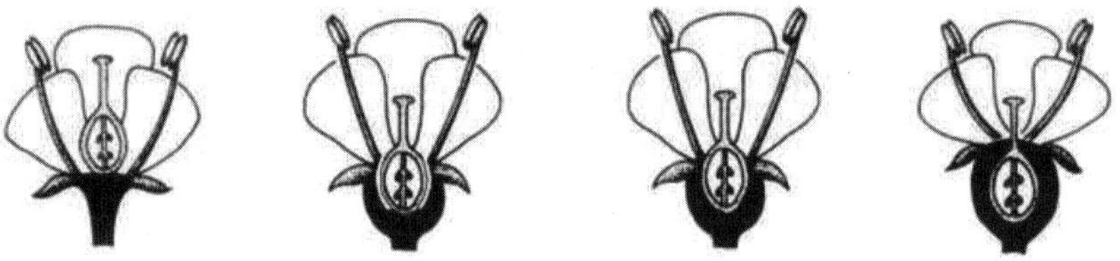

A.上位子房下位花　B.上位子房周位花　C.半下位子房周位花　D.下位子房上位花

图12-14　子房位置的类型

①上位子房下位花(superior hypogynous flower):即子房上位花被下位,子房仅以底部和花托相连,萼片、花瓣、雄蕊着生的位置低于子房,如刺槐。

②上位子房周位花(superior-perigynous flower):即子房上位花被周位,子房底部与杯状花托的中央部分相连,花被与雄蕊着生于杯状花托的边缘,如桃、李等。

(2)半下位子房(semi-inferior ovary) 又叫子房中位,子房的下半部陷生于花托中,并与花托愈合,花的其他部分着生在子房周围的花托边缘上,从花被的位置来看,可称为周位花,如马齿苋。

(3)下位子房(inferior ovary) 又叫子房下位,整个子房埋于花托中,并与花托愈合,花的其他部分着生在子房以上花托的边缘上,故也叫上位花,如梨、苹果的花。

7.胎座的类型

胚珠着生的部位叫胎座,胎座有以下几种类型(图12-15)。

(1)边缘胎座(marginal placenta) 由单心皮构成的一室子房,胚珠着生于子房的腹缝线上,如豆类的胎座(**彩版** 9-7b)。

(2)侧膜胎座(parietal placenta) 由2个以上心皮合生的一室子房或假数室子房,胚珠沿腹缝线着生于心皮的边缘,如瓜类的胎座(**彩版** 9-5)。

(3)中轴胎座(axile placenta) 多心皮构成的多室子房,心皮边缘在中央处联合形成中轴,胚珠生于中轴上,如百合、番茄等的胎座(**彩版** 9-1,9-2,9-4)。

(4)特立中央胎座(central placenta) 多心皮构成的一室子房或不完全数室子房,有中轴存在,胚珠着生在中轴上,如石竹科植物的胎座(**彩版** 9-14)。

(5)顶生胎座(apical placenta) 子房一室,胚珠着生于子房室的顶部,如榆属、桑属的胎座。

(6)基生胎座(basal placenta) 子房一室,胚珠着生于子房室的基部,如菊科植物的胎座(**彩版** 9-11)。

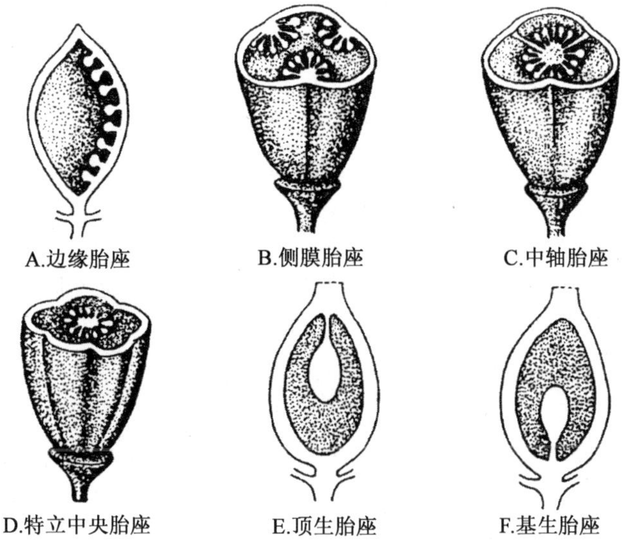

图 12-15　胎座的类型

8. 胚珠类型

胚珠发育时由于各部分生长速率不同而出现不同类型的胚珠(图 12-16)。

(1)直生胚珠(atropousovule)　胚珠各部均匀生长,珠柄、合点和珠孔在一条直线上,珠孔在上,合点在下,如荞麦、胡桃等。

(2)倒生胚珠(anatropousovule)　胚珠一侧生长快,相对一侧生长慢,即造成胚珠发生180°倒转,珠孔在下,靠近珠柄,合点在上,多数被子植物的胚珠属此种,如百合、棉、小麦、瓜类等。

(3)横生胚珠(amphitropousovule)　胚珠横卧,珠孔、珠心纵轴和合点连成的直线与珠柄成直角,如花生、锦葵等。

(4)弯生胚珠(campylotropousovule)　胚珠下部直立,上部略弯,珠孔偏下,珠孔、珠心纵轴和合点不在一条直线上,如油菜、蚕豆、菜豆等。

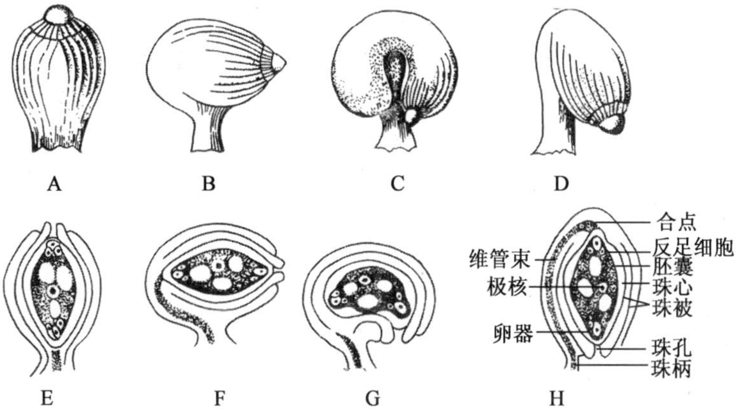

图 12-16　胚珠类型及其结构

A～D 胚珠外形　E～H 胚珠纵切 A. E. 直生胚珠　B、F. 横生胚珠　C、G. 弯生胚珠　D、H. 倒生胚珠

(五)花序

有的植物花单生于叶腋或枝顶,称花单生;有的植物数花簇生于叶腋,称花簇生;而有的植物花多数按一定的方式和顺序排列在花序轴上形成花序(inflorescence)。花序的主轴也叫花轴(rachis)。如果花序轴自地表附近及地下茎伸出,不分枝,不具叶,即叫花葶(scape)。花序中没有典型的营养叶,有时仅在花下有一变态叶叫苞片(bract),如整个花序基部生有一个或多数变态叶则叫总苞(involucre)。

根据花轴上花排列方式的不同,以及花轴分枝形式和生长状况不同,可分为无限花序和有限花序两大类,每大类又各分几种不同类型。

1.无限花序(indeterminate inflorescence)

花轴顶端保持生长一段时间,顶部不断增长陆续形成花。开花顺序为由花序基部向上依次开放。如果花轴是扁平如盘状的,则由外向内依次开放。因此,无限花序是一种边开花边形成花芽的花序,根据花排列等特点又分下列几种。

(1)总状花序(raceme) 花柄几乎等长的两性花排列在不分枝的花轴上,如十字花科植物的花序(**彩版** 8-1)。

(2)圆锥花序(panicle) 花轴分枝,整个花序张开成圆锥形状,如每一分枝为一总状花序,又可称复总状花序;如每一分枝为一穗状花序,则又称复穗状花序。如女贞、珍珠梅的花序(**彩版** 8-2)。

(3)穗状花序(spike) 与总状花序相似,但花无柄或近无柄,如车前等(**彩版** 8-3);若花序轴有分枝,每一分枝再形成一穗状花序,称复穗状花序,如小麦(**彩版** 8-4)。

(4)伞形花序(umbel) 排列在不分枝花轴顶端的各花花柄几乎等长,整个花序的花排成弧面,形似开张的伞,如报春、山茱萸的花序(**彩版** 8-5)。

(5)复伞形花序(compound umbel) 伞形花序的每一分枝又形成一伞花序。如如胡萝卜的花序(**彩版** 8-6)。

(6)伞房花序(corymb) 与总状花序类似,但花柄不等长,花轴下部花的花柄较长,向上渐短,使整个花序的花几乎排在一平面上,如山楂、梨、苹果的花序(**彩版** 8-7)。

(7)复伞房花序(compound corymb) 伞房花序的每一分枝再形成一伞房花序。如花楸属植物的花序(**彩版** 8-8)。

(8)头状花序(capitulum) 许多无柄的花着生于极度缩短、膨大平展或稍凹陷、或凸出的花序轴上。花序外有多数苞片集生成总苞,如菊科植物的花序(**彩版** 8-9)。

(9)隐头花序 花序轴特别肥大而内陷成中空状,许多无柄小花隐生于凹陷空腔的腔壁上,整个花序仅留有一小孔与外方相通,如无花果的花序(**彩版** 8-10)。

(10)柔荑花序(ament) 单性、无柄或近无柄的花排列在细长、柔软的花轴上,因此通常花序下垂。花后整个花序或果序一齐脱落,如杨树、柳树的花序(**彩版** 8-11)。

(11)肉穗花序(spadix) 与穗状花序相似,但花轴肉质肥厚,如玉米的雌花序。如果花序下有一大型的佛焰苞时,又称为佛焰花序,如天南星科、棕榈科植物的花序(**彩版** 8-12)。

2.有限花序(determinate inflorescence)

花序主轴顶端先形成花,最先开放,开花顺序是自上而下或自中心向周围逐渐开放,又称聚伞花序。依据花轴分枝不同,又可分为:

(1)单歧聚伞花序(monochasium) 花序呈合轴分枝式,花序的顶端形成一花之后,在顶花下面的苞片腋中仅发生一侧枝，其长度超过主枝后枝顶同样形成一花，此花开放较前一朵晚，同样在它的基部又形成侧枝及花，依此类推，就形成单歧聚伞花序。如果花朵连续地左右交互出现，状如蝎尾，叫蝎尾状聚伞花序(cincinnus)，如唐菖蒲的花序(**彩版** 8-13)。如果花朵出现在同侧，形成蜷曲状，叫螺状聚伞花序(drepanium)，如紫草科植物的花序。

(2)二歧聚伞花序(dichasium)　当花序呈假二叉分枝时，形成二歧聚伞花序。即花轴顶端形成顶花之后，在其下伸出两个对生的侧轴，侧轴顶端又生顶花，依此类推，如石竹科植物的花序(**彩版** 8-14)。

(3)多歧聚伞花序(pleiochasium)　花序轴顶芽形成一朵花后，其下数个侧芽发育成数个侧枝，顶端每生一花，外形上类似伞形花序，但中心花先开，如大戟、猫眼草的花序(**彩版** 8-15)。

(4)轮伞花序(verticillaster)　聚伞花序着生在对生叶的叶腋，花序轴及花梗极短，呈轮状排列，如一些唇形科植物的花序(**彩版** 8-16)。

(六)果实

根据除子房外是否有花的其他部分参与形成果实，有假果、真果之分。

根据果实的形态结构可分为3大类：即单果、聚合果和复果，各类又细分不同类型。

1. 单果(simple fruit)

由一朵花的单雌蕊或复雌蕊子房所形成的果实。根据果熟时果皮的性质不同，可分为肉质果和干果两大类：

(1)肉(质)果(ficshy fruit)　果实成熟时，果皮肉质多汁，常见的有如下类型

①浆果(berry)：由复雌蕊发育而成，外果皮薄，中果皮、内果皮均为肉质，或有时内果皮的细胞分离成汁液状，如番茄、葡萄、柿(**彩版** 9-1)等。

②柑果(hesperidium)：由多心皮复雌蕊发育而成，外果皮革质，中果皮较疏松，并有很多维管束，内果皮形成若干室，向内生有许多肉质多汁的表皮毛，是主要的食用部分，如橙柑橘、柚等(**彩版** 9-2)。

③核果(drupe)：由单雌蕊或复雌蕊子房发育而成。外果皮薄，中果皮肉质，内果皮骨质坚硬，通常包围种子形成坚硬的核，如桃、杏、枣等(**彩版** 9-3)。

④梨果(pome)：由下位子房的复雌蕊形成，花托强烈增大并肉质化与子房愈合，外果皮，中果皮肉质化而无明显界线，内果皮革质，如梨、苹果等(**彩版** 9-4)。

⑤瓠果(pepo)：由下位子房的复雌蕊形成，花托与果皮愈合，无明显的外、中、内果皮之分，果皮和胎座肉质化，如西瓜、黄瓜等葫芦科植物的果(**彩版** 9-5)。

(2)干果(dry fruit)　果实成熟时果皮干燥，根据果皮开裂与否，又可分为裂果和闭果。

①裂果(dehiscent fruit)：果实成熟后果皮开裂，依心皮数目和开裂方式不同，分下列几种。

蓇葖果(follicle)：由单雌蕊(一心皮)的子房发育而成，成熟时沿背缝线或腹逢线一边开裂，如萝藦、梧桐和芍药的聚合果中的每一小果为蓇葖果(**彩版** 9-6)。

荚果(legume)：由单雌蕊的子房发育而成，成熟后沿背缝线和腹缝线两边同时裂开，如紫藤的果实。但有少数豆科植物的荚果不开裂，如落花生等(**彩版** 9-7a)。

角果：由两个心皮的复雌蕊子房发育而成，侧膜胎座，有假隔膜形成假二室，成熟时果皮由下而上沿两腹缝线开裂，如十字花科植物的果实。根据果实长短不同，又有长角果(silique)和短角果(silicle)的区别，前者如萝卜、白菜(**彩版** 9-8a)；后者如荠菜、葶苈等(**彩版** 9-8b)。

蒴果(capsule):由 2 个或 2 个以上心皮的复雌蕊子房形成,子房室一至多室,成熟时以多种方式(如纵裂、盖裂、孔裂等)开裂,如三色堇、曼陀萝、木槿、罂粟等(**彩版** 9-9)。

②闭果(achenocarp):果实成熟后,果皮不开裂,又分下列几种。

胞果(utricle):与瘦果相似,常由 2～3 心皮合生的上位子房发育而成,具 1 粒种子,但其果皮薄,膜质疏松地包围种子,如鸡冠花、藜和苋等(**彩版** 9-10)。

瘦果(achene):由单雌蕊或 2～3 个心皮合生且仅具一室的复雌蕊子房发育而成,内含一粒种子,果皮与种皮容易分离,如向日葵、荞麦的果实(**彩版** 9-11)。

坚果(nut):果皮坚硬,1 室,内含一粒种子,果皮与种皮容易分离,有些植物的坚果包藏于总苞内,如板栗、麻栎、榛等(**彩版** 9-12)。

翅果(samara):果皮沿一侧、两侧或周围延伸成翅状,以适应风力传播。除翅的部分以外,其他部分实际上与坚果或瘦果相似,如五角枫、臭椿、榆等(**彩版** 9-13)。

颖果(caryopsis):与瘦果相似,由 2～3 个心皮合生成 1 室的上位子房发育而成,内含一粒种子,但果皮与种皮愈合,如水稻、小麦、玉米等禾本科植物特有的果实(**彩版** 9-15)。

分果(schizocarp):复雌蕊子房发育而成,成熟后各心皮分离,形成分离的小果,但小果的果皮不开裂。如锦葵、蜀葵等(**彩版** 9-16)。其他如伞形科植物的果实,成熟后两个心皮分离为 2 个分果,顶部悬挂在细长的心皮柄上,称为双悬果(cremocarp)。如阿魏、胡萝卜(**彩版** 9-17)。

唇形科和紫草科植物的果实成熟后分离为 4 个小坚果(nutlet),特称为四小坚果,如夏至草的果实(**彩版** 9-18)。

2. 聚合果(aggregate fruit)

由一朵花中多数离生单雌蕊的子房发育而来,每一雌蕊都形成一独立的小果,集生在膨大的花托上。因小果的不同,聚合果可以是聚合蓇葖果,如八角(**彩版** 9-20)、玉兰,也可以是聚合瘦果,如月季(**彩版** 9-19)、草莓(**彩版** 9-21),或者是聚合核果,如悬钩子、茅莓以及聚合坚果,如莲(**彩版** 9-22)等。

3. 聚花果

由整个花序发育形成的果实,又叫复果(multiple fruit)。花序中的每朵花形成独立的小果,聚集在花序轴上,外形似一果实,如悬铃木的果球。有的复果肉质化,如桑葚为多数单花集生于花轴上形成的果实;菠萝(凤梨)果实(**彩版** 9-23)的食用部分为多汁的花轴;无花果的果实可食部分为隐头花序膨大的花序轴。

五、作业

列表总结实验中所观察到各种类型的花冠、雄蕊、雌蕊、胎座、花序、果实及对应的植物名称。

六、综合思考

(1)如何区别具单生叶的枝条与羽状复叶、总状花序与单歧聚伞花序?

(2)如何从雌蕊的形态和结构来判断复雌蕊的心皮数目?

(3)单果、聚合果、聚花果各由什么发育而来?

(王　丽)

实验十三　被子植物分科(一)

木兰科、毛茛科、石竹科、藜科、苋科、蓼科

一、实验目的

(1)通过对各科代表物种的观察,掌握木兰科、毛茛科、石竹科、藜科、苋科、蓼科的主要特征。

(2)学会使用生物体视显微镜解剖植物花、果实、种子的方法。

(3)初步学习植物花程式写法及利用检索表等工具书鉴定植物的方法。

二、实验材料

玉兰(*Magnolia denudata*)、白兰花(*Michelia alba*)、广玉兰(*Magnolia grandiflora*)、毛茛(*Ranunculus japonicus*)、石龙芮(*Ranunculus sceleratus*)、茴茴蒜(*Ranunculus chinensis*)、石竹(*Dianthus chinensis*)、五彩石竹(*Dianthus barbatus*)、王不留行(*Vaccaria segetalis*)、菠菜(*Spinacia oleracea*)、藜(*Chenopodium album*)、苋(*Amaranhus tricolor*)、刺苋(*Amaranthus spinosus*)、反枝苋(*Amaranthus retroflexus*)、萹蓄(*Polygonum aviculare*)、酸模叶蓼(*Polgonum lapthifolium*)、酸模(*Rumex acetosa*)、荞麦(*Fagopyrum esculentum*)等具花、果实的新鲜标本、浸制标本或腊叶标本。

三、实验用品

体视显微镜、放大镜、镊子、解剖刀、解剖针、刀片、培养皿、载玻片、盖玻片、擦镜纸、吸水纸、纱布、检索表、相关植物志、植物图鉴及植物图片等。

四、实验内容与方法

(一)木兰科(Magnoliaceae)

木兰科是现存被子植物中最原始的类群之一。

识别特征:木本;单叶互生,有托叶;花大,单生,萼、瓣不分;花两性,雌、雄蕊多数、分离、螺旋状排列于柱状花托上;子房上位;聚合蓇葖果。

1. 玉兰(图 13-1A、B,彩版 10-1)

玉兰为落叶乔木,花先于叶(先花后叶)开放,花大,单生枝条顶端。取玉兰具花、叶及果实的新鲜枝条或浸制、腊叶标本观察,可见其为单叶互生,叶倒卵形至卵状长圆形,枝上有明显的环状托叶痕;玉兰花为两性花,辐射对称,白色或基部略带红色,芳香,花被呈花瓣状;用镊子从外至内将花被片逐片撕下,一般可见花被片 9 片,排列成 3 轮,每轮 3 片;其花托为柱状隆起,雄蕊多数、分离、螺旋状排列在隆起花托的下部,花丝短,花药长,2 室纵裂;雌蕊多数、离生,螺旋状排列在隆起花托的上部(图 13-1B);子房 1 室,胚珠 2 枚。聚合蓇葖果。

观察完毕,请写出花程式,并查检索表,写出检索路线。

花程式____

检索路线____

____

2. 白兰花

白兰花为落叶乔木。取白兰花具花、叶及果实的新鲜枝条或浸制、腊叶标本观察，叶披针形，花生于叶腋，花瓣白色狭长有芳香。取白兰花一朵花解剖观察，注意雌、雄蕊间有间距，称为雌蕊柄，并观察雌雄蕊的数目及排列情况等特征(图 13-1C)。

观察完毕，请写出花程式，并查检索表，写出检索路线。

花程式____

检索路线____

____

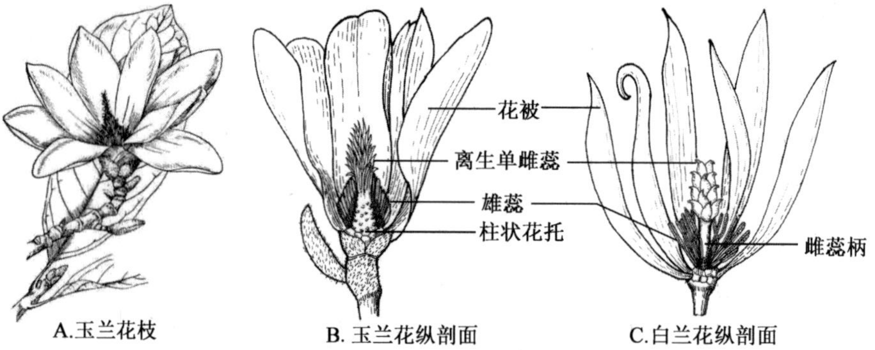

图 13-1 玉兰及白兰花解剖

3. 广玉兰

广玉兰也叫“洋玉兰”，由于花大，形似荷花，故又称“荷花玉兰”。为常绿乔木，单叶互生，叶倒卵形，叶革质，背面密被锈色绒毛；花大白色，观察其花的组成特征与玉兰花相似。

观察完毕，请写出花程式，并查检索表，写出检索路线。

花程式____

检索路线____

____

观察本科其他常见植物的鲜株或标本：含笑(*Michelia figo*)，常绿灌木，花乳白色，腋生，芳香，有雌蕊柄。鹅掌楸(*Liriodendron chinense*)，落叶乔木，叶形奇特，顶端平截如马褂形，故又叫马褂木。辛夷(紫玉兰)(*Magnolia liliflora*)，落叶小乔木，花紫色，有 3 片绿色萼片。厚朴(*Magnolia officinalis*)，落叶乔木。

(二)毛茛科(Ranunculaceae)

毛茛科是被子植物中草本类群的原始类群之一。

识别特征：草本；无托叶；花两性，整齐，五基数，花萼和花瓣均离生；雄蕊和雌蕊均常为多数、离生、螺旋状排列于突起的花托上；子房上位，聚合瘦果或聚合蓇葖果。

1. 毛茛(图 13-2，彩版 10-2)

观察毛茛新鲜标本(全株)或浸制、腊叶标本，可见其为草本植物，有须根，全株密被白色长柔毛，基生叶具长柄，叶片宽卵形，常 3 深裂或几全裂，裂片较大，有牙齿状锯齿。茎中部叶有短柄,上部叶无柄,抱茎。取 1 朵花,先观察外形为辐射对称,有花萼、花瓣的分化,从外至内观察可见花萼 5 片轮生,花瓣 5 片较大,金黄色,有光泽,用镊子取下一枚花瓣,放于载玻片上,在体视显微镜下观察花瓣内侧基部有蜜腺;花为两性花,雄蕊和雌蕊的心皮均为多数、分离,常螺旋排列于凸出的花托上。聚合瘦果近球形。

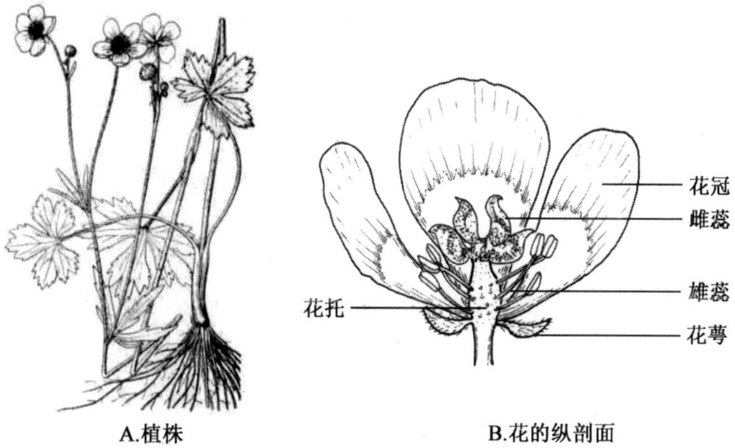

图 13-2　毛茛

观察完毕,请写出花程式,并查检索表,写出检索路线。

花程式＿＿＿＿＿＿＿＿＿＿＿＿＿＿＿＿＿＿＿＿

检索路线＿＿＿＿＿＿＿＿＿＿＿＿＿＿＿＿＿＿＿

＿＿＿＿＿＿＿＿＿＿＿＿＿＿＿＿＿＿＿＿＿＿＿

2. 石龙芮

取石龙芮新鲜标本或浸制、腊叶标本,注意观察其基生叶与茎生叶在叶柄长短和叶片分裂程度上的不同,有无托叶,全株除花柄外光滑无毛。花黄色,萼片与花瓣均为 5 枚,分离,各排成一轮,辐射对称。雄蕊和雌蕊的心皮均为多数、分离,注意花托的形状及雄蕊、雌蕊的排列方式。聚合瘦果长圆形。

观察完毕,请写出花程式,并查检索表,写出检索路线。

花程式＿＿＿＿＿＿＿＿＿＿＿＿＿＿＿＿＿＿＿＿

检索路线＿＿＿＿＿＿＿＿＿＿＿＿＿＿＿＿＿＿＿

＿＿＿＿＿＿＿＿＿＿＿＿＿＿＿＿＿＿＿＿＿＿＿

3. 茴茴蒜

取茴茴蒜新鲜标本或浸制、腊叶标本,注意观察其基生叶为三出复叶,植株被长硬毛;花顶生或腋生;聚合瘦果椭圆形或圆形。

观察完毕,请写出花程式,并查检索表,写出检索路线。

花程式＿＿＿＿＿＿＿＿＿＿＿＿＿＿＿＿＿＿＿＿

检索路线＿＿＿＿＿＿＿＿＿＿＿＿＿＿＿＿＿＿＿

＿＿＿＿＿＿＿＿＿＿＿＿＿＿＿＿＿＿＿＿＿＿＿

观察本科其他常见植物的鲜株或标本:金莲花(*Trollius chinensis*),多年生草本植物,萼片花瓣状,黄色。乌头(*Acanitum carmichaeli*),多年生草本植物,花两侧对称,萼片 5,花瓣状，蓝紫色，上萼片盔状，块根即中药乌头，子块根经炮制为中药附子。翠雀（*Delphinium grandiflorum*），多年生草本植物，花两侧对称，萼片花瓣状，蓝色，上萼片有距。其根可治牙痛。白头翁（*Pulsatilla chinensis*），多年生草本植物，6 片萼片为紫色花瓣状，花柱宿存，伸长呈白色羽毛状。短尾铁线莲（*Clematis brevicaudata*），攀缘藤本，叶对生。瓣蕊唐松草（*Thalictrum petaloideum*）花丝宽，白色花瓣状。耧斗菜属（*Aquilegia*），花瓣五片，各有一弯曲的距。

（三）石竹科（Caryophyllaceae）

识别特征：草本，节膨大；单叶、全缘、对生；花两性，辐射对称；雄蕊为花瓣的 2 倍；子房上位；特立中央胎座；蒴果。

1. 石竹（图 13-3）

取石竹具花、果的新鲜标本（全株）或浸制、腊叶标本观察，为多年生草本或栽培为 1～2 年生草本，全株无毛。茎簇生，直立，上部有分枝，节膨大。单叶对生，线状披针形，全缘，无托叶及叶柄。花单生或 1～3 朵成聚伞状花序；两性花，辐射对称；萼下具苞片 2 对，萼片 5，合生，宿存；花瓣 5，分离，具爪，顶端有裂齿，淡红，粉红、白色等多种颜色，喉部有疏生须毛；雄蕊 10 枚，排列成 2 轮，内外轮有时长短不一；子房上位，花柱 2 枚，线形，将子房做横、纵切片，置于体视显微镜下观察，可见其为 2 心皮构成 1 室，特立中央胎座，胚珠多数。开裂的蒴果圆筒形，种子卵形。

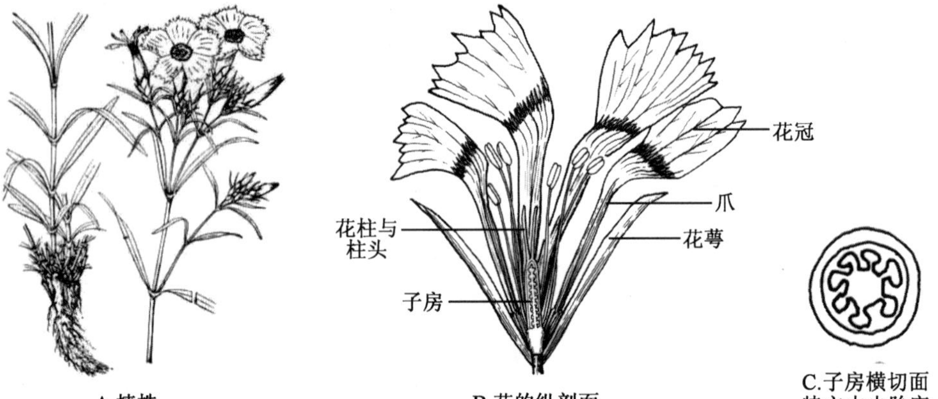

图 13-3 石竹

观察完毕，请写出花程式，并查检索表，写出检索路线。

花程式____________________

检索路线____________________

____

2. 王不留行（麦蓝菜）

观察王不留行（麦蓝菜）具花、果的新鲜标本（全株）或浸制、腊叶标本，可见其为草本，全株无毛，唯稍被白粉，主根短浅；茎直立，淡绿色，上部叉状分枝；单叶对生，无柄，与石竹比较其叶片为卵状椭圆形至卵状披针形，叶基圆形或心形，微抱茎，中脉在背面凸起；疏生聚伞花序顶生；花梗细长 1～4 cm，下部有 2 披针形叶状小苞片；萼筒卵状，有 5 条绿色宽脉，花后萼基部膨大;花瓣 5 枚,粉红色,倒卵形,先端全缘或有微齿,基部有长爪;雄蕊 10 枚,很少露出花冠外;子房长卵形,花柱 2 枚,线形特立中央胎座;蒴果卵状,包在宿存萼筒中,顶端 4 裂;种子球形,黑色,有颗粒状突起。

观察完毕,请写出花程式,并查检索表,写出检索路线。

花程式____

检索路线____

____

3. 五彩石竹

取五彩石竹具花、果的新鲜标本(全株)或浸制、腊叶标本与石竹比较观察,其大部分特征相似,区别是其聚伞花序有多数花组成,并集成头状。

观察完毕,请写出花程式,并查检索表,写出检索路线。

花程式____

检索路线____

____

观察本科其他常见植物的鲜株或标本:瞿麦(*Dianthus superbus*),花瓣先端丝状深裂。香石竹(康乃馨)(*Dianthus caryophyllus*),花通常单生,花色多样,重瓣花,是良好的鲜切花材料。锥花丝石竹(满天星)(*Gypsophila paniculata*),花枝多,花小,白色,常为重瓣花,常作插花。剪夏罗(*Lychnis coronata*),原产中国,是中国的特有种,花着生于茎顶及叶腋内,橙红色。剪秋罗(*Lychnis senno*),顶生聚伞花序,花深红色。麦瓶草(米瓦罐)(*Silene conoidea*),直立草本,全株有腺毛;花粉红色,花萼连合,具多数脉,花柱 3。繁缕(*Stellaria media*),茎细弱,花萼分离,花白色,花瓣先端 2 裂,花柱 3。鹅肠菜(*Malachium aquaticum*),茎下部伏卧,上部直立,花萼分离,花白色,花瓣先端深 2 裂,花柱 5。蚤缀(*Arenaria serpyllifolia*),茎直立,花萼分离,花白色,花瓣全缘,花柱 3。

(四)藜科(Chenopodiaceae)

识别特征:草本,具泡状粉;单叶互生,无托叶;花小,单被;雄蕊与花萼同数且对生;子房上位;胞果。

1. 菠菜(图 13-4)

取菠菜具花、果的新鲜标本(全株)或浸制、腊叶标本观察,其为一年生草本,根圆锥形,常带红色;茎直立,中空,不分枝或有少数分枝;叶戟形至卵形,具长柄,肉质。花单性,雌雄异株;雄花排成顶生圆锥花序,雌花生于叶腋;分别取雄花及雌花在体视显微镜下解剖观察,可见雄花具花被片 4 枚,雄蕊 4 枚与花被片对生;雌花无花被,有萼状苞片 2～4 片,合生;子房近球形,柱头 4～5;成熟的胞果包于变硬的小苞片内,小苞片顶端形成单刺或分枝刺。

观察完毕,请写出花程式,并查检索表,写出检索路线。

花程式____

检索路线____

____

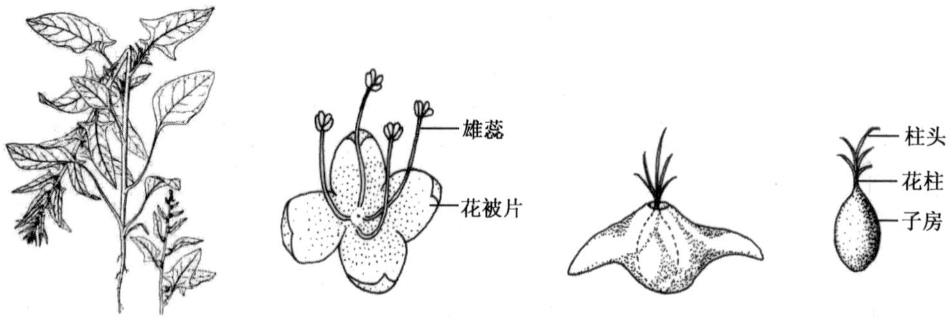

A.植株　B.雄花　C.雌花包藏于萼状苞片内　D.雌蕊

图 13-4　菠菜

2. 藜

观察藜具花、果的新鲜标本(全株)或浸制、腊叶标本,可见其为一年生草本,茎直立,有棱和绿色或紫红色的条纹,多分枝;叶互生,具长柄,叶片菱状卵形、卵状三角形至长圆状三角形,上面绿色,下面灰绿色,两面有粉,以下面和嫩叶为多;数个花集成团伞花簇,多数花簇排成腋生或顶生的圆锥状花序;取几朵花在体视显微镜下解剖观察,可见花两性,花被片 5,边缘膜质;雄蕊 5,花药伸出花被;子房扁平,花柱 2,分离;胞果完全包于花被内或顶端稍露,果皮薄,有小泡状皱纹或近平滑;种子横生,黑色,光亮。

观察完毕,请写出花程式,并查检索表,写出检索路线。

花程式____________________

检索路线____________________

____

观察本科其他常见植物的鲜株或标本:甜菜(*Beta vulgare*),花小,两性;根肥大多汁含糖分,为制糖原料。灰绿藜(*Chenopodium glaucum*),尖头叶藜(*Chenopodium acuminatum*),猪毛菜(*Salsola collina*),地肤(扫帚菜)(*Kochia scoparia*),碱蓬(*Suaeda glauca*);沙蓬(*Agriophyllum squarrosum*)及梭梭(*Haloxylon ammodendron*)等。

(五)苋科(Amaranthaceae)

识别特征:草本;单叶,无托叶;花小,苞片与花被片均为干膜质;胞果常盖裂。

1. 苋(图 13-5)

观察苋具花、果的新鲜标本(全株)或浸制、腊叶标本,其为一年生草本;茎直立,粗壮,常分枝,幼时有毛或无毛;叶卵形至椭圆状披针形,先端圆钝偶有尖凹,绿色或常呈红色、紫色或黄色,或部分绿色夹杂其他颜色;花单性或杂性,雌雄同株,密集成球形花簇,腋生,或组成断续的顶生下垂穗状花序;取几朵雄花及雌花在体视显微镜下解剖观察,可见苞片卵状披针形,顶端芒状;花被片 3,矩圆形,顶端有一长芒尖,膜质;雄花有雄蕊 3 枚;雌花有雌蕊 1 个,柱头 2～3 裂,钻状;胞果卵状矩圆形,包在宿存花被内,熟时环状横裂;种子黑褐色,近扁圆形或倒卵形,两面凸,平滑有光泽。

观察完毕,请写出花程式,并查检索表,写出检索路线。

花程式____________________

检索路线____

____

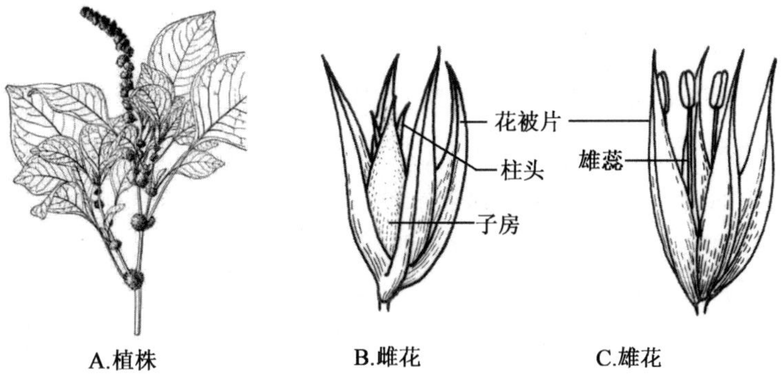

图 13-5 苋

2.刺苋

为一年生草本;茎直立,多分枝,绿色,有时带紫色,无毛。叶狭卵形或卵状披针形,先端微钝,具小芒尖,基部楔形,全缘;其主要识别特征是叶柄基部两侧各有一坚硬针刺;花单性或杂性;圆锥状或穗状花序顶生或腋生;苞片在腋生花簇中及顶生花穗的基部者变为尖锐直刺,在顶生花穗上部者狭披针形;取几朵雄花及雌花在体视显微镜下解剖观察,可见花被片5,绿色,顶端急尖,具凸尖,边缘透明,中脉绿色或带紫色;雄花有雄蕊5枚,花丝与花被等长或略短;雌花有雌蕊1个,柱头2～3;胞果矩圆形,包在宿存花被内,盖裂;种子近球形,黑色或棕色。

观察完毕,请写出花程式,并查检索表,写出检索路线。

花程式____

检索路线____

3.反枝苋(野苋)

是一年生草本,茎粗壮,密生短柔毛;叶互生,菱状卵形或椭圆状卵形,先端具芒尖,基部楔形,叶柄3～5 cm;无托叶;花单性,雌雄同株,集成多毛刺的花簇,再集为稠密的绿色圆锥花序,顶生或腋生;取几朵雄花及雌花在体视显微镜下解剖观察,可见苞片披针状锥形,具针芒,远长于花被片,边缘部无色透明,背部具绿色隆起的中肋;花被片3,白色,薄膜状,顶端具凸尖;雄花有雄蕊3枚;雌花有雌蕊1个,花柱极短,柱头3,长刺锥状,内侧具微细的小锯齿状毛;胞果倒卵状扁圆形,包裹在花被片内,种子直立,黑色。

观察完毕,请写出花程式,并查检索表,写出检索路线。

花程式____

检索路线____

____

观察本科其他常见植物的鲜株或标本:繁穗苋(*Amaranthus paniculatus*)圆锥状花序直立。尾穗苋(*Amaranthus caudatus*),圆锥状花序下垂。鸡冠花(*Celosia cristata*),顶生穗状花序扁平如鸡冠,通常有淡红色、红色、紫色及黄色等。青葙(*Celosia argenta*),穗状花序圆柱形或塔形。千日红(*Gomphrena globosa*),叶对生,花序头状球形,红色,既可栽培观赏,又可作干花材料。锦绣苋(*Alternanthera bettzickiana*),叶倒披针形,叶色有黄白色斑或紫褐色斑的变种,可作花坛组字及拼图的材料。皱果苋(*Amaranthus viridis*)全株无毛,叶面常具“V”字形斑,果皮皱,不裂。凹头苋(*Amaranthus lividus*),无毛,叶先端有凹缺。

(六)蓼科(Polygonaceae)

识别特征:草本,节膨大;单叶,全缘,互生,有膜质托叶鞘;花两性,单被;子房上位;瘦果。

1. 荞麦(图 13-6)

取荞麦具花、果的新鲜标本(全株)或浸制、腊叶标本观察,其为一年生草本,茎直立,分枝,红色;单叶互生,三角形或卵状三角形,托叶鞘膜质;花序为顶生或腋生的总状花序;取几朵花在体视显微镜下解剖观察,可见花两性,辐射对称,单被花,花被 5 裂,红色或白色;雄蕊 8 枚,外轮 5,内轮 3,雄蕊花丝间具蜜腺;雌蕊 3 心皮 1 室,1 胚珠。瘦果 3 棱形,花被宿存。

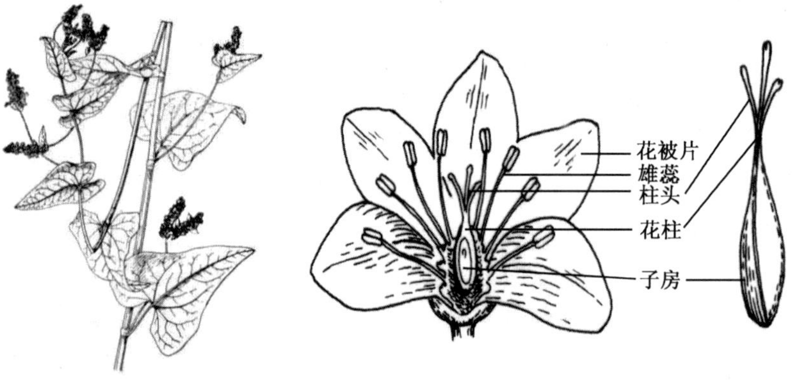

A.植株　　B.花的纵剖面　　C.雌蕊

图 13-6　荞麦

观察完毕,请写出花程式,并查检索表,写出检索路线。

花程式________________________________

检索路线________________________________

____

2. 酸模叶蓼

取酸模叶蓼具花、果的新鲜标本(全株)或浸制、腊叶标本观察,其为一年生草本,茎直立,基部或上部多分枝,有时下部俯卧,节上生根,绿色或微红色,常散生暗红色斑点;节膨大;叶形及大小多变,披针形至椭圆形,先端渐尖或急尖,基部楔形,下延至柄;穗状的总状花序;苞片斜漏斗状,绿色至淡褐色,每苞内常生 4～6 花;花梗绿色,伸出苞片外;取几朵花在体视显微镜下解剖观察,可见花两性,花绿白色或渐变为淡红色,花被常 4 深裂,外侧 2 裂片较大;雄蕊常为 6,与花被近等长或稍短;花柱 2,近基部合生。瘦果近圆形,扁平,两面微凹,全包于宿存花被内。

观察完毕,请写出花程式,并查检索表,写出检索路线。

花程式________________________________

检索路线________________________________

____

3.酸模

观察酸模具花、果的新鲜标本(全株)或浸制、腊叶标本，其为多年生草本；根状茎粗短，生多数须根，并可发出数条地上茎；茎直立，不分枝，具棱槽；叶质薄，披针状长圆形，先端急尖而钝，叶基箭形，全缘或微波状，两面均有粒状细点；基生叶具较长的柄，茎生叶由下向上，叶柄渐短以至无柄；托叶鞘膜质，斜截形，易破裂而早落；花单性，雌雄异株，顶生圆锥花序；苞片膜质，长三角状卵形，基部围抱花序梗；花梗短，中部具关节；取几朵雄花及雌花在体视显微镜下解剖观察，可见花被片 6，排成 2 轮，带红色；雄花内轮 3 片广椭圆形，外轮 3 片稍小；雄蕊 6，花丝极短，花药长；雌花内轮 3 片近圆形，果时显著增大呈翅状，外轮 3 片稍小，反折；花柱 3，柱头流苏状分裂呈画笔状；瘦果椭圆形，具 3 锐棱，两端尖。

观察完毕，请写出花程式，并查检索表，写出检索路线。

花程式____

检索路线______________________________________

____

4.萹蓄

观察萹蓄具花、果的新鲜标本(全株)或浸制、腊叶标本，其为一年生小型草本，茎平卧或直立，节明显，叶片较小，基部有短柄；托叶鞘膜质抱茎，2 裂；花簇生于叶腋；取几朵花在体视显微镜下解剖观察，花两性，单被花，花被 5 深裂，下部淡绿色，边缘白色或淡粉红色；雄蕊 8 枚，花丝短；花柱 3，分离。瘦果三棱状卵形，黑褐色，包于宿存的花被内，比花被略长。

观察完毕，请写出花程式，并查检索表，写出检索路线。

花程式____

检索路线______________________________________

____

观察本科其他常见植物的鲜株或标本：何首乌(*Polygonum multiflorum*)，多年生缠绕草本，叶卵状心形，块根入药。大黄(*Rheum officinale*)，多年生粗壮草本，基生叶掌状浅裂，根入药，泻热通便。竹节蓼(*Homalocladium platycadium Bailey*)，枝扁平多节，绿色似叶，叶稀少或无。红蓼(东方蓼)(*Polygonum orientale*)，植株高大，叶宽大卵圆形，圆锥花序下垂，花粉红色。两栖蓼(*Polygonum amphibium*)，水陆两栖。水蓼(*Polygonum hydropiper*)，穗形花序细弱，花排列稀疏。巴天酸模(*Rumex patientia*)，叶片较大，基部圆形或微心形，果被通常有一片具瘤状突起。

五、作业

(1)分别写出本次实验所观察各科代表植物的花程式及检索路线。

(2)调查校园及周边农田常见的蓼科、藜科、苋科植物。

六、综合思考题

(3)木兰科和毛茛科的原始性表现在哪些方面？

(4)你可以采用哪些方式来判断一朵花中组成雌蕊的心皮数量及雌蕊类型。

(何全铃)

实验十四　被子植物分科(二)

锦葵科、堇菜科、葫芦科、杨柳科、十字花科

一、实验目的

(1)通过对各科代表物种的观察,掌握锦葵科、堇菜科、葫芦科、杨柳科、十字花科的主要特征。

(2)进一步练习植物花程式写法及利用检索表等工具书鉴定植物的方法。

二、实验材料

锦葵(*Malva sinensis*)、陆地棉(*Gossypium hirsutum*)、木槿(*Hibiscus syriacus*)、三色堇(*Viola tricolor*)、紫花地丁(*Viola yedoensis*)、早开堇菜(*Viola prionantha*)、黄瓜(*Cucumis sativus*)、丝瓜(*Luffa cylindrica*)、毛白杨(*Populus tomentosa*)、垂柳(*Salix babylonica*)、白菜(*Brassica pekinensis*)、油菜(*Brassica campestris*)、二月兰(诸葛菜 *Orychophragmus violaceus*)、荠菜(*Capsella bursa-pastoris*)等具花、果的新鲜标本、腊叶标本或液浸标本。

三、实验用品

体视显微镜、放大镜、镊子、解剖刀、解剖针、刀片、培养皿、载玻片、盖玻片、擦镜纸、吸水纸、纱布、检索表、相关植物志、植物图鉴及植物图片等。

四、实验内容与方法

(一)锦葵科(Malvaceae)

识别特征:单叶;花两性,整齐,5 基数;有副萼,单体雄蕊,花药 1 室;子房上位;蒴果或分果。

1. 锦葵(图 14-1,彩版 10-13)

锦葵为二年生或多年生草本,多分枝。取一段带叶、花、果的枝条观察,其叶为肾形或圆心形,互生,托叶披针形。3~15 朵花簇生于叶腋,花柄近等长;取一朵花解剖观察,可见为两性花,辐射对称;花最外层为 3 枚副萼,比花萼小;萼片 5 枚,基部合生,镊合状排列;花瓣 5,分离,旋转状排列,红色,先端微凹,爪具髯毛;雄蕊多数,花丝联合成管状,称单体雄蕊,花药 1 室;用解剖针纵向挑破雄蕊管,可见雌蕊的子房和花柱,雌蕊由多心皮构成多室,中轴胎座,子房上位,花柱分 9~13 枝;分果;种子肾形。

观察完毕,请写出花程式,并查检索表,写出检索路线。

花程式____________________________________

检索路线__________________________________

____

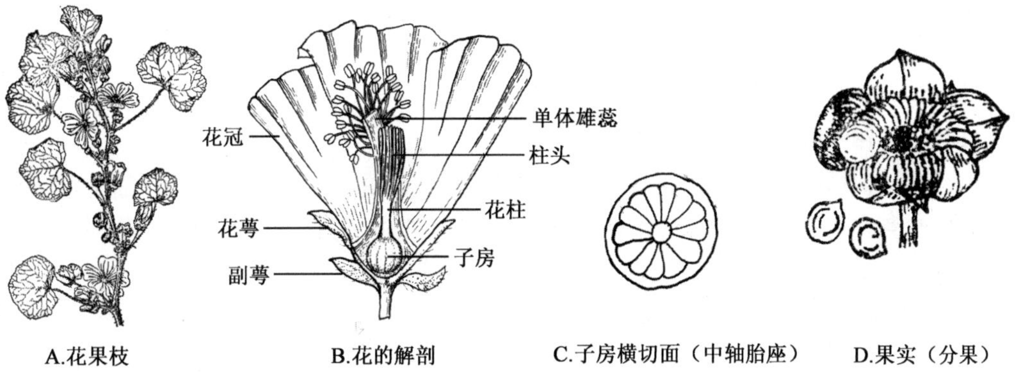

图 14-1　锦葵

2.陆地棉

为草本植物，取一段带叶、花、果的枝条观察，其叶为掌状3裂，叶互生，有托叶。花单生叶腋；取一朵花解剖观察，花最外层为3枚苞片(副萼)，其内花萼联合，5齿裂；花瓣5片离生，旋转状排列；单体雄蕊；用解剖针纵向挑破雄蕊管，可见雌蕊的子房和花柱，横切子房，观察判断心皮数、子房室数及胎座类型。蒴果，室背开裂；种子表面的表皮毛为纺织原料。

观察完毕，请写出花程式，并查检索表，写出检索路线。

花程式________________________________

检索路线________________________________

____

3.木槿

为落叶灌木，小枝密被黄色星状绒毛，托叶早落；取一段带叶、花、果的枝条观察，其叶为菱形至三角状卵形，具深浅不同3裂或不裂，边缘具不整齐齿缺；叶柄被星状柔毛；托叶线形；花单生于枝端叶腋间，取1朵花解剖观察，小苞片6～8，线形；花萼钟形，裂片5，密被星状短绒毛；花钟形，花瓣单瓣种为5片，花色淡紫色、粉色、白色等；单体雄蕊；横切子房，观察判断心皮数、子房室数及胎座类型；蒴果卵圆形，密被黄色星状绒毛；种子肾形，背部被黄白色长柔毛。

观察完毕，请写出花程式，并查检索表，写出检索路线。

花程式________________________________

检索路线________________________________

____

观察本科其他常见植物的鲜株或标本：苘麻(*Abutilon theophrasti*)，是重要的纤维作物，茎韧皮纤维可织麻袋、渔网及绳索等。扶桑(朱槿)(*Hibiscus rosea-sinensis*)，常绿小灌木，花大，红色，单生于叶腋，雄蕊柱超出花冠，常盆栽观赏。吊灯花(*Hibiscus schizopetalus*)，常绿灌木，花梗细长，花倒垂，花瓣5，红色，深细裂成流苏状，向上反卷。木芙蓉(*Hibiscus mutabilis*)，木本，植株密被星状毛，叶掌状5裂，花梗短，花直立，花粉红色，花瓣不裂。蜀葵(*Althaea rosea*) Cav.)直立草本，高可达3 m，花大而鲜艳，颜色多样。冬葵(*Malva verticillata*)和秋葵(*Abelmoschus esculentus*)。野西瓜苗(*Hibiscus trionum*)，一年生草本，茎软弱或伏卧生长，全株具粗毛，叶形似西瓜叶。

(二)堇菜科(Violaceae)

识别特征：草本；单叶互生，有托叶；花两性，两侧对称，5 基数，有距；子房上位；蒴果。

1. 三色堇(图 14-2)

观察三色堇具花、果实的植株，为二年生草本，基生叶具长柄，茎生叶互生，卵形或卵形状椭圆形，边缘具钝齿；托叶大，羽状分裂。花两性，单生叶腋，花梗长；取一朵花解剖观察，萼片大，5 枚，绿色，长圆披针形，果后宿存；花瓣 5，下面一瓣基部扩大成距，通常由蓝、白、黄三色组成，两侧对称；雄蕊 5 枚，花丝短而宽，下方 2 雄蕊的药隔在背面基部有 2 距状蜜腺，且药隔延伸进入下瓣距中；子房上位，横切子房，可见雌蕊由 3 心皮合生而成，侧膜胎座，胚珠多数。花柱上端肥大，有喙。在喙部有 1 柱头孔，孔上有 1 瓣膜。仔细观察一下瓣膜的开闭方向，它与传粉有关吗？蒴果纵裂，种子多数。

观察完毕，请写出花程式，并查检索表，写出检索路线。

花程式______________________________

检索路线______________________________

____

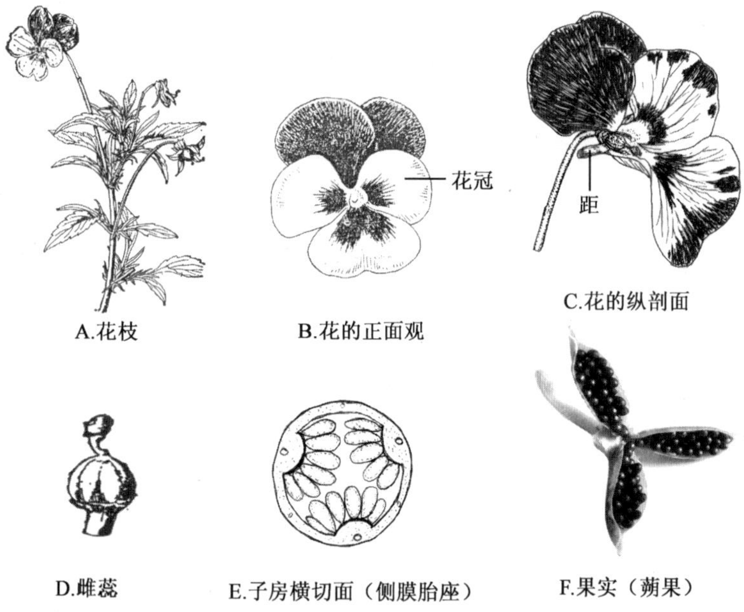

图 14-2 三色堇

2. 紫花地丁(彩版 10-9 左)

观察紫花地丁具花、果实的植株，为多年生草本；无地上茎，全株被白色短毛，主根白色。叶基生，较狭长，狭披针形至卵状披针形、三角状披针形，顶端通常钝，边缘具浅锯齿，两面有白色疏柔毛；托叶膜质；取一朵花解剖观察，萼片 5 枚，绿色，花瓣 5 枚，淡紫色或紫堇色，距细，花药结合；子房上位，横切子房，可见雌蕊由 3 心皮合生而成，侧膜胎座，胚珠多数；柱头三裂状；蒴果椭圆形；种子球形，棕黄色。

观察完毕，请写出花程式，并查检索表，写出检索路线。

花程式______________________________

检索路线______________________________

____

3. 早开堇菜(彩版 10-9 右)

取早开堇菜具花、果实的植株观察，与紫花地丁相比，早开堇菜叶片较宽，长圆状卵形，萼附属物长，末端具尖齿，开花时间较紫花地丁早一周多，取一朵花解剖，其组成与紫花地丁相似。

观察完毕，请写出花程式，并查检索表，写出检索路线。

花程式______________________________

检索路线______________________________

____

观察本科其他常见植物的鲜株或标本：香堇菜(*Viola odorata*)，叶心状卵形至肾形，花紫色，芳香，栽培供观赏。北京堇菜(*V. pekinensis*)、斑叶堇菜(*V. variegata*)、裂叶堇菜(*V. dissecta*)及鸡腿堇菜(*V. acuminata*)等。

(三)葫芦科(Cucurbitaceae)

识别特征：具卷须的草质藤本；单叶互生，叶掌状分裂；花单性，5 基数；子房下位，瓠果。

1. 黄瓜(图 14-3，彩版 10-14)

黄瓜为一年生蔓生或攀缘草本，茎细长，有纵棱；取一段带叶、花、果的枝条观察，卷须不分枝；单叶互生，叶片 5 裂，裂片尖。茎、叶柄、花梗和子房均具短刚毛；花单性同株，黄色，雄花集结成簇，雌花单生叶腋。分别取雄花和雌花观察，雄花花托狭钟形，花萼裂片钻形，花冠黄色，裂片短圆形，急尖；雄蕊 3 枚，花药"S"形折曲，药隔顶端伸长约 1 mm；雌花花萼钻形，5 枚；花瓣黄色，5 裂，卵圆形，子房下位，子房壁上有刺状突起，横切子房，可见雌蕊由 3 心皮合生而成，侧膜胎座，胚珠多数；瓠果绿色或绿白色，矩圆形至圆柱形，常有刺尖的针状凸起，种子白色，椭圆形。

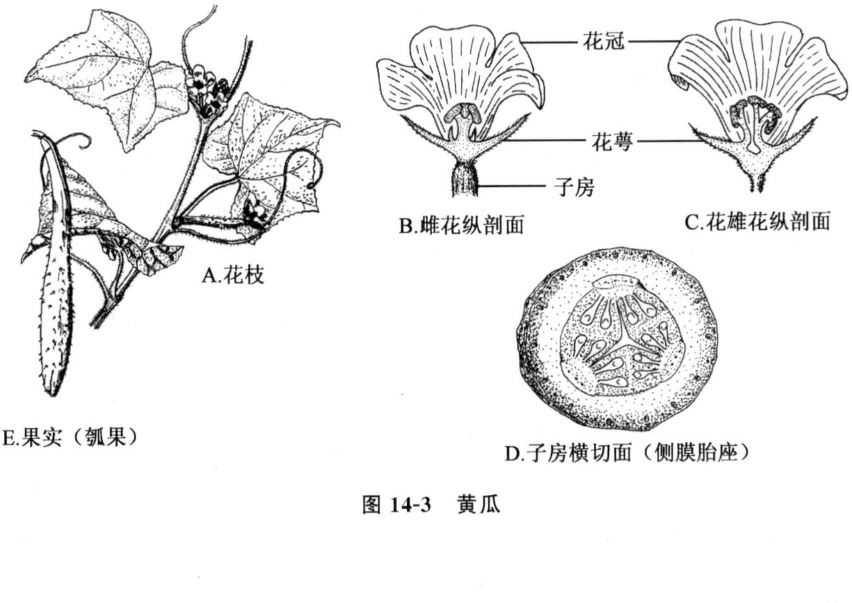

图 14-3 黄瓜

观察完毕，请写出花程式，并查检索表，写出检索路线。

花程式________________

检索路线________________

____

2. 丝瓜

丝瓜（*Luffa cylindrica*）为一年生攀缘草本；茎、枝粗糙，有棱沟，被微柔毛；取一段带叶、花、果的枝条观察，卷须通常2～4分枝；单叶互生，叶片三角形或近圆形，通常掌状5～7裂，裂片三角形，边缘有锯齿；花单性，雌雄同株；雄花通常15～20朵花，生于总状花序上部，取雄花观察，其花萼筒宽钟形，裂片卵状披针形或近三角形，上端向外反折；花冠黄色，辐状5裂，裂片长圆形，雄蕊通常5，稀3，药室多回折曲。雌花单生，子房长圆柱状，横切子房，观察心皮数目及胎座类型，柱头膨大，3裂，果实未熟时肉质，成熟后干燥，里面呈网状纤维；种子多数，黑色，扁卵形。

观察完毕，请写出花程式，并查检索表，写出检索路线。

花程式________________

检索路线________________

____

观察本科其他常见植物的鲜株或标本：苦瓜（*Momordica charantia*），果实表面有疣状突起，果味稍苦，常作风味蔬菜。冬瓜（*Benincasa hispida*）、葫芦（*Lagenaria siceraria*）、瓠子（*Lagenaria siceraria* var. *hispida*）、南瓜（*Cucurbita moschata*）、笋瓜（*Cucurbita maxima*）、西葫芦（*Cucurbita pepo*）、西瓜（*Citrullus lanatus*）、香瓜（甜瓜）（*Cucumis melo*）、栝楼（*Trichosanthes kirilowii*），根入药，可生津止渴，降火润燥；果入药清热化痰；种子入药润燥滑肠。罗汉果（*Siraitia grosvenori*），果入药，可治咳嗽。绞股蓝（*Gynostemma pentaphyllum*），有镇静、催眠及降血压等功效。赤瓟（*Thladiantha dubia*），果实和根可入药。

（四）杨柳科（Salicaeae）

识别特征：木本；单叶互生；花单性，雌雄异株，柔荑花序；无花被，有花盘或蜜腺；子房上位；蒴果，种子有长毛。

1. 毛白杨（图 14-4）

取毛白杨鲜枝或腊叶标本可见小枝灰褐色，具顶芽，芽鳞多片，并可见叶痕、束痕和芽鳞痕等；叶互生，三角状卵圆形，嫩枝具托叶；花单性，雌雄异株，先叶开放。取一雄花序观察，可见上由许多无柄的雄花组成，花序轴柔软下垂（属哪种花序?）；用镊子取一雄朵花观察，其外有苞片，先端尖裂，密生绒毛；无花被；雄蕊8（6～13）；有一黄绿色杯状花盘。另取一雌花序，同样可见由许多无柄的雌花构成；取1朵雌花观察，其外苞片同雄花，除去苞片，基部亦有一杯状花盘；子房椭圆形，柱头两裂，又各自两裂。将子房纵切及横切，观察子房室数目和胎座类型；蒴果，2瓣裂，种子具毛。

观察完毕，请写出花程式，并查检索表，写出检索路线。

花程式________________

检索路线________________

____

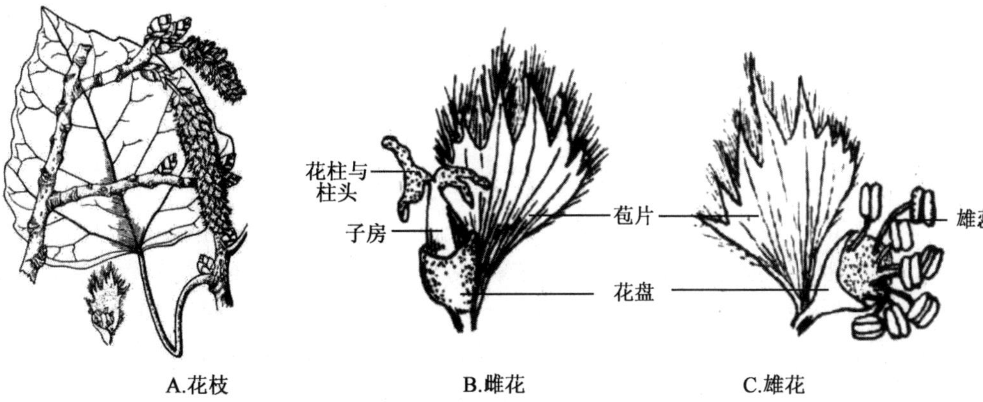

图 14-4　毛白杨

2. 垂柳(图 14-5)

取垂柳鲜枝或腊叶标本观察,小枝褐色,无顶芽,侧芽的芽鳞只有 1 片;自然状况下枝多下垂。叶狭披针形或条状披针形,互生;托叶早落。花单性,雌雄异株,先叶或与叶同时开放;取 1 雄花序观察花序整体状况,然后,取下 1 朵花解剖观察,其外有披针形苞片,无花被,雄蕊 2 枚,基部有 2 个黄色蜜腺,注意蜜腺的着生位置。另从雌花序上取 1 朵雌花观察,种子具毛。其外苞片亦为披针形,子房椭圆形,基部具 1 个蜜腺,花柱短,柱头 2～4 裂;蒴果,2 瓣裂。

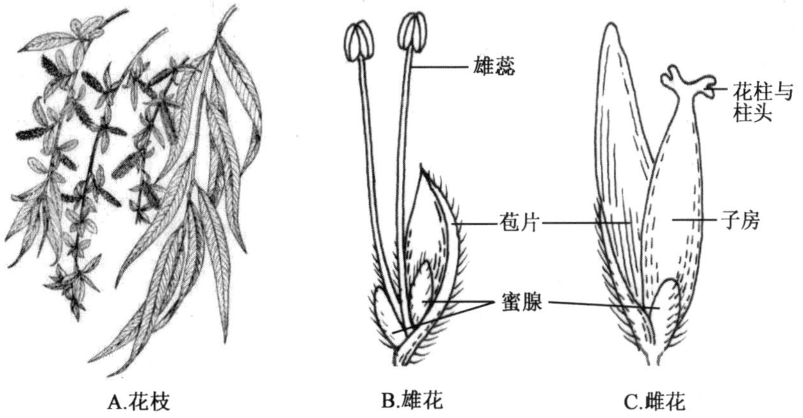

图 14-5　垂柳

观察完毕,请写出花程式,并查检索表,写出检索路线。

花程式____

检索路线____

____

观察本科其他常见植物的鲜株或标本:银白杨(*Populus alba*),叶背密生银白色绵毛,叶具 3～5 裂。加拿大杨(*Populus canadensis*),树皮粗糙,有纵裂沟纹。小叶杨(*Populus simonii*),叶菱状椭圆形,背面苍白色。旱柳(*Salix matsudana*),枝条常直立,雄花和雌花均有 2 个腺体。龙爪柳(*Salix matsudana* var. *tortuosa*),枝条扭曲。绦柳(*Salix matsudana* var. *pendulad*),枝条长而下垂,但雌花有 2 个腺体,均为旱柳之变种。

(五)十字花科(Cruciferae)

识别特征：草本；花两性，整齐；十字形花冠，四强雄蕊；子房上位，侧膜胎座，具假隔膜；角果。

1.油菜(图 14-6)

取新鲜油菜植株观察：一年生或二年生草本，无毛，茎直立，上部分枝。基生叶大头羽状分裂，茎生叶卵形或披针形，基部两侧耳状，抱茎，全缘；总状花序，花黄色，取 1 朵花在体视显微镜下观察，萼片 4，绿色；花瓣 4，淡黄色，分离，十字形花冠；有两枚雄蕊短，位于外侧，内轮 4 枚雄蕊长，为 4 强雄蕊；子房上位，横切子房，观察雌蕊由 2 心皮结合而成，侧膜胎座，由假隔膜分成 2 室。整体观察每室胚珠多数。长角果细圆柱形，顶端具直立的喙，成熟时开裂。

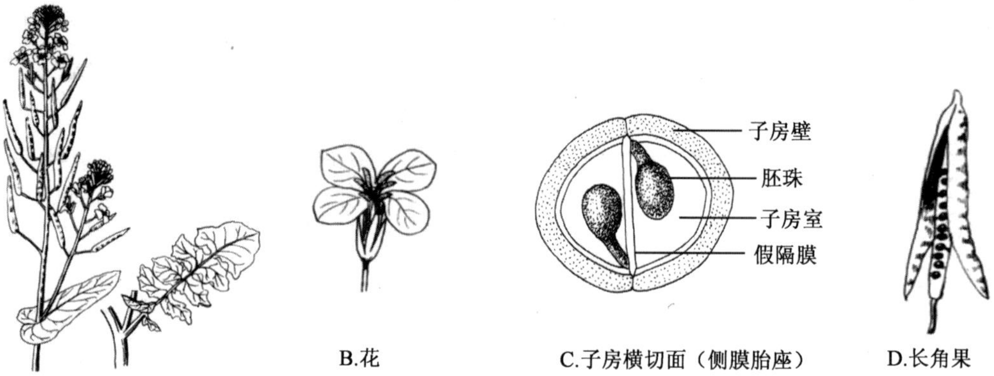

A.油菜花果枝 B.花 C.子房横切面（侧膜胎座） D.长角果

图 14-6 油菜

观察完毕，请写出花程式，并查检索表，写出检索路线。

花程式________________________________

检索路线________________________________

____

2.二月兰(诸葛菜)

取新鲜二月兰植株观察，为一年生或二年生草本，全株无毛。茎直立，叶形变化大，基生叶及下部茎生叶为大头羽状分裂，上部茎生叶长圆形或窄卵形，无柄，基部耳状，抱茎，边缘有不整齐牙齿。总状花序，花紫色或白色，两性，整齐；取 1 朵花在体视显微镜下观察，花萼紫色，4 枚；花瓣 4 片，具爪；雄蕊 6 枚，为哪种雄蕊类型？花丝基部有无腺体？什么颜色？子房上位，横切子房，观察雌蕊由 2 心皮结合而成，侧膜胎座，由假隔膜分成 2 室。胚珠多数。长角果，四棱形，具喙。

观察完毕，请写出花程式，并查检索表，写出检索路线。

花程式________________________________

检索路线________________________________

____

3.荠菜

取新鲜荠菜植株观察：一年生或二年生草本。茎直立，被单毛、叉状毛或星状毛，不分枝或下部分枝。基生叶莲座状,大头羽状深裂或不整齐羽状裂,叶柄具串翅;茎生叶披针形,先端尖,基部箭形,抱茎,两面被单毛。总状花序顶生,花后伸长;取1朵花在体视显微镜下观察,萼片狭卵形,边缘白色膜质,无毛,花瓣白色,倒卵形,先端圆,基部具短爪;短角果倒三角形或倒心形,扁平,无毛,先端微凹或截平。具宿存花柱,开裂,种子长圆形,淡褐色。

观察完毕,请写出花程式,并查检索表,写出检索路线。

花程式＿＿＿＿＿＿＿＿＿＿＿＿＿＿＿＿＿＿＿＿

检索路线＿＿＿＿＿＿＿＿＿＿＿＿＿＿＿＿＿＿＿

＿＿＿＿＿＿＿＿＿＿＿＿＿＿＿＿＿＿＿＿＿＿＿

4.白菜

取白菜鲜株观察,二年生草本,基生叶大,倒卵状长圆形到宽倒卵形,顶端圆钝,边缘波状,中脉宽,白色,有多数粗壮的侧脉;叶柄扁平;上部茎生叶长圆形至长披针形,基部抱茎。总状花序顶生;取1朵花在体视显微镜下观察,可见其萼片4,绿色;花瓣4,黄色;雄蕊4强,基部可见4个绿色腺体,仔细观察腺体所在的位置。子房上位,横切子房,注意雌蕊的心皮数、子房室数及胎座的类型,理解为什么把白菜子房内的隔膜叫假隔膜。长角果,有喙。

观察完毕,请写出花程式,并查检索表,写出检索路线。

花程式＿＿＿＿＿＿＿＿＿＿＿＿＿＿＿＿＿＿＿＿

检索路线＿＿＿＿＿＿＿＿＿＿＿＿＿＿＿＿＿＿＿

＿＿＿＿＿＿＿＿＿＿＿＿＿＿＿＿＿＿＿＿＿＿＿

观察本科其他常见植物的鲜株或标本:卷心菜(洋白菜)(*Brassica oleracea* var. *capitata*),叶包裹成圆球状。花椰菜(菜花)(*Brassica oleracea* var. *botyrtis*),食用顶生球形花序。青菜(小油菜)(*Brassica chinensis*),叶倒卵状匙形,品种很多。球茎甘蓝(苤蓝)(*Brassica caulorapa*),茎近地面处有块茎,肉质食用。大头菜(芥菜疙瘩)(*Brassica napiformis*),地下有肉质圆锥形块根,常用作盐腌。芥菜(*Brassica juncea*)及芥菜的变种榨菜(*Brassica juncea* var. *tunvida*),雪里蕻(*Brassica juncea* var. *multiceps*),萝卜(*Raphanus sativus*),其品种很多。菘蓝(*Isatis tinctoria.*),根称板蓝根,叶称大青叶,均可入药,治疗病毒性感染。紫罗兰(*Matthiola incana*),羽衣甘蓝(*Brassica oleracea*. var. *acephala*),播娘蒿(*Descurainia sophia*),独行菜(*Lepidium apetalum*),离子草(*Chorispora tenella*),蔊菜(*Rorippa montana*)等。还有分子生物学实验常用模式植物拟南芥(*Arabidopsis thaliana*)(**彩版** 10-7)。

五、作业

(1)分别写出本次实验所观察各科代表植物的花程式及检索路线。

(2)写出杨柳科中杨属与柳属的主要区别和共同点。

(3)写出你所知道的能作蔬菜的葫芦科及十字花科植物名称。

六、综合思考题

(1)为什么有些学者认为具柔荑花序的杨柳目植物为被子植物的原始类群之一?

(2)如何能迅速识别葫芦科和十字花科植物?

(徐如松)

实验十五　被子植物分科(三)

蔷薇科、豆科、伞形科

一、实验目的

(1)通过对各科代表物种的观察，掌握蔷薇科、豆科、伞形科的主要特征。

(2)通过比较，掌握蔷薇科4个亚科、豆科3个亚科的主要区别。

二、实验材料

三裂绣线菊(*Spiraea trilobata*)、珍珠梅(*Sorbaria sorbifolia*)、草莓(*Fragaria ananassa*)、黄刺玫(*Rosa xanthina*)、山桃(*Prunus davidiana*)、桃(*Prunus persica*)、杏(*Prunus armeniaca*)、毛樱桃(*Prunus tomentosa*)、梨(*Pyrus bretschneideri*)、西府海棠(*Malus micromalus*)、贴梗海棠(皱皮木瓜 *Chaenomeles speciosa*)、合欢(*Albizia julibrissin*)、含羞草(*Mimosa pudica*)、紫荆(*Cercis chinensis*)、皂荚(皂角 *Gleditsia sinensis*)、紫藤(*Wisteria sinensis*)、蚕豆(*Vicia faba*)、胡萝卜(*Daucus carota* var. *sativa*)、芫荽(香菜 *Coriandrum sativum*)等具花、果的新鲜材料(或液浸标本)、腊叶标本。

三、实验用品

体视显微镜、放大镜、镊子、解剖刀、解剖针、刀片、培养皿、载玻片、盖玻片、擦镜纸、吸水纸、纱布、检索表、相关植物志、植物图鉴及植物图片等。

四、实验内容与方法

(一)蔷薇科(Rosaceae)

识别特征：叶互生，常具托叶；花萼5，花瓣5(或重瓣)，具杯状、盘状、钟状、壶状或圆筒状的花托(也称萼筒)，周位花或上位花；雄蕊多数，着生于各式花托的边缘；心皮1至多数。

根据子房位置、心皮数目及果实类型，分为4个亚科。

1. 绣线菊亚科(Spiraeoideae)

(1)三裂绣线菊(图15-1，**彩版**10-5)　观察其具花、果的新鲜枝条及图片，为灌木；小枝无毛；单叶互生，无托叶，叶片近圆形，先端3裂，边缘自中部以上具少数圆钝锯齿，两面无毛；注意观察其花序属于圆锥花序；取1朵花置体视显微镜下观察：可见花5基数，萼片合生；花瓣分离，白色，宽倒卵形，与萼片互生。雄蕊多数，着生于浅盘状花托外缘，比花瓣短；心皮5个，分离。观察其果实：5个蓇葖果聚合在一起，花萼宿存。

观察完毕，请写出花程式，并查检索表，写出检索路线。

花程式____

检索路线______________________________________

____

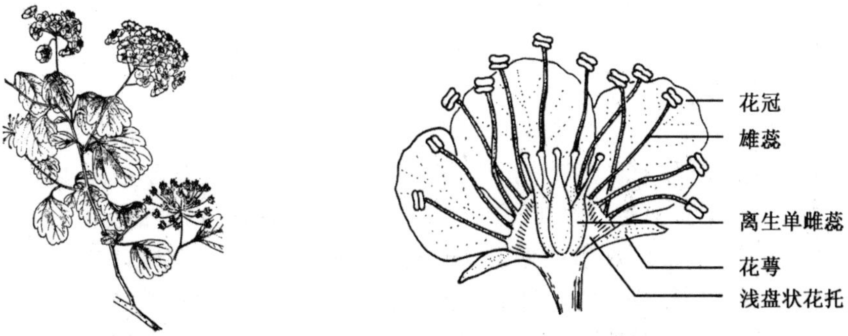

A.花枝　B.花的纵剖面

图 15-1　三裂绣线菊

(2)珍珠梅　取具花、果的新鲜枝条或腊叶标本观察,其为灌木。小枝光滑或有柔毛。奇数羽状复叶,互生,小叶边缘有重锯齿,托叶膜质(该亚科仅此属有托叶),卵状披针形或三角状披针形。顶生大型圆锥花序,两性花。萼筒钟状,萼片 5,反折;花瓣 5,白色;雄蕊多数,较花瓣长;心皮 5。聚合蓇葖果,沿腹缝线开裂,含数枚种子,花萼宿存。

观察完毕,请写出花程式,并查检索表,写出检索路线。

花程式________________________________

检索路线________________________________

____

观察本亚科其他常见植物的鲜株或标本:白鹃梅(*Exochorda racemosa*),心皮 5,仅花柱分离;蒴果,有 5 棱脊。麻叶绣线菊(*Spiraea cantoniesis*)、绣球绣线菊(*S. blumei*)、华北珍珠梅(*Sorbaria kirilowii*)、风箱果(*Physocarpus amurensis*)等。

2. 蔷薇亚科(Rosoideae)

(1)草莓(图 15-2)　观察其具花、果的新鲜植株及相关图片,为草本植物。具匍匐茎,常节上生根。三出复叶,小叶与叶柄皆具粗毛,托叶与叶柄连生。聚伞花序或花簇生,花有副萼,萼片 5(栽培的常有变异);花瓣白色,近圆形或宽倒卵形;雄蕊多数,生于花托边缘;雌蕊由多数离生心皮构成,生于球形或长圆锥形的肉质花托上。由多数瘦果形成聚合果,肉质肥大的花托可鲜食。

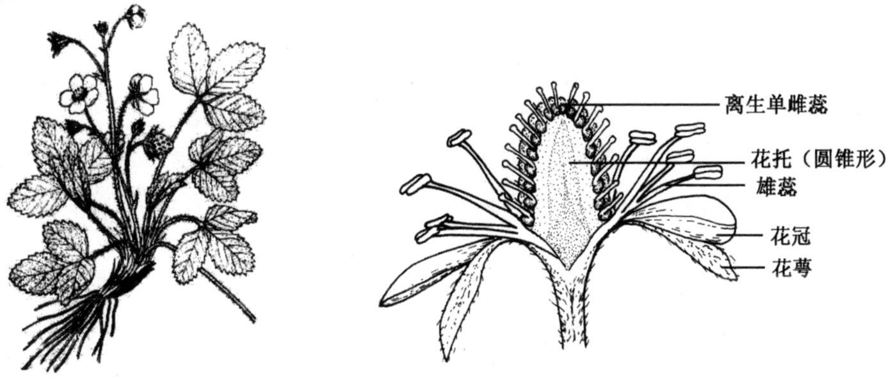

A.植株　B.花的纵剖面

图 15-2　草莓

观察完毕，请写出花程式，并查检索表，写出检索路线。

花程式＿＿＿＿＿＿＿＿＿＿＿＿＿＿＿＿＿＿＿＿＿＿＿＿＿＿＿＿＿

检索路线＿＿＿＿＿＿＿＿＿＿＿＿＿＿＿＿＿＿＿＿＿＿＿＿＿＿＿＿

(2)黄刺玫（图 15-3）　观察其具花、果的新鲜枝条及图片，为落叶灌木。小枝紫褐色，具扁平而直立的皮刺。奇数羽状复叶，小叶 7～13 枚，宽卵形或近圆形，稀椭圆形，边缘有钝锯齿，叶柄和叶轴具稀疏柔毛和小皮刺；托叶小，下部与叶柄相连，离生部分耳状。花单生，无苞片；花柄和萼筒均无毛；萼片 5，披针形，全缘，花瓣黄色，重瓣或半重瓣；雄蕊多数，生于壶形花托的边缘。注意：将花纵剖开观察，判断雌蕊心皮数目、雌蕊类型及子房位置（离生心皮多数，着生在壶形花托的内壁上，并不与花托相愈合，所以是子房上位）。蔷薇果近球形，熟时紫褐或褐红色；萼片宿存、反折。

观察完毕，请写出花程式，并查检索表，写出检索路线。

花程式＿＿＿＿＿＿＿＿＿＿＿＿＿＿＿＿＿＿＿＿＿＿＿＿＿＿＿＿＿

检索路线＿＿＿＿＿＿＿＿＿＿＿＿＿＿＿＿＿＿＿＿＿＿＿＿＿＿＿＿

＿＿＿＿＿＿＿＿＿＿＿＿＿＿＿＿＿＿＿＿＿＿＿＿＿＿＿＿＿＿＿＿

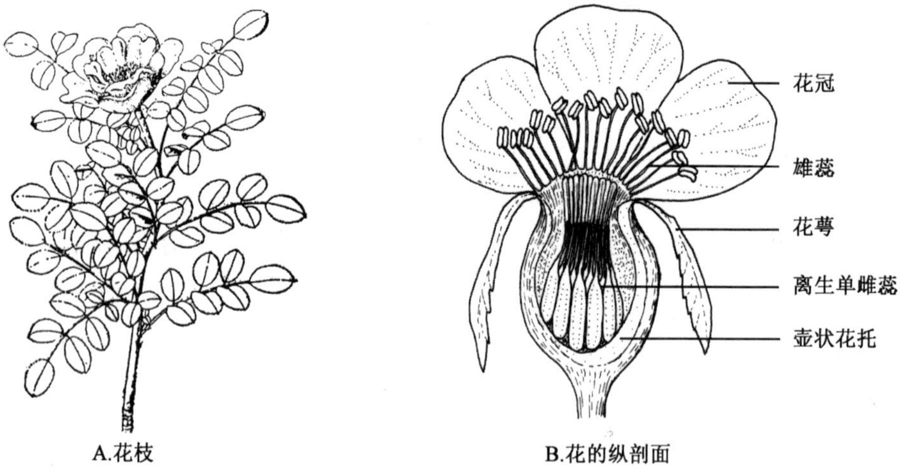

图 15-3　黄刺玫

观察本亚科其他常见植物的鲜株或标本：月季(*Rosa chinensis*)，直立灌木，有刺，羽状复叶有 3～5 片小叶，叶面光亮，一年开花多次，花色多样。玫瑰(*Rosa rugosa*)(**彩版** 10-6)，直立灌木，羽状复叶有 5～9 片小叶，叶面有皱纹，一年开花 1 次，花为玫瑰红色。蔷薇(Rosa multiflora)，木质藤本，有刺，羽状复叶有 5～9 片小叶，叶面光亮，一年开花 1 次，花为白色或红色。蛇莓(*Duchesnea indica*)，草本，匍匐茎，花黄色，花托隆起，成熟时肉质。水杨梅(*Geum aleppicum*)，直立草本，花黄色，宿存花柱形成钩状长喙。朝天委陵菜(*Potentilla supina*)，草本，茎平卧或斜升，花黄色，花托隆起，成熟时干燥。山楂叶悬钩子(*Rubus crataegifolius*)，灌木，有刺，花白色，聚合小核果红色，可食。地榆(*Sanguisorba officinalis*)，直立草本植物。棣棠(*Kerria japonica*)、鸡麻(*Rhodotypos scandens*)、美蔷薇(*Rosa bella*)、山刺玫(*Rosa davurica*)、金樱子(*Rosa laevigata*)。

3. 李亚科(Prunoideae)

(1)山桃或桃(图 15-4)　取山桃新鲜枝条或腊叶标本观察，可见枝暗红色，光滑无毛；单叶互生,椭圆状披针形;鲜枝上每节常并生3芽,两侧常为花芽,中间是叶芽。花单生,先叶开放。取1朵花,从外到内解剖观察:其外有紫红色的花萼,萼筒、萼片光滑无毛;萼片5,椭圆状卵形;花瓣5片,白色或粉红色;雄蕊多数,着生在杯状花托的顶缘;雌蕊1枚,仅子房底部着生于杯状花托的底部,所以是子房上位;花萼、花瓣和雄蕊都围绕着中央的雌蕊而生,为周位花。横切子房观察,它由1个心皮构成,其胎座为边缘胎座。观察其果实:核果近球形,密被茸毛,果肉薄而干燥,内果皮骨质;果核球形或近球形,两侧常不扁,先端钝圆;种子1枚。

观察完毕,请写出花程式,并查检索表,写出检索路线。

花程式＿＿＿＿＿＿＿＿＿＿＿＿＿＿＿＿＿＿＿＿＿＿＿＿＿＿＿＿＿＿

检索路线＿＿＿＿＿＿＿＿＿＿＿＿＿＿＿＿＿＿＿＿＿＿＿＿＿＿＿＿＿

＿＿＿＿＿＿＿＿＿＿＿＿＿＿＿＿＿＿＿＿＿＿＿＿＿＿＿＿＿＿＿＿

观察桃具花及果的枝条,其与山桃的主要区别是:桃花的萼筒外被柔毛;果肉厚而多汁;核果卵圆形、宽椭圆形或扁圆形;果核扁椭圆形或扁球形,两侧扁平,先端渐尖。

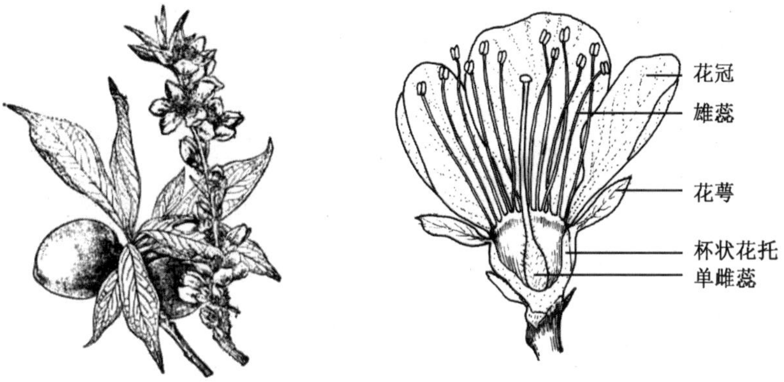

A.花果枝　　B.花的纵剖面

图15-4　桃

(2)毛樱桃　取毛樱桃新鲜枝条或腊叶标本及图片观察,其为灌木或小乔木。嫩枝密被绒毛或无毛;单叶互生,叶片卵状椭圆形或倒卵状椭圆形,先端急尖或渐尖,基部楔形,叶缘有尖锯齿,叶上面被疏柔毛,下面灰绿色,密被灰色绒毛,后渐脱落;托叶条形,被长柔毛。花单生或2朵并生,花叶同放或先叶开花;取1朵花解剖观察,也是周位花。萼筒管状,萼片三角状卵形;花瓣白色或粉红色,倒卵状椭圆形;雄蕊20～25枚;雌蕊1枚,子房全部被毛或仅顶端或基部被毛。核果近球形,红色,直径0.5～1.2 cm,中果皮肉质;核棱脊两侧有纵沟,种子1枚。

观察完毕,请写出花程式,并查检索表,写出检索路线。

花程式＿＿＿＿＿＿＿＿＿＿＿＿＿＿＿＿＿＿＿＿＿＿＿＿＿＿＿＿＿＿

检索路线＿＿＿＿＿＿＿＿＿＿＿＿＿＿＿＿＿＿＿＿＿＿＿＿＿＿＿＿＿

＿＿＿＿＿＿＿＿＿＿＿＿＿＿＿＿＿＿＿＿＿＿＿＿＿＿＿＿＿＿＿＿

(3)杏　观察杏具花及果的枝条,其与桃的主要区别是:桃有顶芽,杏无顶芽;桃的腋芽3个并生,杏的腋芽单生;桃的萼片开展不反折,而杏的萼片常在开花后反折;桃的花药为绯红色,杏的花药为黄色;桃的叶片常为披针形,杏的叶片常为椭圆形至卵圆形。

观察本亚科其他常见植物的鲜株或标本:李(*Prunus salicina*)、山杏(*P. sibirica*)、梅(*P. mume*)、樱桃(*P. pseudocerasus*)、榆叶梅(*P. triloba*)和樱花(*P. serrulata*)等。

4.苹果亚科(Maloideae)

(1)梨(图 15-5) 取梨具花的新鲜枝条和图片观察,梨为落叶乔木,小枝暗褐色,光滑;单叶互生,有托叶,叶片卵形或卵状椭圆形,先端渐尖,基部宽楔形,稀稍圆,边缘有刺芒锯齿。伞形总状花序,花白色。取 1 朵花解剖观察,可见萼片 5,花瓣 5,卵形;雄蕊多数,花药紫色或深红色;纵剖、横剖各 1 朵花,可见壶形花托与子房壁合生,故为子房下位,上位花。花柱 5 或 4,分离,子房 5(稀 4)室(心皮多少?胎座类型?),每室有 2 胚珠。梨果卵形或球形,含有石细胞。

观察完毕,请写出花程式,并查检索表,写出检索路线。

花程式________________________________

检索路线________________________________

____

A.花枝及果实

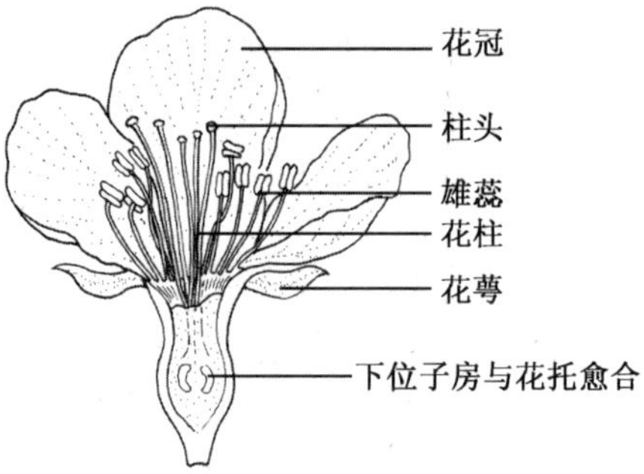

B.花的纵剖面

图 15-5 梨

(2)西府海棠 为公园和庭院常见栽培观赏植物,取其具花的新鲜枝条与梨作比较:主要注意观察花序类型、花瓣颜色、心皮数目,花柱基部是否合生等。

观察完毕,请写出花程式,并查检索表,写出检索路线。

花程式________________________________

检索路线________________________________

____

(3)贴梗海棠(皱皮木瓜) 取其具花的新鲜枝条和图片观察,为落叶灌木。枝有刺,枝条紫褐色或黑褐色。单叶互生,叶卵形至椭圆形,稀长椭圆形,先端急尖,稀圆钝,叶缘具尖锐锯齿。托叶大,肾形或半圆形,边缘有重锯齿。花猩红色,稀淡红色,3～5 朵簇生,先叶开放。取 1 朵子房发育的花,从外到内解剖观察,最外面是绿色的花萼,萼筒钟状,外面无毛,萼片、花瓣各 5;雄蕊多数;子房下位,花柱 5,基部合生,柱头头状。把子房横切,置解剖镜下观察,可观察到子房 5 室;用镊子挑开子房壁,可观察到每室有胚珠多数。梨果球形至卵球形,径 3～6 cm,黄色或带黄绿色,萼片脱落。

观察完毕,请写出花程式,并查检索表,写出检索路线。

花程式________________________________

检索路线________________________________

____

观察本亚科其他常见植物的鲜株或标本:苹果(*Malus pumila*)、山楂(*Crataegus pinnat-*

ifida)、山荆子(*Malus baccata*)、海棠花(*Malus spectabilis*)、枇杷(*Eriobotya japonica*)等。

(二)豆科(Leguminosae)

识别特征:叶常为羽状或三出复叶,有叶枕;花冠多为蝶形或假蝶形;雄蕊为二体、单体或分离;子房上位;荚果。

1.含羞草亚科(Mimosoideae)

(1)合欢(图 15-6)　取合欢具花、果的新鲜枝条或腊叶标本观察,合欢为落叶乔木。小枝褐色,无毛。叶为二回偶数羽状复叶,互生,羽片 4~12 对,小叶 10~30 对,镰刀形,中脉极显著地偏向叶片的上侧,有夜合现象;托叶早落。头状花序生于新枝顶端,由多数头状花序排列成伞房状。取 1 朵花解剖观察:小花近无梗,花基部为花萼,结合成短筒状,顶端 5 齿裂;其内为花冠,也结合成筒状,上端有 5 个裂片,淡黄绿色,辐射对称;从花冠内伸出许多细长、粉红色的花丝,花丝下部结合,顶端有花药。挑开花丝筒,可观察到位于花中央的雌蕊,子房上位,花柱与花丝等长。注意将花柱和花丝区别开。雌蕊是由几心皮构成的?荚果扁平,带状;含种子数粒。

A.花果枝

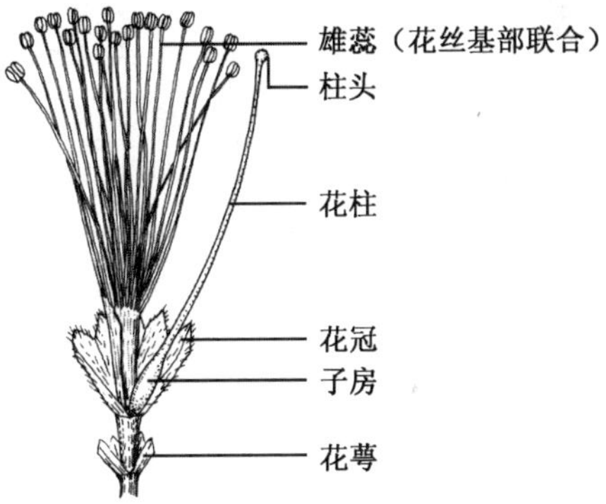

B.花的解剖

图 15-6　合欢

观察完毕,请写出花程式,并查检索表,写出检索路线。

花程式____

检索路线____

____

(2)含羞草　取含羞草具花、果的枝条或图片观察,为亚灌木状草本,茎疏生钩刺及倒刺毛。二回偶数羽状复叶,羽片 4(2)个,掌状排列;小叶 7~25 对,有敏感反应,触之即闭合,矩圆形,疏被刺毛。花序头状;花红紫色;花萼极小;花冠钟状,裂片 4,基部合生,外面有短柔毛;雄蕊 4 枚,伸出于花冠之外。荚果扁,有 3~5 荚节,成熟时荚分节脱落。

观察完毕,请写出花程式,并查检索表,写出检索路线。

花程式____

检索路线____

____

观察本亚科其他常见植物的鲜株或标本：金合欢（*Acacia farnesiana*）、台湾相思（*Acacia confusa*）等。

2. 云实亚科(Caesalpinioideae)

(1)紫荆(图 15-7，**彩版** 10-3) 取紫荆具花、果的枝条(或腊叶标本)及图片观察，栽培的紫荆为灌木。小枝灰褐色，无毛。单叶互生，叶片心形，全缘。两面光滑无毛，边缘有一圈透明的线。花先叶而开，紫红色，常簇生于老枝上。取 1 朵花解剖观察：花两性，两侧对称；花的基部是结合成筒状的花萼，5 齿裂；花瓣 5 枚，最上方的 1 枚最小，位于最内方，最下面的 2 枚花瓣离生而最大，位于最外方，呈上升覆瓦状排列（假蝶形花冠，注意与蝶形花的区别）；雄蕊 10 枚，分离；子房上位，1 心皮 1 室，胚珠数枚。果为狭长椭圆形、扁平的荚果，腹缝线上有狭翅。

观察完毕，请写出花程式，并查检索表，写出检索路线。

花程式＿＿＿＿＿＿＿＿＿＿＿＿＿＿＿＿＿＿＿＿

检索路线＿＿＿＿＿＿＿＿＿＿＿＿＿＿＿＿＿＿＿

＿＿＿＿＿＿＿＿＿＿＿＿＿＿＿＿＿＿＿＿＿＿＿

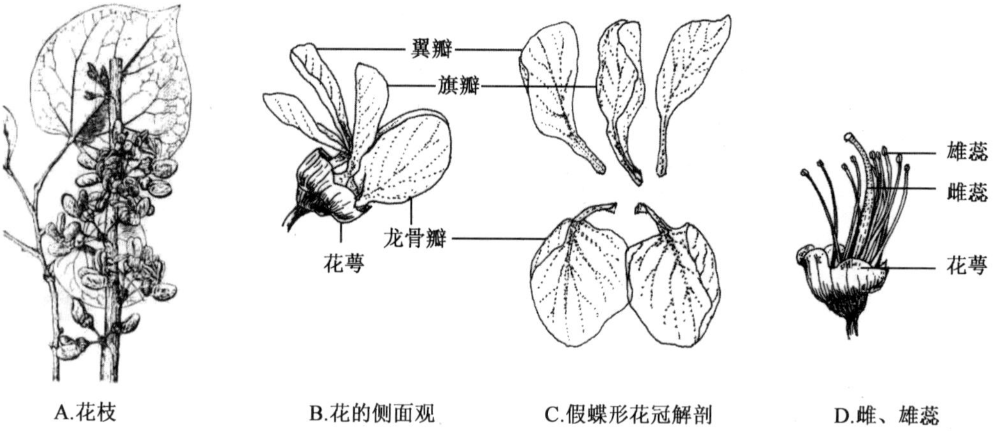

图 15-7 紫荆

(2)皂荚(皂角) 取皂荚具花、果的枝条或图片观察，为乔木，具分枝的粗刺。一回偶数羽状复叶，幼树及萌枝有二回羽状复叶。小叶 3～9 对，卵形、倒卵形、长圆状卵形或卵状披针形，先端钝，基部圆形或楔形，有时稍歪斜；叶缘锯齿细钝。总状花序细长；花杂性，黄白色，雄花比两性花小。萼片 4，三角状披针形；花瓣 4，长圆形；雄蕊 8(6)。荚果带形，不扭转，微肥厚，成熟时暗棕色。

观察完毕，请写出花程式，并查检索表，写出检索路线。

花程式＿＿＿＿＿＿＿＿＿＿＿＿＿＿＿＿＿＿＿＿

检索路线＿＿＿＿＿＿＿＿＿＿＿＿＿＿＿＿＿＿＿

＿＿＿＿＿＿＿＿＿＿＿＿＿＿＿＿＿＿＿＿＿＿＿

观察本亚科其他常见植物的鲜株或标本：山皂荚（*Gleditsia melanacantha*）、洋紫荆（*Bauhinia variegata*）、羊蹄甲（*Bauhinia purpurea*）、红花羊蹄甲（*Bauhinia blakeana*）（**彩版** 10-4）、凤凰木（*Delonix regia*）、云实（*Caesalpinia sepiaria.*）、苏木（*Caesalpinia sappan*）等

3.蝶形花亚科(Papilionoideae)

(1)紫藤(图 15-8)　取紫藤具花、果的枝条和图片观察,紫藤为落叶木质藤本,枝灰褐色至暗灰色。叶为奇数羽状复叶,互生,小叶 7～13 片,全缘,幼时两面疏生柔毛,成熟时近无毛。总状花序顶生,花青紫色,两性,两侧对称。萼 5 裂,花瓣 5 片,下降覆瓦状排列,蝶形花冠,花瓣最大的一片为旗瓣,位于最外方,反折,有爪和附属物;两侧两片较小的为翼瓣,镰形,基部有耳;里面有两片顶端稍有结合的龙骨瓣,镰状钝头。雄蕊 10 枚,其中 9 枚花丝联合,1 枚分离,称为二体雄蕊;雌蕊单心皮,子房上位。荚果扁长形,密生灰褐色短柔毛。

观察完毕,请写出花程式,并查检索表,写出检索路线。

花程式____________________

检索路线____________________

____

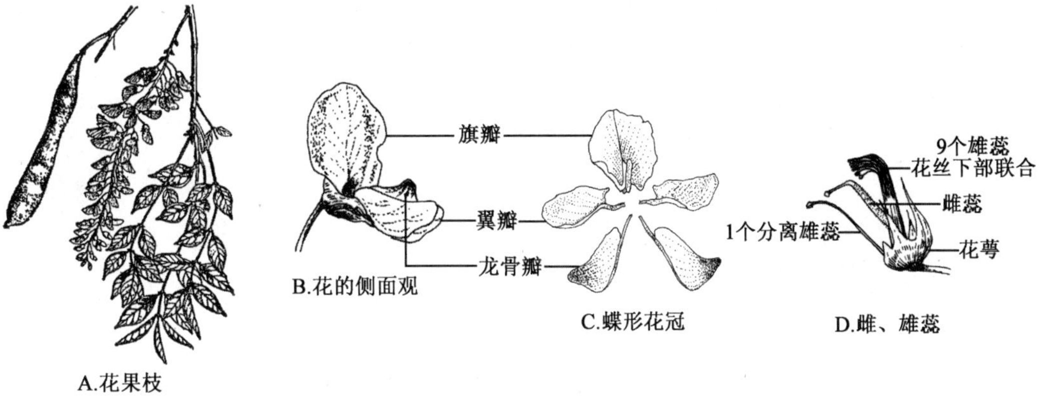

图 15-8　紫藤

(2)蚕豆　取蚕豆具花、果的植株观察,为草本植物。茎近方形,偶数羽状复叶,小叶 2～6,椭圆形,托叶宽大,腋生总状花序很短,其上有花梗很短的花 2～4 朵。请同学们自己解剖一朵花观察,并与紫藤比较。

观察完毕,请写出花程式,并查检索表,写出检索路线。

花程式____________________

检索路线____________________

____

观察本亚科其他常见植物的鲜株或标本:本亚科还有大豆(*Glycine max*)、豌豆(*Pisum sativum*)、落花生(*Arachis hypogaea*)、菜豆(*Phaseolus angularis*)、三齿萼野豌豆(*Vicia bungei*)、白花车轴草(*Trifolium repens*)、紫苜蓿(*Medicago sativa*)、国槐(*Sophora japonica*)、刺槐(*Robinia pseudoacacia*)、紫穗槐(*Amorpha fruticosa*)、多花胡枝子(*Lespedeza floribunda*)、草木樨(*Melilotus suaveolens*)、锦鸡儿(*Caragana rosea*)、苦参(*Sophora flavescen*)、甘草(*Glycyrrhiza uralensis*)等。

(三)伞形科(Umbelliferae)

识别特征:草本,叶柄基部成鞘状抱茎,复伞形或伞形花序,花基数 5,子房下位,双悬果。

1. 胡萝卜(图 15-9)

取胡萝卜具花、果的植株观察,为草本植物。根肥厚肉质,长圆锥状,黄色、橙红色。茎高40～90 cm,单一或分枝,茎有纵棱和粗硬毛。基生叶长圆形,2～3 回羽状分裂,最后裂片线形而尖;茎生叶和基生叶相似,但较小与简化;叶柄基部扩展成鞘状。多数小花组成复伞形花序,总苞片叶状,羽状分裂,裂片线形;总花序轴上着生多数球形小伞形花序,小总苞片线形。花序中有二型花,位于花序周边的花有较大不等的花瓣,近两侧对称;花序中央的花为辐射对称。取一朵花解剖观察,花萼 5 齿裂,极小;花瓣 5,白色或淡紫红色;在花柱与子房之间有一圈上位花盘;雄蕊 5 枚,与花瓣互生,着生于花盘周围;花柱 2。纵剖一朵花,在解剖镜下观察,可见子房与花托完全愈合,为子房下位。横切子房,可观察到子房为 2 室。果为双悬果,短圆形,表面具刺毛。

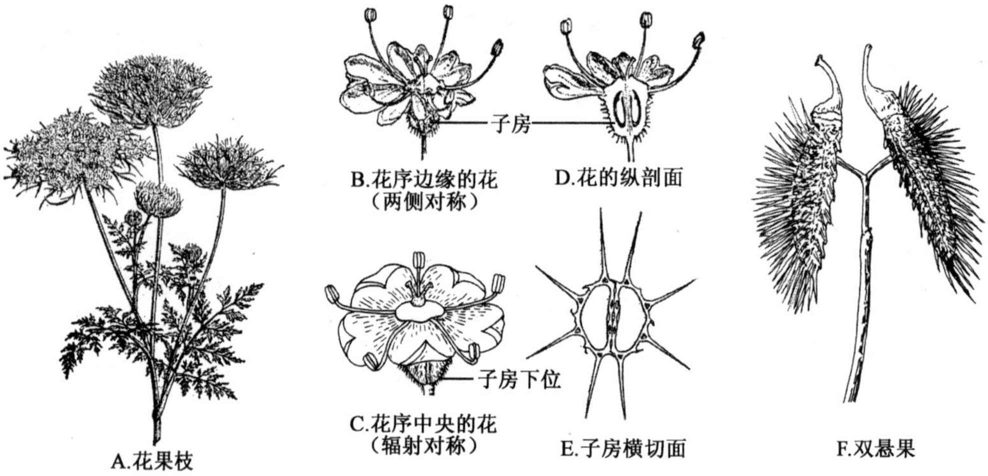

图 15-9 胡萝卜

观察完毕,请写出花程式,并查检索表,写出检索路线。

花程式____________________

检索路线____________________

____

2. 芫荽(香菜)

取芫荽具花、果的植株观察,为草本。全株光滑无毛,有特殊气味。茎圆柱形,直立,分枝疏散;叶互生,叶片宽卵形或楔形,边缘有钝锯齿、缺刻或深裂;基生叶有长柄,具鞘,抱茎,1～2 回羽状全裂;上部的茎生叶 3 回以致多回羽状分裂。复伞形花序顶生或与叶对生,无总苞,伞辐 3～7,小总苞片条形。取 1 朵花观察:花小;白色或淡紫色;萼齿 5,细小;花瓣 5,倒卵形,边花花瓣通常有辐射瓣;雄蕊 5 枚;子房下位,卵圆形;花柱细长。双悬果近球形,果棱稍凸起。

观察完毕,请写出花程式,并查检索表,写出检索路线。

花程式____________________

检索路线____________________

____

观察本亚科其他常见植物的鲜株或标本:野胡萝卜(*Daucus carota*)、芹菜(*Apium grave-*

olens)、茴香(*Foeniculum vulgare*)、北柴胡(*Bupleurum chinense*)、当归(*Angelica sinensis*)、防风(*Saposhnikovia divaricata*)、蛇床(*Cnidium monnieri*)、窃衣(*Torilis scabra*)等。

五、作业

(1)分别写出本次实验所观察各科代表植物的花程式及检索路线。

(2)列表比较蔷薇科四个亚科的主要区别(单叶或复叶、托叶有无、花托形状、心皮数目及离合、子房位置、果实类型)。

六、综合思考题

(1)豆科 3 个亚科有何共同特征?列表比较豆科三个亚科的不同点(根据花冠对称类型、花冠形状、花瓣离合及排列方式、雄蕊数目及离合)。

(2)伞形科有哪些主要特征?按经济用途列举其代表植物。

(葛丽萍)

实验十六　被子植物分科(四)

茄科、旋花科、唇形科、玄参科

一、实验目的

(1)通过对各科代表物种的观察,掌握茄科、旋花科、唇形科、玄参科的主要特征。

(2)掌握茄科与旋花科,唇形科与玄参科区别。

二、实验材料

龙葵(*Solanum nigrum*)、马铃薯(*Solanum tuberosum*)、茄(*Solanum melongena*)、辣椒(*Capsicum annuum*)、小旋花(打碗花 *Calystegia haderacea*)、田旋花(*Convolvulus*)、夏至草(*Lagopsis supine*)、益母草(*Leonurus japonicus*)、一串红(*Salvia splendens*)、毛泡桐(*Paulownia tomentosa*)、地黄(*Rehmannia glutinosa*)、金鱼草(*Antirrhinum majus*)、通泉草(*Mazus japonicus*)等具花、果的新鲜标本、腊叶标本或液浸标本。

三、实验用品

体视显微镜、放大镜、镊子、解剖刀、解剖针、刀片、培养皿、载玻片、盖玻片、擦镜纸、吸水纸、纱布、检索表、相关植物志、植物图鉴及植物图片等。

四、实验内容与方法

(一)茄科(Solanaceae)

识别特征:花两性,整齐,5 基数;花冠轮状,花萼宿存;花药常孔裂;子房上位;蒴果或浆果。

1. 龙葵(图 16-1)

取龙葵具花、果的新鲜植株或腊叶标本观察,为一年生草本,茎直立,多分枝;叶互生,卵形,全缘,基部楔形而沿叶柄下延;无托叶;一般由 3～6 朵花组成蝎尾状花序腋外生,花柄下垂;取 1 朵花解剖观察,花两性整齐,花萼绿色,5 裂;宿存;花冠白色,5 裂,裂片与花冠等长或稍过之,轮状花冠;雄蕊 5 数,着生在花冠筒上,与花冠筒裂片互生,花丝短,花药黄色,相互靠合,子房上位,横切子房,在体视显微镜下观察,可见 2 室或被假隔膜隔成不完全的 4 室,胚珠多数,中轴胎;浆果球形,熟时黑色,花萼宿存。

观察完毕,请写出花程式,并查检索表,写出检索路线。

花程式____

检索路线____

____

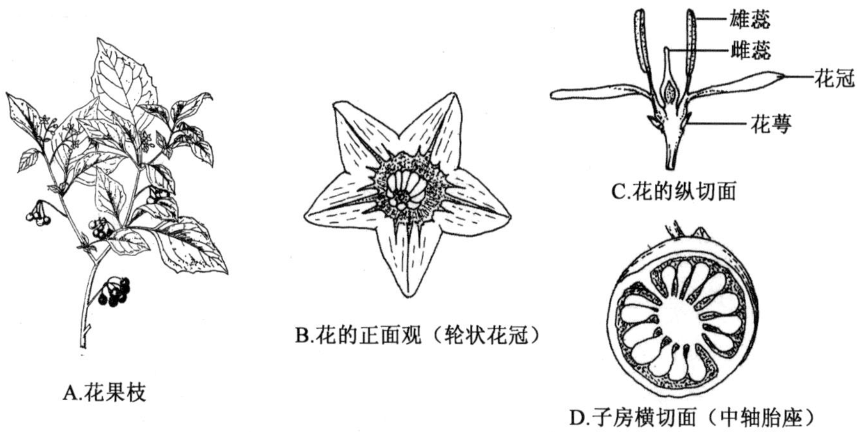

图 16-1　龙葵

2. 马铃薯

马铃薯为多年生草本，但作一年生栽培；去其取具花、果的新鲜植株观察，具有地下块茎，地上茎呈棱形，有毛；奇数羽状复叶，互生，无托叶；花序为螺旋状聚伞花序顶生，花白、红或紫色；取 1 朵花解剖观察，花两性，整齐；花萼基部联合成轮状，5 裂，轮状花冠，5 裂；雄蕊 5 枚紧贴雌蕊的花柱；雌蕊 1 枚，子房上位，横切子房，在体视显微镜下观察，可见 2 心皮，2 室；浆果球形，绿或紫褐色，花萼宿存。

观察完毕，请写出花程式，并查检索表，写出检索路线。

花程式____

检索路线____

____

观察本科其他常见植物的鲜株或标本：茄(*Solanum melongena*)花紫色，单生叶腋，果实紫色或绿色。番茄(西红柿)(*Lycopersicon esculentum*)，聚伞圆锥花序，花黄色，浆果多汁。辣椒(*Capsicum annuum*)，花白色，浆果中空。枸杞(*Lycium chinense*)，具刺小灌木，花淡紫色，浆果红色。曼陀罗(*Datura stramonium*)，花冠长漏斗状，白色，蒴果 4 瓣裂，外面有刺。矮牵牛(碧冬茄)(*Petunia hybrida*)，直立草本植物，花冠漏斗状，似牵牛花，花色多样。酸浆(红姑娘)(*Physalis alkekengi* var. *franchetii*)，天仙子(莨菪)(*Hyoscyamus niger*)、烟草(*Nicotiana tabacum*)等。

(二)旋花科(Convolvulaceae)

识别特征：茎缠绕，有时具乳汁；单叶互生，无托叶；花两性，整齐，5 基数；漏斗状花冠；子房上位；蒴果。

1. 小旋花(打碗花)(图 16-2)

取小旋花具花、果的新鲜植株或腊叶标本观察，为多年生蔓生草本，茎细弱，有时缠绕，嫩茎叶有乳汁；叶互生、具长柄、掌状 3～5 裂；花腋生，取 1 朵花解剖观察，最外有 2 枚叶状大型苞片，紧贴萼片；花萼 5 裂；花冠由 5 片花瓣组成 漏斗状，淡红色；雄蕊 5 枚，贴生于花冠基部，与花冠裂片互生；雌蕊 1 枚，柱头 2 裂，子房上位，横切子房，在体视显微镜下观察，可见 2 室，每室 2 枚胚珠；蒴果。

观察完毕，请写出花程式，并查检索表，写出检索路线。

花程式____

检索路线____

____

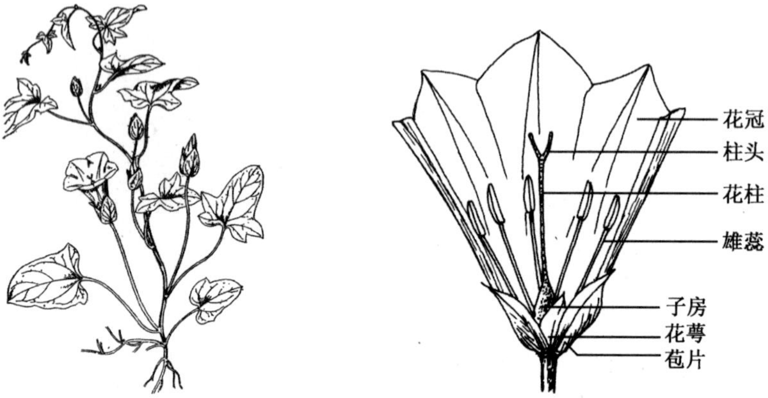

A.具花植株　　B.花的解剖

图 16-2　小旋花(打碗花)

2. 田旋花

取田旋花具花、果的新鲜植株或腊叶标本观察，与小旋花主要区别是：叶片戟形；2 枚苞片小、线形，位于花下一段距离处着生，花冠粉红色。取花解剖观察，其组成及果实均与小旋花相似。

观察完毕，请写出花程式，并查检索表，写出检索路线。

花程式____

检索路线____

____

观察本科其他常见植物的鲜株或标本：甘薯(*Ipomaea batatas*)，块根富含淀粉，为重要杂粮之一。蕹菜(*Ipomaea aquatica*)，又名空心菜，为水生或陆生草本，茎中空，无毛，茎叶用作蔬菜。圆叶牵牛(*Pharbitis purpurea*)(**彩版** 10-10)，叶为心脏圆形，全缘，花冠漏斗状。茑萝(*Quamoclit pennata*)，茎细弱缠绕，叶羽状深裂或全裂，花冠高脚碟状，深红色。藤长苗(*Calystegia pellita*)，植株密生硬毛，叶柄短，叶片全缘和戟形，苞片大，叶状。

(三)唇形科(Labiatae)

识别要点：常草本；茎四棱，叶对生；花冠唇形；二强雄蕊；子房上位，2 心皮深裂成 4 室；果为 4 个小坚果。

1. 夏至草(图 16-3)

取夏至草具花、果的新鲜植株或腊叶标本观察，为二年生草本，茎四棱，被微柔毛；叶对生，掌状 3 深裂，裂片有钝齿形小裂，基生叶柄长，茎生叶柄短；花生于叶腋，排成 1 圈，称轮伞花序;取 1 朵花在体视显微镜下解剖观察,花两性,左右对称;花萼管状钟 形,5 脉 5 齿,齿端有刺;花冠二唇形,花冠筒包于萼筒内,上唇直伸,比下唇长,全缘,下唇 3 裂;雄蕊 4 枚,2 长 2 短,称二强雄蕊,不伸出;仔细观察雌蕊特征,其花柱 1 枚,着生于子房基部,顶端 2 裂,说明是 2 心皮,合生,子房上位,深裂成 4 室,每室 1 胚珠;4 小坚果,长卵圆形。

观察完毕,请写出花程式,并查检索表,写出检索路线。

花程式____________________

检索路线____________________

____

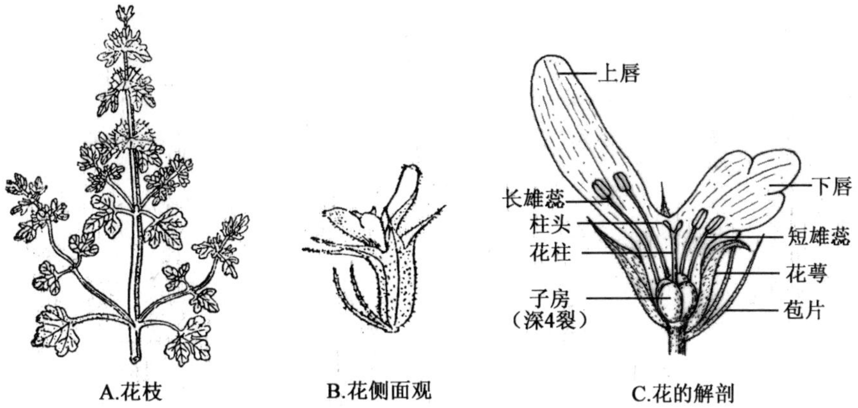

图 16-3 夏至草

2.益母草

取益母草具花、果的新鲜植株或腊叶标本观察,为一年生或二年生草本,有倒向糙伏毛;茎四棱;基生叶近圆形,有长柄,叶缘 5～9 浅裂;茎生叶对生,中部叶掌状 3 深裂,裂片矩圆形;花序上的叶呈条形或条状披针形,全缘或具稀少牙齿;叶片两面被柔毛;轮伞花序腋生;取 1 朵花在体视显微镜下解剖观察,花两性,左右对称;花萼有 5 片萼片合生成钟状,先端有 5 个刺状齿;花冠二唇形,红紫色或淡红色,花冠筒包于萼筒内,上唇直伸,比下唇长,全缘,下唇 3 裂;雄蕊 4 枚,二强雄蕊;仔细观察雌蕊特征,其花柱 1 枚,着生于子房基部,顶端 2 裂,子房上位,深裂成 4 室,每室 1 胚珠;4 小坚果,三棱形。

观察完毕,请写出花程式,并查检索表,写出检索路线。

花程式____________________

检索路线____________________

____

观察本科其他常见植物的鲜株或标本:丹参(*Salvia miltiorrhiza*),奇数羽状复叶,轮伞花序集生茎顶成总状,花冠蓝紫色。薄荷(*Mentha haplocalyx*),单叶,长圆形。黄芩(*Scutellaria baicalensis*),茎生叶无柄,叶片披针形,全缘,花序为顶生的总状花序,花冠蓝色。藿香(*Agastache rugosa*),茎叶能消暑止吐。紫苏(*Perilla frutescens*),茎叶能发表散寒,祛风健胃。裂叶荆芥(*Schizonepeta tenuifolia*),带花序的茎叶入药,辛温解表,发汗祛风。夏枯草(*Prunella vulgaris*),全株具白色粗毛;轮伞花序成紧密的顶生穗状花序。草石蚕(宝塔菜,甘露子)(*Stachys sieboldii*),块茎白色,肉质,成念珠状,可制酱菜。一串红(*Salvia splendens*

Ker.)，花萼与花冠均为红色，雄蕊 2 枚。五彩苏（彩叶草）(*Coleus scutellarioides*)，叶色斑斓多彩。紫苏(*Perilla frutescens*)、糙苏(*Phlomis umbrosa*)等。

(四)玄参科(Scrophulariaceae)

识别要点：多草本；单叶，无托叶；单叶花两性，多为唇形花冠；二强雄蕊，子房上位，2 心皮合生为 2 室，蒴果。

1. 地黄(图 16-4，彩版 10-8)

取地黄具花、果的新鲜植株或腊叶标本观察，为多年生草本，全株密被灰白色或淡褐色长柔毛及腺毛；叶通常基生，倒卵形至长椭圆形，边缘具不整齐的钝齿；茎生叶很少，互生；总状花序顶生，密被腺毛；苞片叶状；取 1 朵花解剖观察，花两性，两侧对称；花萼 5 裂；花冠筒状，外面紫红色，内面黄色有紫斑，顶部二唇形，上唇 2 裂反折，下唇 3 裂片伸直；2 强雄蕊着生于花冠筒近基部；横切子房置体视显微镜下观察，可见心皮 2，合生，2 室，每室胚珠多数，中轴胎座；蒴果，卵形至长卵形。

观察完毕，请写出花程式，并查检索表，写出检索路线。

花程式____

检索路线____

____

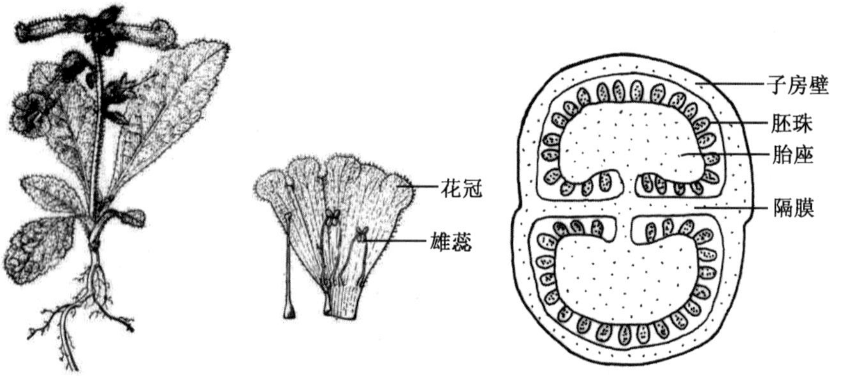

A.植株　B.花的解剖　C.子房横切面（中轴胎座）

图 16-4　地黄

2. 毛泡桐

为落叶乔木，小枝绿褐色，具长腺毛；取毛泡桐具花、果的新鲜植株或腊叶标本观察，单叶对生，叶大，卵形或心脏形，基部心形，全缘或 3～5 浅裂，上面毛稀疏，下面毛密生，毛呈树状分枝；花先叶开放，为大型聚伞状圆锥花序；取 1 朵花解剖观察，花两性，两侧对称；花萼革质，5 裂，钟形，外面密被星状绒毛；漏斗状钟形花冠外面淡紫色，有毛，内面白色，近无毛，具紫色条纹及斑点，并于纵褶处具 2 黄色带，花冠顶部二唇形，上唇 2 裂，向上翻卷，下唇 3 裂片伸直，较上唇长；雄蕊 4 枚，2 长 2 短，着生在花冠筒上；子房上位，横切子房置体视显微镜下观察，可见心皮 2，合生，2 室，每室胚珠多数，中轴胎座；蒴果，卵圆形。

观察完毕，请写出花程式，并查检索表，写出检索路线。

花程式________________________________

检索路线________________________________

____

3.金鱼草

取金鱼草具花、果的新鲜植株或腊叶标本观察，为多年生草本，茎圆柱形；叶长圆状披针形或披针形，基部楔形，全缘，光滑；总状花序，花具短梗；取1朵花解剖观察，花萼5裂，花冠筒状唇形，紫红、粉红、黄色和白色，基部膨大成囊状，喉部闭合，上唇直立，2裂，下唇3裂，开展外曲，内具长绒毛；雄蕊4枚，2长2短；子房上位，横切子房置体视显微镜下观察，可见心皮2，合生，2室，每室多数胚珠；蒴果龙头形，花柱宿存。

观察完毕，请写出花程式，并查检索表，写出检索路线。

花程式________________________________

检索路线________________________________

____

4.通泉草

取通泉草具花、果的新鲜植株或腊叶标本观察，为一年生草本，植株低矮，常无毛或疏生短柔毛，茎基部分枝；基生叶倒卵状匙形或卵状倒披针形，上部常无齿，基部楔形，下延成具翅的叶柄，边缘具不规则粗齿，茎生叶对生或互生，倒卵形至匙形；总状花序生于茎、枝顶端，花稀疏；取1朵花在体视显微镜下解剖观察，花萼钟状；果期多少增大；花冠白色、紫色或蓝色；上唇短直，2裂，裂片尖；下唇3裂；二强雄蕊；子房上位，横切子房，观察判断心皮数，子房室数、每室胚珠数及胎座类型等，其蒴果球形，成熟时开裂。

观察完毕，请写出花程式，并查检索表，写出检索路线。

花程式________________________________

检索路线________________________________

____

观察本科其他常见植物的鲜株或标本：毛地黄(*Digitalis purpurea*)，又名洋地黄，草本，花大。玄参(*Scrophularia ningpoensis*)，高大草本，花紫褐色。荷包花(蒲包花)(*Calceolaria crenatiflora*)，草本，二唇花冠的下唇囊状，上唇小盖状，花色多样。爆竹花(*Russelia equisetiformis*)，灌木，多分枝，花序成叉生聚伞状，花冠鲜红色，筒长，端5裂，二唇形。婆婆纳(*Veronica didyma*)、水苦荬(*Veronica anagallisaquatica*)、弹刀子菜(*Mazus stachydifolius*)、马先蒿(*Pedicularis striata*)等。

五、作业

(1)分别写出本次实验所观察各科代表植物的花程式及检索路线。

(2)分别比较茄科与旋花科、唇形科与玄参科的异同点。

六、综合思考题

通过查找资料，总结茄科、旋花科、唇形科与玄参科植物中各有哪些是食用植物、哪些是药用植物、哪些是观赏植物及哪些是杂草等。

(王　丽)

实验十七　被子植物分科(五)

木犀科、忍冬科、菊科

一、实验目的

(1)通过对各科代表物种的观察,掌握木犀科、忍冬科的主要特征。

(2)掌握菊科的主要特征及两个亚科的区别。

(3)了解木犀科、忍冬科、菊科植物的经济意义。

二、实验材料

连翘(*Forsythia suspense*)、金钟花(*Forsythia viridissima*)、紫丁香(*Syringa oblata*)、白丁香(*Syringa oblata* var. *alba*)、桂花(*Osmanthus fragrans*)、女贞(*Ligustrum lucidum*)、金银忍冬(金银木 *Lonicera maackii*)、锦带花(*Weigela florida*)、蝟实(*Kolkwitzia amabilis*)、向日葵(*Helianthus annuus*)、金盏菊(*Calendula officinalis*)、蒲公英(*Taraxacum mongolicum*)、苦菜(*Ixeris chinensis*)、抱茎苦荬菜(*Ixeris sonchifolia*)等具花、果的新鲜标本、腊叶标本或液浸标本。

三、实验用品

体视显微镜、放大镜、镊子、解剖刀、解剖针、刀片、培养皿、载玻片、盖玻片、擦镜纸、吸水纸、纱布、检索表、相关植物志、植物图鉴及植物图片等。

四、实验内容与方法

(一)木犀科(Oleaceae)

识别特征:木本;叶常对生;花整齐,花被常4裂;雄蕊2;子房上位,2心皮2室。

1. 连翘或金钟花(图17-1)

连翘为落叶灌木,取具花、果的新鲜枝条或腊叶标本观察:小枝褐色,常中空;单叶对生,常3裂或具3小叶,叶缘除基部外有不整齐锯齿;花先叶开放,1至多朵腋生,黄色;取1朵花解剖观察,花萼4深裂,与花冠筒等长;花冠4裂,花冠筒内有橘红色的条纹;雄蕊2枚,着生在花冠筒的基部;子房上位,花柱单一,柱头2裂,横切子房,可见由2室组成,中轴胎座;蒴果,开裂后可见有许多带翅种子。

取金钟花具花、果的新鲜枝条或腊叶标本观察,其与连翘的主要区别为:小枝在节间常具片状髓;单叶对生,不分裂;花萼较花冠管短。

观察完毕,请写出花程式,并查检索表,写出检索路线。

花程式____

检索路线____

____

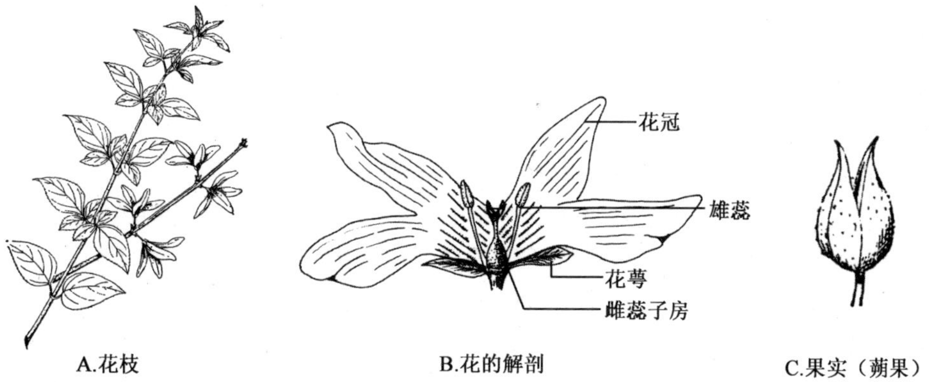

图 17-1 连翘

2. 紫丁香或白丁香

紫丁香为落叶灌木，取具花、果的新鲜枝条或腊叶标本观察：枝条无毛，单叶对生，全缘；叶薄革质或厚纸质，卵圆形至肾形，先端渐尖，基部心形；圆锥花序，取1朵花解剖观察，花两性，花萼小，钟形，有4齿，宿存，花冠紫色，高脚杯状，花冠筒部长圆形，4枚裂片开展；雄蕊2枚，藏于花冠筒内；花柱单一，柱头2裂，子房上位，横切子房，可见2心皮2室；蒴果长圆形。

白丁香为紫丁香的变种，与紫丁香的主要区别是：叶较小，叶背有细柔毛或无毛；叶缘有微细毛；花白色。观察完毕，请写出花程式，并查检索表，写出检索路线。

花程式________________________________

检索路线________________________________

____

3. 桂花

桂花为常绿灌木或小乔木。取具花、果的新鲜枝条或腊叶标本观察，叶对生，多呈椭圆或长椭圆形，叶面光滑，革质，全缘或上半部疏生细锯齿。聚伞花序簇生于叶腋，花小，黄白色，极芳香；取1朵花解剖观察，每朵花的花萼短，缘有4齿，花冠管短，花瓣4裂；雄蕊2，花丝极短，着生于花冠筒近顶部，不外露；子房上位，柱头头状，横切子房于体视显微镜下观察，可见2室，每室具2胚珠；核果椭圆形，熟时紫黑色。

观察完毕，请写出花程式，并查检索表，写出检索路线。

花程式________________________________

检索路线________________________________

4. 女贞

女贞为常绿灌木或乔木。取具花、果的新鲜枝条或腊叶标本观察，单叶对生，叶片革质，卵形、长卵形或椭圆形至宽椭圆形，叶缘平坦，上面光亮，两面无毛；圆锥花序顶生，密集，花之间有苞片，花无梗或近无梗，花小，两性，花萼无毛，齿不明显或近截形；花冠高脚杯状，乳白色，裂片4，反折；雄蕊2，着生于花冠管上，雌蕊子房上位，横切子房于体视显微镜下观察，可见2室，每室具2胚珠；核果浆果状，成熟时呈深蓝黑色。

观察完毕，请写出花程式，并查检索表，写出检索路线。

花程式________________________________

检索路线____

____

观察本科其他常见植物的鲜株或标本：探春花（*Jasminum floridum*），落叶灌木，复叶，互生，小叶3～5，花黄色，为顶生聚伞花序。茉莉花（*Jasminum sambac*），常绿灌木，单叶对生，花白色，味清香。迎春（*Jasminum nudiflorum*），常绿蔓性灌木，复叶对生，小叶3枚，花单生叶腋，黄色，花萼、花冠均为6裂。小叶女贞（*Ligustrum quihoui*），灌木，单叶对生；花成顶生圆锥花序或穗状花序，可作绿篱。白蜡树（*Fraxinus chinensis*），落叶乔木，羽状复叶对生，花单性，无花冠，圆锥花序顶生于当年生枝上，翅果。洋白蜡（*Fraxinus pennsylvanica* var. *subinbegerrima*），落叶乔木，羽状复叶对生，花单性，无花冠，圆锥花序腋生于前年生枝上，翅果。

（二）忍冬科（Caprifoliaceae）

识别特征：木本；叶对生，无托叶；花4～5基数，辐射对称或两侧对称；子房下位，常3室。

1. 金银忍冬（金银木）（图17-2）

取金银忍冬鲜枝或腊叶标本观察：落叶灌木，小枝中空；单叶对生，卵状椭圆形；花成对腋生，花开时初为白色，后变为黄色；取1朵花解剖观察，总花梗短于叶柄，花下具2线形苞片，长于子房约2倍；萼5裂，钟形，裂片披针形；花冠2唇状，上唇4裂，下唇单一，裂及花冠一半；雄蕊5枚，与花冠裂片互生；子房下位，横切子房，可见有3室，每室具数枚胚珠；浆果圆形，熟时暗红色。

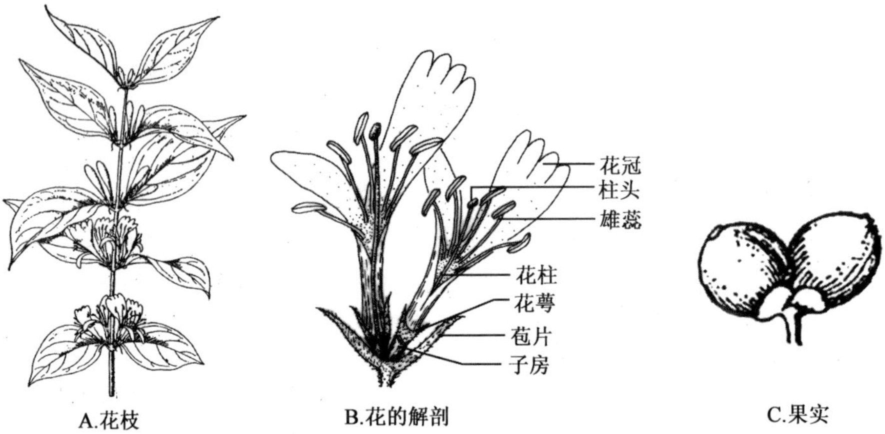

图17-2 金银忍冬（金银木）

观察完毕，请写出花程式，并查检索表，写出检索路线。

花程式____

检索路线____

____

2. 锦带花

取锦带花具花、果的新鲜枝条或腊叶标本观察：落叶灌木，单叶对生，叶具短柄或几无柄，椭圆形至卵状长圆形，长5～10 cm，先端锐尖，叶缘有锯齿，背面有柔毛或绒毛；花1～4朵，单生或成聚伞花序生于侧生短枝的叶腋或枝顶；取一朵花解剖观察，花梗长1 cm，萼片下半部联合,5 裂,花冠漏斗状钟形,长约 3 cm,玫瑰红色,5 裂片圆形;雄蕊 5 枚,着生于花冠筒中部;子房下位,花柱细长,柱头 2 裂,横切子房,观察雌蕊由几心皮构成几室;蒴果柱状,光滑。

观察完毕,请写出花程式,并查检索表,写出检索路线。

花程式____

检索路线____

____

3. 蝟实

取蝟实具花、果的新鲜枝条或腊叶标本观察:灌木,幼枝被柔毛,老枝皮剥落,叶椭圆形至卵状矩圆形,长 3～8 cm,顶端渐尖,基部钝至近圆形,近全缘;伞房状聚伞花序生于侧枝顶端,每一具 2 花,取一聚伞花序解剖观察,2 花的萼筒下部合生,花萼 5 裂,钻状披针形,每一朵花的花冠钟状,粉红色至紫色,裂片 5,其中 2 片稍宽而短,内具黄色斑纹;雄蕊 4 枚,2 长 2 短;子房下位,横切子房,可见 3 室,仅 1 室发育,含 1 枚胚珠;2 枚瘦果状核果合生,外被刺刚毛,各冠以宿存的花萼。

观察完毕,请写出花程式,并查检索表,写出检索路线。

花程式____

检索路线____

____

观察本科其他常见植物的鲜株或标本:忍冬(金银花)(*Lonicera japonica*),蔓性缠绕藤本,单叶对生,花由银白色至金黄色,极香,花蕾入药,浆果熟时黑色。香荚蒾(探春)(*Viburnum farreri*),灌木,单叶对生,圆锥花序,花冠白色,有香味。皱叶荚蒾(枇杷叶荚蒾)(*Viburnum rhytidophyllum*),灌木,叶表面粗糙有皱纹。接骨木(*Sambucus williamsii*),直立灌木,复叶对生,顶生圆锥花序,花冠黄白色,核果熟时黑紫色。鸡树条荚蒾(*Viburnum sargentii*)、欧洲荚蒾(*Viburnum opulus*)、六道木(*Abelia biflora*)等。

(三)菊科(Compositae)

识别特征:常为草本;叶多互生;头状花序,有总苞;聚药雄蕊;子房下位;瘦果。

1. 管状花亚科(Tubiflorae)

(1)向日葵(图 17-3)　为一年生草本;取向日葵具花序的植株观察:茎直立,不分枝,具粗壮短硬毛;单叶互生,卵形,具长柄;大型头状花序(**彩版** 8-9);观察向日葵的花序,可见花序外有几层叶状苞片组成的总苞;花高度分化,在扁平的花序轴边缘为 1 圈黄色的舌状花,中性花,不结实;花序轴中央为管状花,结实;纵切花序轴,取 1 枚管状花进行观察:萼片退化成鳞片状;5 片花瓣联合形成花冠筒(**彩版** 7-12),纵向剖开花冠筒,可见 5 枚雄蕊,花丝分离,花药聚合(聚药雄蕊)(**彩版** 7-13),围绕花柱形成花药管;雌蕊子房下位,柱头 2 裂,说明由 2 枚心皮结合而成,横切子房,可见 1 室 1 胚珠;瘦果倒卵形或卵状长圆形,稍扁压(**彩版** 9-11)。

观察完毕,请写出花程式,并查检索表,写出检索路线。

花程式____

检索路线____

____

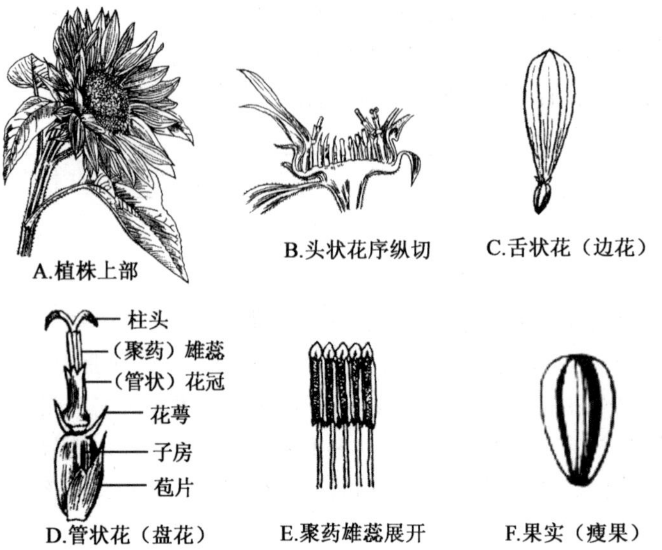

图 17-3 向日葵

(2)金盏菊(**彩版** 10-11) 金盏菊为二年生草本植物;取具花序的植株观察:全株被白色茸毛;基生叶有柄,茎生叶单叶互生,椭圆形或椭圆状倒卵形,全缘,上部叶基抱茎;头状花序单生茎顶,形大,花序外有叶状苞片组成的总苞;边花为舌状花,一层或重瓣呈多层,金黄或桔黄色;盘花为管状花,黄色或褐色;分别取边花及盘花解剖观察,边花为雌性花,无花萼,舌状花冠裂齿 2～3,子房下位,弯曲,柱头 2 叉分枝;盘花为雄性花,无花萼,管状花冠 5 裂,聚药雄蕊 5 枚;边花所结瘦果弯曲呈船形。

观察完毕,请写出花程式,并查检索表,写出检索路线。

花程式＿＿＿＿＿＿＿＿＿＿＿＿＿＿＿＿＿＿＿＿＿＿＿＿＿＿＿＿＿＿

检索路线＿＿＿＿＿＿＿＿＿＿＿＿＿＿＿＿＿＿＿＿＿＿＿＿＿＿＿＿＿

＿＿＿＿＿＿＿＿＿＿＿＿＿＿＿＿＿＿＿＿＿＿＿＿＿＿＿＿＿＿＿＿＿

观察本亚科其他常见植物的鲜株或标本:蒿子秆(*Chrysanthemum carinatum*),叶二回羽状,分裂。小蓟(刺儿菜)(*Cirsium segetum*),叶缘有刺,雌雄异株,头状花序全由管状花组成,具根状茎,是农田恶性杂草之一。苍耳(*Xanthium sibiricum*),雌花序总苞联合成囊状,外边疏生钩刺。鳢肠(*Eclipta prostrata*),叶对生,花小,白色。菊芋(洋姜)(*Helianthus tuberosus*),大丽菊(*Dahlia pinnata*),有纺锤状块根,叶对生,舌状花有白色、红色或紫色。矢车菊(*Centaurea cyanus*),叶线形,边花的花冠偏漏斗状,不育,中央管状花能育。一枝黄花(*Solidago serotina*),头状花序小,聚生于枝顶,组成大型圆锥花序,花黄色,常作鲜切花用。

2. 舌状花亚科(Liguliflorae)

(1)蒲公英(图 17-4,**彩版** 10-12) 为多年生草本;取蒲公英具花序的植株观察:折断茎叶时可见有白色乳汁流出;叶基生,倒向羽状浅裂或深裂;数个花葶由叶腋抽出,与叶近等长,上端密被蛛丝状毛;观察 1 个头状花序,有总苞 2 层,钟形,绿色(比较一下内外层总苞片有何区别);头状花序全为舌状花(**彩版** 7-14),每朵花的花萼多数,为毛发状,称冠毛,白色;花冠舌片背面具紫红色条纹,先端截形,具 5 齿;聚药雄蕊;子房下位,由 2 心皮联合成 1 室。瘦果褐色,具喙,冠毛宿存。

观察完毕，请写出花程式，并查检索表，写出检索路线。

花程式______________________________

检索路线______________________________

____

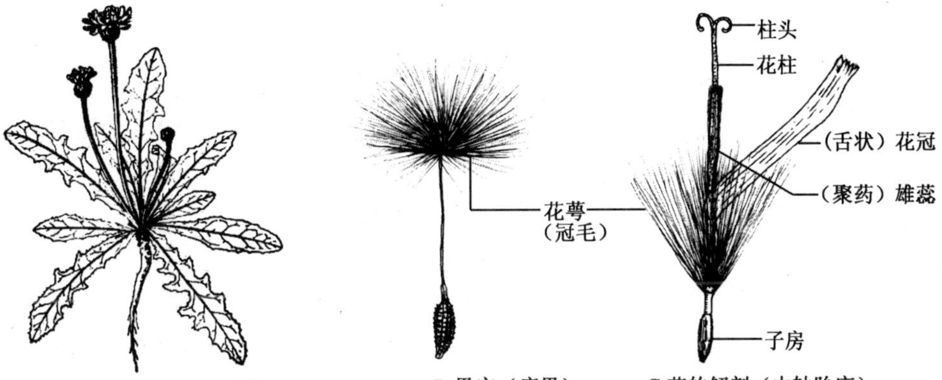

图 17-4　蒲公英

（2）苦菜　取苦菜具花序的植株观察：多年生草本，全株无毛，有乳汁；茎少数或多数簇生，直立或斜生；基生叶莲座状，条状披针形、倒披针形或条形，先端尖或钝，基部渐狭成柄，全缘或疏具小牙齿，或呈不规则分裂，灰绿色；茎生叶基部不抱茎，全缘或有稀疏浅齿；头状花序多数，排列成稀疏的伞房状；总苞片有 2 层，筒状或长卵形，头状花序只含舌状花，具白色冠毛；花冠黄色、淡黄色、白色或变淡紫色，先端截形，具 5 齿；聚药雄蕊，花药常黑色，子房下位，柱头 2 裂；瘦果红棕色，具喙，冠毛宿存。

抱茎苦荬菜与苦荬菜的主要区别为开花时基部叶常不枯死，叶面常有微毛；茎生叶基部常成耳形或戟状抱茎，因此得名抱茎苦荬菜。观察完毕，请写出花程式，并查检索表，写出检索路线。

花程式______________________________

检索路线______________________________

____

观察本亚科其他常见植物的鲜株或标本：莴苣（*Lactuca sativa*），茎生叶倒卵圆形，基部戟形，抱茎。莴笋（*Lactuca sativa* var. *angustata*）、生菜（*Lactuca sativa* var. *romana.*）均为莴苣的变种。

五、作业

（1）分别写出本次实验所观察各科代表植物的花程式及检索路线。

（2）写出菊科的识别要点及两个亚科的主要区别。

六、综合思考题

（1）为什么说菊科是双子叶植物中进化程度最高的类型？

（2）调查校园中还有哪些木犀科、忍冬科植物？

（高润梅）

实验十八　被子植物分科(六)

泽泻科、禾本科、百合科、鸢尾科、兰科

一、实验目的

(1)通过对各科代表物种的观察,掌握泽泻科、禾本科、鸢尾科、百合科、鸢尾科、兰科的主要特征。

(2)通过比较,掌握单子叶植物与双子叶植物的主要区别。

二、实验材料

泽泻(*Alisma orientalis*)、慈姑(*Sagittaria sagittifolia*)、小麦(*Triticum aestivum*)、纤毛鹅观草(*Roegneria ciliaris*)、香附子(莎草 *Cyperus rotundus*)、异穗苔草(*Carex heterostachya*)、葱(*Allium fistulosum*)、百合(*Lilium* sp.)、鸢尾(*Iris tectorum*)、唐菖蒲(*Gladiolus gandavensis*)、文心兰(*Oncidium* sp.)、石斛兰(*Dendrobium* sp.)等具花、果的新鲜标本、腊叶标本或液浸标本。

三、实验用品

体视显微镜、放大镜、镊子、解剖刀、解剖针、刀片、培养皿、载玻片、盖玻片、擦镜纸、吸水纸、纱布、检索表、相关植物志、植物图鉴及植物图片等。

四、实验内容与方法

(一)泽泻科(Alismataceae)

识别特征:水生或沼生草本;叶常基生,基部鞘状;花被两轮,每轮3片;雄雌蕊多数、分离、螺旋状排列于凸起的花托上或轮生于扁平的花托上;聚合瘦果。

1.慈姑(图18-1)

慈姑为多年生水生植物,地下有球茎。取慈姑具花、果的新鲜枝条或标本观察:叶基生,叶片箭头状,全缘,叶柄较长,中空;圆锥花序,每节轮生3~5朵花,花单性,雌雄同株;花序下部为雌花,具短梗;上部为雄花,具细长花梗。分别取雌雄花各1朵解剖观察:花萼、花冠各3枚,二者互生,花萼绿色,花冠白色;雄花雄蕊多数,雌花心皮多数,均离生、螺旋状排列在凸起的花托上;聚合瘦果。

观察完毕,请写出花程式,并查检索表,写出检索路线。

花程式____

检索路线______________________________________

____

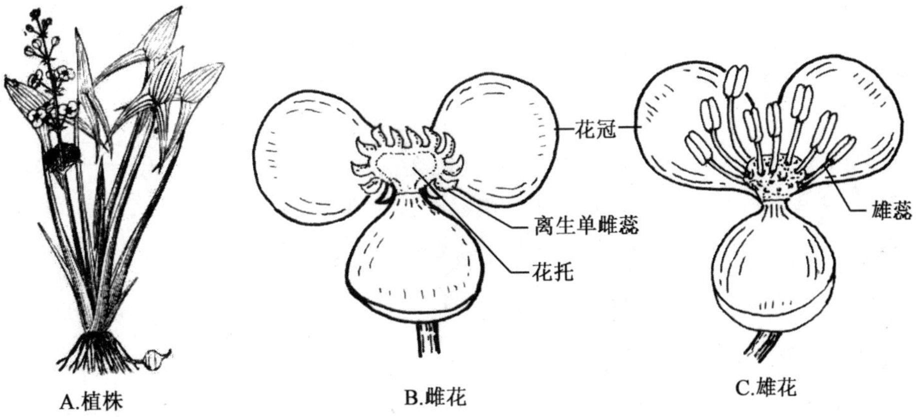

图 18-1 慈姑

2.泽泻

泽泻为多年生水生植物，地下具短根茎；取具花、果的新鲜枝条或标本观察，叶基生；叶片长椭圆形至卵形，全缘，两面光滑；具大型轮状分枝的圆锥花序；取1朵花在体视显微镜下解剖观察，花两性，萼片3，广卵形，绿色或稍带紫色，宿存；花瓣3，白色，倒卵形；雄蕊6；雌蕊多数，离生，轮生于扁平的花托上；子房倒卵形，侧扁，花柱侧生；瘦果多数，扁平，倒卵形。

观察完毕，请写出花程式，并查检索表，写出检索路线。

花程式______________________________

检索路线______________________________

____

(二)禾本科(Gramineae)

识别特征：秆常圆柱形，节与节间明显，节间常中空；叶互生，2列，叶鞘开裂；由小穗组成各种花序；子房上位；颖果。

1.小麦(图18-2，彩版8-4)

小麦为1～2年生草本。取小麦具花、果的新鲜枝条或标本观察，茎圆柱形，中空，有节和节间；叶分为叶片和叶鞘两部分，叶鞘开裂，叶片与 叶鞘之间有叶耳和叶舌，叶舌短小，膜质；复穗状花序顶生直立，由10～20个小穗互生于总穗轴两侧，每节生1小穗(穗状花序)，小穗两侧压扁；取1个小穗解剖观察，可见小穗基部两侧各有1枚颖片，近革质，对着基部第一朵花的叫外颖，另一侧的为内颖；每小穗有3～5朵花，但上部的花常常不结果；取下1朵花解剖，最外有一片外稃，顶端具芒或无芒，在外稃对面有一片质薄而透明的苞片为内稃；拨开内外稃可见在子房基部有2枚具毛且透明的浆片；雄蕊3枚；子房上位，羽毛状柱头2裂，子房1室1胚珠；子房壁与种子紧密结合形成禾本科特有的颖果，颖果腹面有纵沟。

观察完毕，请写出花程式，并查检索表，写出检索路线。

花程式______________________________

检索路线______________________________

____

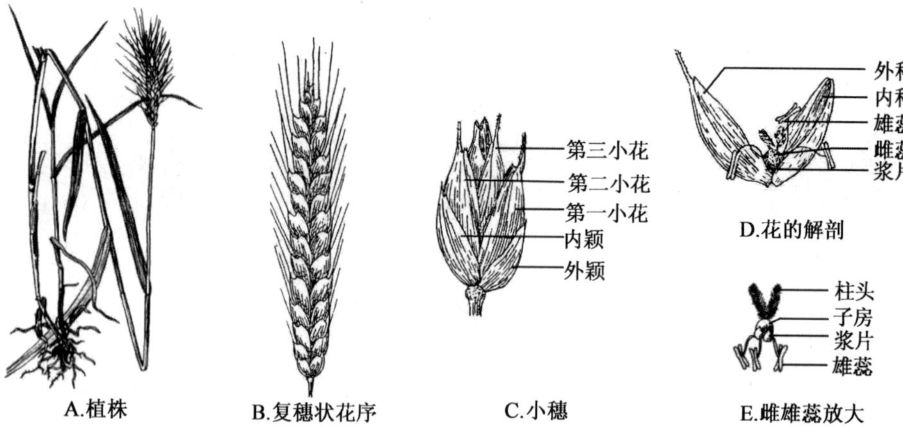

图 18-2 小麦

2.纤毛鹅观草

为多年生草本植物，取其具花、果的新鲜枝条或标本观察，秆单生或成疏丛，直立，基部节常膝曲，平滑无毛，常被白粉；叶鞘无毛，稀可基部叶鞘于接近边缘处具有柔毛；叶片扁平，两面均无毛，边缘粗糙；叶舌干膜质；复穗状花序顶生，直立或稍下垂，小穗疏松互生于总穗轴两侧，每节具 1 小穗；取 1 个小穗解剖观察，每个小穗含 6～12 小花，顶生小穗正常发育，颖片椭圆状披针形，先端常具短尖头，两侧或 1 侧常具齿，边缘与边脉上具有纤毛；取 1 朵花解剖观察，外稃长圆状披针形，背部被粗毛，边缘具长而硬的纤毛，上部具有明显的 5 脉，具基盘及顶端延伸成粗糙反曲的芒，内稃长为外稃的 2/3，先端钝头；与小麦比较观察，注意浆片、雄蕊数目及雌蕊特点等。

观察完毕，请写出花程式，并查检索表，写出检索路线。

花程式____

检索路线______________________________________

____

观察本科其他常见植物的鲜株或标本：水稻（*Oryza sativa*）、玉蜀黍（玉米 *Zea mays*）高粱（*Sorghum vulgare*）、大麦（*Hordeum vulgare*）、藏青稞（裸大麦 *Hordeum vulgare* L. var. *trifurcatum*）、燕麦（*Avena sativa*）、莜麦（裸燕麦 *Avena nuda*）、粟（谷子 *Setaria italica*）、黍（糜子 *Panicum miliaceum*）、薏苡（*Coix lacryma-jobi*）、黑麦（*Secale cereale*）、野牛草（*Buchloe dactyloides*）、结缕草（*Zoysia japonica*）、狗牙根（*Cynodon dactylon*）、草地早熟禾（*Poa pratensis*）、红顶草（*Agrostis alba*）、匍匐剪股颖（*Agrostis stolonifera*）、羊茅（*Festuca ovin*）、黑麦草（*Lolium perenne*）、假俭草（*Eremochloa ophiuroides*）、地毯草（*Axonopus compressus*）、冰草（*Agropyron cristatum*）、稗（*Echinochloa crusgalli*）、狗尾草（*Setaria viridis*）、马唐（*Digitaria adscendens*）、白茅（*Imperata cylindrical* var. *major*）、看麦娘（*Alopecurus aequalis*）、蟋蟀草（*Eleusine indica*）、虎尾草（*Chloris virgata*）、画眉草（*Eragrostis pilosa*）等。

（三）莎草科（Cyperaceae）

识别特征：茎常三棱形，实心；叶常 3 列，叶鞘闭合；子房上位，小坚果。

1.香附子(莎草)(图 18-3)

香附子为多年生草本,具须根;取其具花、果的新鲜枝条或标本观察,根状茎匍匐而细长,其上串生许多纺锤形褐色块茎(药用香附子);叶基生,线形,排成 3 列;叶鞘闭合抱茎;花茎直立,三棱形,实心,顶端具 2～3 枚叶状总苞片和数个长短不等的伞辐,伞辐顶端着生数个穗状花序(小穗),小穗略扁,棕色,两侧互生许多无被两性花;从小穗中部选取 1 朵开放小花置体视显微镜下解剖观察,外有棕色颖片(又称苞片)1 片,拨开颖片可见没有花被,仅有雄蕊 3 枚,雌蕊 1 枚,子房上位,花柱 1 条,柱头 3 裂;小坚果三棱状。

观察完毕,请写出花程式,并查检索表,写出检索路线。

花程式______________________________

检索路线______________________________

____

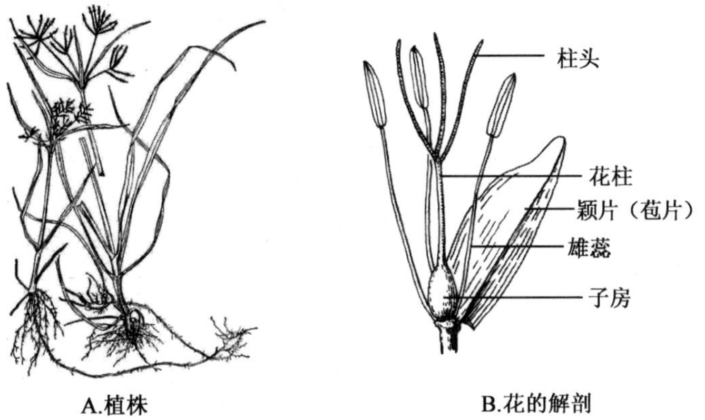

图 18-3　香附子(莎草)

2.异穗苔草(Carex heterostachya)

多年生草本植物。取其具花、果的新鲜枝条或标本观察,具长匍匐根状茎。秆高 20～30 cm,三棱柱形,纤细;叶基生短于秆,宽 2～3 mm,基部具褐色闭合叶鞘;穗状花序,小穗 3～4 枚,上部 1～2 枚为雄性,其余小穗雌性;总苞片短,叶状或刚毛状,较花序短;分别取雌雄各 1 朵置体视显微镜下解剖观察,雄花花颖片卵形或圆形,褐色或紫色;果囊卵形至椭圆形,肿胀三棱形,稍长于鳞片,无脉,上部急缩成喙,喙顶端具 2 小齿,小坚果倒卵形。

观察完毕,请写出花程式,并查检索表,写出检索路线。

花程式______________________________

检索路线______________________________

____

观察本科其他常见植物的鲜株或标本:荸荠(*Eleocharis tuberosa*),又叫马蹄,棕红色球茎可食用,也可药用。油莎豆(油莎草 *Cyperus esculentus* var. sativus),根状茎多而细长,顶端有膨大块茎,其块茎可食用,根状茎含丰富脂肪,为栽培油料植物。碎米莎草(*C. iria*)、旱伞草(*C. alternifolius*)、扁穗莎草(*C. compressus*)、黄颖莎草(*C. microiria*)、乌拉草(*Carex meyeriana*)、白颖苔草(细叶苔草,羊胡子草)(*C. rigescens*)、水葱(*Scirpus tabernaemontani*)、藨草(*S. triqueter*)、扁秆草(*S. planiculmis*)、水莎草(*Jnucellus serotinu*)、球穗扁莎(*Pycreus glo-*

bosus)、牛毛毡(*Eleocharis yokoscensis*)等。

(四)百合科(Liliaceae)

识别特征:单叶;整齐花,花被片 6 枚,排成两轮;雄蕊 6 枚;子房上位,3 心皮 3 室;中轴胎座;蒴果或浆果。

1.葱(图 18-4)

取葱具花、果的新鲜植株或标本观察,其鳞茎圆柱状;叶圆筒状,中空,向顶端渐狭;花葶圆柱状,中空,顶生伞形花序球状,外有膜质总苞开花时 2 裂;取 1 朵小花解剖观察,小花花梗细,基部无小苞片;花被片 6 枚,2 轮排列,白色;雄蕊 6 枚,排成 2 轮,花丝等长,锥形,在基部合生并与花被片贴生;子房上位,倒卵状;横切子房,可见子房 3 室,每室 2 胚珠,中轴胎座;蒴果室背开裂,种子黑色。

观察完毕,请写出花程式,并查检索表,写出检索路线。

花程式________________________________

检索路线________________________________

____

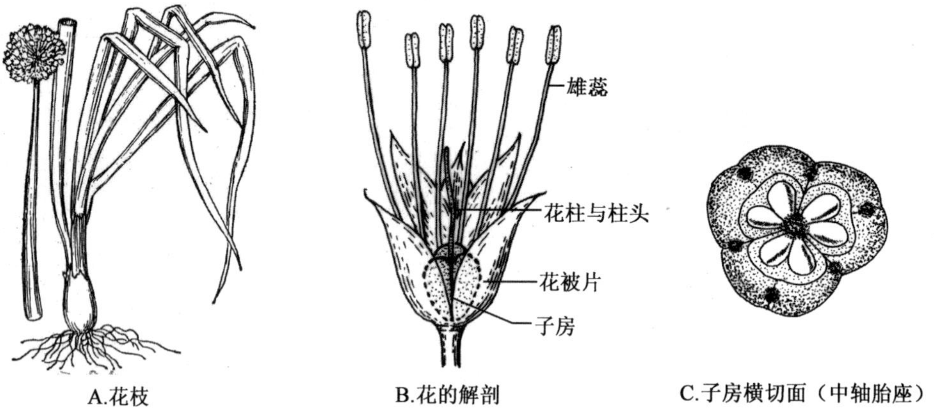

图 18-4 葱

2.百合

解剖观察观赏用百合鲜花,注意花被片为 6 片,2 轮互生排列,每轮同色、同形;雄蕊 6 枚,排成 2 轮,丁字着药;子房上位,横切子房,可见子房 3 室,每室 2 胚珠(实为立体纵向 2 排,即每室胚珠多数),中轴胎座。

观察完毕,请写出花程式,并查检索表,写出检索路线。

花程式________________________________

检索路线________________________________

____

观察本科其他常见植物的鲜株或标本:洋葱(*Allium cepa*),鳞茎大而呈扁球形,鳞叶肉质肥厚。韭菜(*A. tuberosum*),植株有根茎,基生叶线形,扁平。蒜(*A. sativum*),鳞茎(蒜头)由数个或单个肉质、瓣状的小鳞茎(俗称蒜瓣)组成,基生叶带状,花葶圆柱状,称蒜薹。黄花菜

(*Hemerocallis citrina*),花大,黄色花芽干制加工后可食。石刁柏(*Asparagus officinalis*),幼茎可作菜用,称芦笋。川贝母(*Fritillaria cirrhosa*)、平贝母(*F. ussuriensis*)、知母(*Anemarrhena asphodeloides*)、黄精(*Polygonatum sibiricum*)、玉竹(*P. odoratum*)、麦冬(*Ophiopogon japonicus*)、铃兰(*Convallaria majalis*)、郁金香(*Tulipa gesneriana*)、山丹(细叶百合)(*Lilium pumilum*)、渥丹(*L. concolor*)、麝香百合(*L. longiflorum*)、萱草(*Hemerocallis fulva*)、文竹(*Asparagus setaceus*)、玉簪(*Hosta plantaginea*)(**彩版** 10-13)、凤尾丝兰(*Yucca gloriosa*)、天冬草(*Asparagus densiflorus*)、吊兰(*Chlorophytum comosum*)、芦荟(*Aloe vera* var. *chinensis*)、风信子(*Hyacinthus orientalis*)、葡萄风信子(麝香兰)(*Muscari botryoides*)等。

(五)鸢尾科(Iridaceae)

识别特征:草本;叶常基生成2列,叶鞘基部套叠呈扁平状;蝎尾状聚伞花序顶生;花两性,花被片6枚,2轮;雄蕊3;子房下位;蒴果。

1. 鸢尾(图18-5)

鸢尾为多年生草本植物;取具花、果的新鲜植株或标本观察,其根状茎短而粗壮;叶剑形,基部套叠,二列;花大而美丽,形成单歧聚伞花序;取1朵花解剖观察,为两性花,花被片6,2轮排列,辐射对称,下部合生成管状,外轮花被片中部有1行鸡冠状突起的须毛;雄蕊3枚;子房下位,花柱及柱头3裂似花瓣状,横切子房,可见3室,每室胚珠多数;蒴果。

A.植株

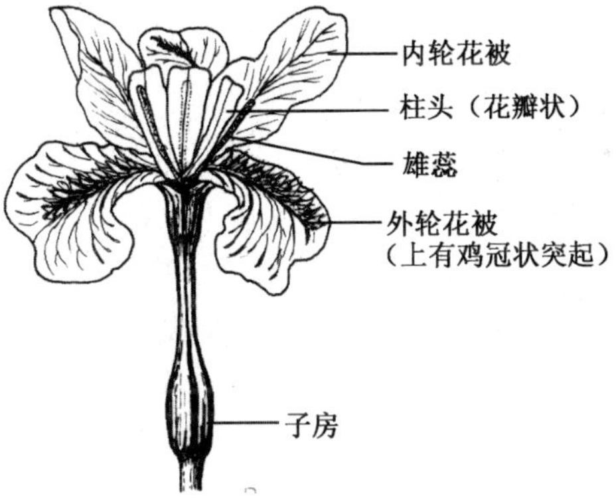

B.花的解剖

图18-5　鸢尾

观察完毕,请写出花程式,并查检索表,写出检索路线。

花程式____________________

检索路线____________________

2. 唐菖蒲

观察唐菖蒲开花植株,注意其具有扁球形地下球茎,茎粗壮直立,无分枝或少有分枝,叶硬质剑形,基部套叠,二列;花茎高出叶上,蝎尾状聚伞花序顶生,着花12～24朵排成二列,侧向一边,每朵花生于草质佛焰苞内,无梗;花大而美丽,颜色多样;取一朵花解剖观察,为两性花,花被片 6,2 轮排列,左右对称,花冠筒呈膨大的漏斗形,稍向上弯;雄蕊 3 枚;子房下位,柱头 3 裂,横切子房,可见 3 室,每室胚珠多数;蒴果。

观察完毕,请写出花程式,并查检索表,写出检索路线。

花程式______________________________

检索路线______________________________

观察本科其他常见植物的鲜株或标本:马蔺(*Iris lactea* var *chinensis*),具根茎,叶丛生,狭线形,每花茎着花 2～3 朵,花堇蓝色。番红花(*Crocus sativus*),球茎扁圆形,叶基生,狭线形,花单生葶顶,花大,芳香,通常红紫色,柱头深红色。射干(*Belamcanda chinensis*),花被片橘黄色而具有暗红色斑点。

(六)兰科(Orchidaceae)

识别特征:草本;花两侧对称,形成唇瓣;雄蕊与雌蕊结合成合蕊柱;花粉结合成花粉块;子房下位,3 心皮 1 室;蒴果。

1. 文心兰(跳舞兰、舞女兰、金蝶兰、瘤瓣兰)(图 18-6,彩版 10-16)

解剖观察文心兰鲜切花,其每朵花为两性花,两侧对称,花被片 6,花色以黄色和棕色为主,外轮 3 片萼片状,大小相等,内轮 3 片花瓣状,其中间向轴的一片形状奇特称为唇瓣;唇瓣宽大似舞女的裙摆;注意观察其雄蕊与花柱、柱头通常合生成合蕊柱;子房下位,常作 180°扭转,横切子房,可见 3 心皮 1 室,侧膜胎座。

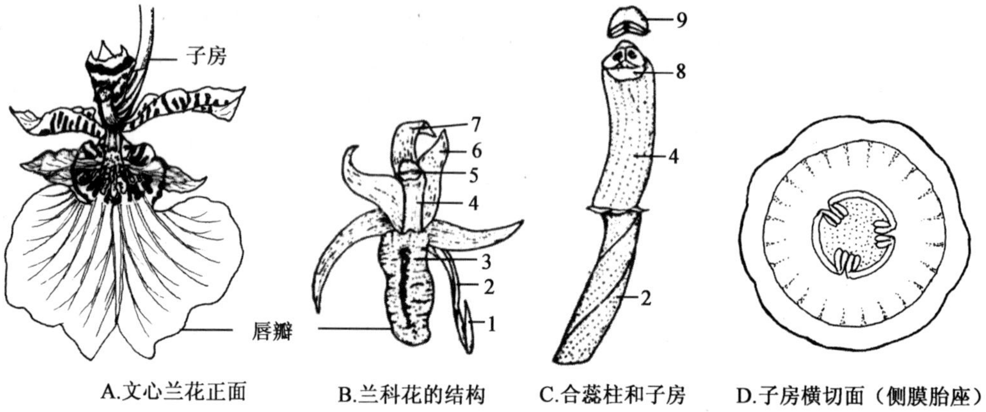

图 18-6 兰科植物花的结构

1. 小苞片 2. 子房 180°扭曲 3. 唇瓣 4. 合蕊柱 5. 蕊喙 6. 花瓣 7. 中萼片 8. 柱头 9. 花药

花程式______________________________

检索路线______________________________

2. 石斛兰(泰国兰)

从观赏用鲜切花石斛兰的总状花序上取 1 朵花解剖观察,为两性花,两侧对称,花被片 6,许多品种的瓣边均为紫色,瓣心为白色,外轮 3 片萼片状,大小相等,内轮 3 片花瓣状,中间的唇瓣略圆;与文心兰一样,其雄蕊与花柱、柱头合生成合蕊柱;子房下位,常作180°扭转,横切子房,可见3心皮1室,侧膜胎座。

观察完毕,请写出花程式,并查检索表,写出检索路线。

花程式______________________________

检索路线______________________________

____

观察本科其他常见植物的鲜株或标本:春兰(*Cymbidium goeringii*),叶4~6片集生,狭线形,花单生,花葶直立,花黄绿色。蕙兰(夏兰)(*C. faberi*),叶线形,5~7片,花葶直立,总状花序,花淡黄绿色,唇瓣绿白色,具紫红斑点。建兰(秋兰)(C. ensifolium),叶带状丛生,总状花序具多花,花淡黄绿色,有暗紫色条纹。寒兰(*C. kanran*),叶狭线形丛生,总状花序直立,外花被片狭长,内花被片短而宽,花色多样。墨兰(报岁兰)(*C. sinense*),叶剑形丛生,总状花序具多花,花瓣多具紫褐色条纹。大花杓兰(*C. macranthum*),卡特兰(*Cattleya labiata*)和白芨(*Bletilla striata*)等。

五、作业

(1)分别写出本次实验所观察各科代表植物的花程式及检索路线。

(2)以玉兰、垂柳、石竹、锦葵、三色堇、胡萝卜、梨、连翘、紫藤、蒲公英、小麦、鸢尾等植物花部特征为依据(也可选择其他植物),以平行检索表形式自行编制一份植物分类检索表。

六、综合思考

(1)比较禾本科与莎草科、百合科与鸢尾科及单子叶植物和双子叶植物的区别。

(2)说明单子叶植物中泽泻科的原始性及兰科进化性的特点。

(王　丽)

实验十九　校园(或农田)植物的调查与识别

一、实验目的

(1)通过校园(或农田)的实地调查,学习观察、研究种子植物及其分类的一些基本知识和基本方法,提高学习植物学的兴趣。

(2)认识一些常见校园(或农田)的植物。

二、实验用品

笔记本、笔、放大镜、镊子、检索表、照相机等。

三、实验内容与方法

校园(或农田)里的植物种类很多,要调查和认识它们,须从以下几个方面进行仔细观察、记录及拍照。

1.生态环境的观察

植物的分布、生长发育和环境有密切的关系。因此,在观察植物之前,必须对该植物生长的周围环境作认真详细的了解并记录。如纬度、海拔高度、气候类型、温度、降雨量、有无小气候、土壤类型等。

2.植物生长习性的观察

首先观察植株是草本还是木本。如果是草本,则要注意是几年生草本,根、茎、叶的形态构造以及附属物如毛绒等情况;如果是木本,则必须分清是乔木还是灌木,树皮的颜色和开裂的情况如何。同时,结合生态环境观察确定其为陆生、水生还是湿生植物;是自养、寄生、附生还是腐生植物。

3.植物器官形态结构特征的观察

全面、系统掌握植物形态结构的详细特征是正确、迅速进行植物种类识别、鉴定的基础。植物形态特征的观察应起始于根(或茎基部),结束于花、果实或种子。先用眼睛进行整体观察,细微、重要部分须借助放大镜、体视显微镜等观察。

(1)根的观察　对于便于观察根系的一些草本类植物,观察其根系的形态结构特征。是直根系还是须根系;是否为变态块根或肉质直根;是否是气生根或寄生根等。

(2)茎的观察　观察茎的生长习性,分清茎的生长类型。植物茎的生长类型主要包括直立茎、缠绕茎、攀缘茎、匍匐茎和平卧茎等。

(3)叶的观察　首先区分是单叶还是复叶,是对生、互生还是轮生,有无托叶,叶的颜色、形态等。

(4)生殖器官(花、果实及种子)的观察　生殖器官的形态是认识植物的主要依据,因为每种植物的生殖器官在形态结构上有相当大的稳定性,最能代表种的特征。因此,种子植物分类的研究,科、属、种的确定,主要看生殖器官而定,故必须仔细观察。首先区分是什么花序(如果形成花序)，然后再解剖一朵花，由外而内，由下而上，分辨出花托、花萼、花冠、雄蕊、雌蕊和其他附属物或结构，如蜜腺等，并注意观察其颜色、形状、大小及排列方式等。

(5)果实和种子的观察　观察果实和种子，主要分清果实的类型，果实和种子的形状、大小及颜色等。

4.校园(或农田)植物种类的识别和鉴定

在对植物生长环境、生长习性以及形态特征认真细致观察的基础上，进一步进行植物的识别和鉴定。对校园(或农田)内特征明显、自己又熟悉的植物，确认后可直接写下名称；生疏种类借助于植物检索表等工具书进行检索、识别。

四、作业

(1)以 5～6 人为小组，将在校园(或农田)观察到的植物种类，列表整理出来，写出名录(包括每种植物的中文名、拉丁名，所属科名及简要识别特征)。

(2)以 5～6 人为小组，拍摄约 50 种在花或果期的校园(或农田)植物图片，每种植物图片应包括植物整体形态(能看出草本、木本；乔木、灌木等特征)、局部特写(如叶形、叶序；花序、花正面、侧面；果实等)；并将图片整理制作成配有文字说明(包括每种植物的中文名、拉丁名，所属科名及简要识别特征)的电子版 PPT 或 Word 形式(图 19-1)。

图 19-1　植物图片 PPT 样式

(刘　艳)

实验二十　植物标本的采集和制作

一、实验目的

学习采集和制作植物标本的方法。

二、实验用品

采集袋、标本夹、吸水草纸、掘根铲、枝剪、镊子、放大镜、采集记录本、标本记载签、号牌、铅笔、小排笔、台纸、白棉线、缝衣针、胶水、3‰～5‰升汞酒精溶液及各种浸制溶液。

三、实验内容与方法

一株植物或植物的某部分压干、浸泡或采取其他的方式，以便长期保存供教学和科研之用，这就是植物标本。

(一)浸制标本的采集与制作

在适当时期采集某些植物的全株或某一部分浸泡于一定的溶液中以供较长时间的教学与科研的需要，即制成了浸制标本。

1.一般浸制标本的采集与制作

采集来的材料如花、果或地下鳞茎、球茎等，一般浸泡在4%～5%的甲醛水溶液（即福尔马林溶液）中或浸泡在70%的酒精溶液中。此法简便易行，价格便宜，但易于褪色。

2.保色浸制标本的制作

如果想让浸制标本脱色慢一些，可采用保色溶液。保色溶液的配方较多，只有绿色较易保存，其余颜色的保色效果都不太稳定。现介绍几种保色溶液的配方，仅供参考。

(1)绿色标本浸制法

①将绿色材料放入5%硫酸铜水溶液中，浸泡1～3 d，取出用水漂洗，然后浸入4%～5%福尔马林溶液中长期保存。

②称取4 g醋酸铜（或硫酸铜）粉末加入盛有100 mL 10%醋酸的烧杯中，放在酒精灯上加热煮沸，并用玻棒不断搅拌，使其溶解，然后将材料浸入，继续加热，待材料颜色由绿变褐，后又恢复绿色时，取出标本用水漂洗，然后浸入4%～5%福尔马林溶液中长期保存。

(2)红色标本浸制法　取硼酸3 g、福尔马林4 mL、水400 mL混合成浸制液，将材料放入此液中浸泡1～3 d，取出后立即放入由25 mL甲醛、25 mL甘油和1 000 mL水混合而成的保存液中。

(3)黄色标本浸制法　把标本直接浸入由6%亚硫酸268 mL、80%～90%酒精568 mL和水450 mL混合而成溶液中，便可长期保存。

(4)黑色、紫色标本浸制法　用福尔马林 50 mL、10%氯化钠水溶液 100 mL 和水 870 mL 混合搅拌,沉淀过滤后制成保存液,可先用注射器往标本里注射少量保存液,再把标本放入保存液里保存。

浸泡标本的瓶子最好应选用 250 mL 或 500 mL 的广口瓶。浸泡时药液不可过满,标本浸制好以后,随即加盖,再用石蜡或凡士林等封口,以防药液挥发。并在瓶上贴上标签,写明该植物的学名(或汉名)以及采集地点、时间等,然后按一定规律将标本瓶置于室温较低,无强光照射的陈列柜中保存。

(二)腊叶标本的采集与制作

对采集来的植物标本,经过压干、消毒,并装订在 1 张台纸上,贴上记录签和鉴定签 ,就制作成了腊叶标本。

1.采集标本的时间、地点和路线的选择

(1)采集时间　应在植物的花果期采集,一般春秋季节是采集的黄金季节。就一天而言,采集的时间最好在上午露水消失以后。

(2)采集地点和路线　选择采集标本的路线应具代表性。宜选植物种类较丰富的路线和地点,并注意往返路线不要重复,以保证在同样时间、同样人为条件下采集到最多的标本。由于不同环境中生长着不同的植物种类或相同的植物生长在不同的环境中,因而,对不同环境中的植物都应尽力予以采集。

2.采集标本的方法

(1)采集完整的植物标本　种子植物主要是依据各器官的形态特征进行分类,如果采集的标本不完整,往往给鉴定工作带来困难,因而要尽可能使标本完整,或具代表性。所采标本的大小因受台纸的限制,长宽应在 36 cm×30 cm 内,采集时视具体情况适当灵活掌握。

①草本植物,应采全株,并带根系。较大的草本植物,可将其叠成 V、N、W 形压制;大型草本植物,则可在同一株上选采有代表性的上、中、下 3 段。若地下具有肉质变态根、茎者,应用小铲全部挖出,去泥洗净。地上部分选择具有完整的花、果者。

②木本植物,应选具代表性、有花或果的枝条,用枝剪或高枝剪采剪。

③具异形叶的植物,应将各种类型叶采全。有卷须的藤本植物应连同卷须采集。若果实、种子易脱落,可用种子袋盛好。寄生植物要同采寄主。有毒植物,不要使分泌物或浆汁触及皮肤,尤其是眼睛和口腔,以免中毒。

(2)采集份数　为便于使用和交换,每种植物至少要采集 3～5 份。如果遇到稀有、特有或具重大经济价值的植物,在数量许可的前提下,应多采集几份,但不可滥采,更不可使之绝种。

(3)编号、记录　标本采到后,要及时记录和登编采集号,书写号牌,并将号牌系于标本的中部。在同一时间同一生境所采集的同种植物应同号。分段采集的同种植物应同号。种子袋、肉质变态根、茎等分开采集的标本应与其他部分的标本同号。雌雄异株的植物,应分别采集编号,并注明两号之间的关系。标本与采集记录编号须一致,防止重号、错号,避免混淆。

植物的观察与记录:植物的生态环境,根、茎、叶、花和果的颜色,形态必须作仔细的观察,并详细地记录下来。

每种植物均具有与生态环境相适应的形态学特征，有些特征只有在植物的正常生长状况下才能表现出来，因而必须认真全面观察，观察结果用HB铅笔详尽记录于笔记本上的同时，择要记录于采集记录本上，作为进一步研究、鉴定植物的依据。观察记录的内容见图20-1。

××植物标本室
日期　　　年　　月　　日 采集人 及号数
产地　　　省　　县
环境
海拔　　m　　性状　　木　　本
胸高　　cm　　体高　　m 直径
叶
花
果实
中文名　　　　科名
学名
附记

图20-1　野外采集记录本(签)

记录本(签)中部分内容填写方法说明。

①时间、地点(或产地)、采集记录人等是同一次记录的共有内容，不可或缺。

②环境：指路边、岸边、林下、林缘、水塘等基本生活环境，以及土壤、气候、海拔高度、坡向等。

③性状：乔木、灌木、木质藤本，及它们的胸高直径(指自地面向上约1.3 m处的树干直径)；几年生草本。对于植株体型的大小，可冠以“大型”、“小型”字样。水生植物，是挺水、沉水还是浮水等。

④形态学特征的观察和记载：对植物的形态学特征，应运用以前所学的知识，全面详细地观察和记录，避免疏漏。

根：记录根系的类型，发育情况。对有变态根的植物，须记明变态的类型、大小、形状等。茎：茎的形状、附属物、分枝类型、色泽等，木本植物还须记明树皮的颜色、开裂等情况。

叶：主要记载叶的质地、叶片背腹面的颜色、毛的有无和类型、乳汁的有无。叶的组成、叶形、叶序、脉序、单复叶类型等内容，须仔细观察，适当加以记载即可。

花：主要记载花的颜色、气味、花的自然位置(如上举、下垂、斜向)及开花时间等。花的结构一般不用记载。

果实和种子：分清果实和种子的类型、形状、大小、颜色、成熟期等。

⑤植物名称：对已知的植物种名、土名应及时记明；对未知植物，应设法运用相关的工具书查寻，或择时请专家鉴定。

(4)标本的收集　采集的新鲜植物标本，先装入采集袋(箱)中，注意不要挤坏花、果、种子和嫩叶。至有一定数量或袋中装满后，依次夹到标本夹中，用绳索捆好携带。

3.标本的压制

(1)整形　采回的植物标本，须进行修剪，剪去多余的枝叶，剪至适当大小，保留适当多的花果，去掉污泥，挂好标签，将采集记录补充完整。若为肉质多浆植物，须用开水将其烫死；对于一些易落叶的植物(如裸子植物)，也可用开水烫后再压，以防落叶；肉质变态器官烫后宜用解剖刀将肉质部分分割开再行压制。

(2)压制　压制的目的是使标本干燥、平整和定形，不可采用晾晒和烘干的办法。标本整形后应压入带有吸水草纸的标本夹内。标本夹底层先垫放一定厚度的干燥草纸，然后将标本铺展其上，标本的枝叶须按一定的角度和位置平展，在同一面上的叶片应正反面均有，避免相互重叠。铺平标本后，再在其上铺压数层干燥草纸，如此依次向上压制。压制时注意使各层厚薄均匀，以免倾斜。到一定的厚度（30～50 cm），将标本夹用绳索捆扎结实，置于室内干燥通风处。

（3）换纸翻压　翻压的方法基本同上，所换草纸应是充分干燥的，初期翻压应配以适当整形，标本干硬后不宜再整，以免断损。翻压频率，初期每天至少 1 次，4～5 d 后隔天 1 次，1 周后 3 d 1 次，经 10～15 d，直至标本完全干燥为止。

4. 腊叶标本的制作

（1）消毒　对经压制后的标本，应用 1‰～5‰升汞酒精溶液予以消毒。消毒的方法以浸泡为主，辅以用小排笔沾刷，以充分杀灭菌、虫。亦可用 DDT、六六六等粉剂消毒。消毒剂均有剧毒，操作时要穿戴好乳胶手套，严格注意安全，防止消毒剂触及人体。

（2）装订　预先备好台纸（40 cm×35 cm 的白板纸），将消毒后的标本采用粘贴、线订、纸条穿贴等方法，固定于台纸上，台纸的左上角粘贴采集记录，右下角粘贴鉴定标签，如有种子袋，可附贴于台纸的左下角。

至此，一份完好的植物腊叶标本即制成（图 20-2）。

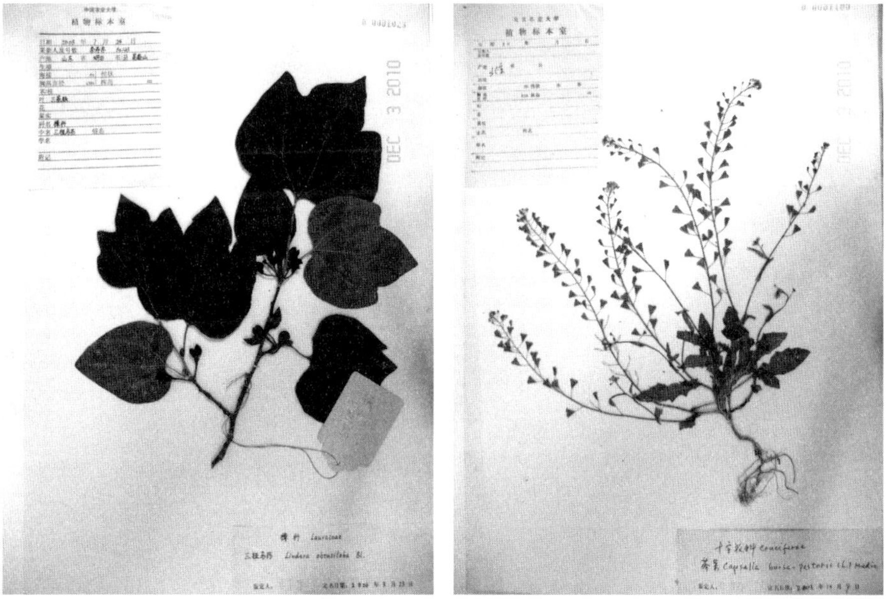

图 20-2　植物腊叶标本示范

5. 腊叶标本的保存

腊叶标本应于干燥通风的专用标本室和密闭性能良好的标本橱中保存。标本橱内要设分多层多格，每层分放干燥剂与樟脑丸，适时更换，并定期（2～3 年）以六六六等粉剂喷洒消毒，以达到防霉防虫的目的。标本橱的每格内存放的标本份数不宜太多，以免压坏。珍贵标本，还可在台纸上顶边粘贴与台纸等大的透明硫酸纸或塑料薄膜作盖纸，或将标本置于专门的透明袋内，以免磨损，以利于更好地保存。

四、作业

(1)每 5～6 个同学为一小组，利用课外时间采集、压制及制作简易植物腊叶标本约 25 份(草本植物应是带根系且具花或果的整株，木本植物为 25～30 cm 带花或果实的枝条；每人至少 4 份，同组内不得重复)，每份标本上附有小标签，写出植物中文名、拉丁学名、所属科名及简单描述每种植物的形态特征。

(2)以小组为单位，总结列出所采集植物的名录、并编制相应的检索表。

(3)每个同学将已压制好的标本经消毒、上台纸，制作成腊叶标本 1～2 份。

(4)有条件时可制作各种保色浸制标本。

(王瑞云)

附录1 常见种子植物分科检索表

1. 胚珠裸露，无子房包被；不具果实和真正的花（裸子植物门 Gymnospermae）……………… 2
1. 胚珠包藏于子房内；有果实和真正的花（被子植物门 Angiospermae）……………………… 9
2. 茎不分枝，叶为大型羽状复叶；雌雄异株 ……………………… 1. 苏铁科 Cycadaceae (166)
2. 茎分枝，叶为单叶；雌雄同株或异株……………………………………………………… 3
3. 叶扇形；雌雄异株；种子核果状，外种皮肉质 ………………… 2. 银杏科 Ginkgoaceae(166)
3. 叶针形、线形或鳞片状；雌雄同株或异株；种子集生呈球果状、浆果状或核果状 ………… 4
4. 小灌木或亚灌木；花具花被；叶退化成鳞片状；对生 ………………… 7. 麻黄科 Ephedraceae
4. 乔木，具主干；花无花被 ……………………………………………………………… 5
5. 非球果，种子核果状或浆果状；叶为线状披针形…………………… 3. 罗汉松科 Podocarpaceae
5. 通常为球果，稀浆果状不开裂；叶为针形、刺状或鳞片状 ……………………………… 6
6. 叶及果鳞螺旋状排列，或叶为簇生 ……………………………………………………… 7
6. 叶及果鳞对生或轮生…………………………………………………………………… 8
7. 果鳞或苞鳞分离，每果鳞上着生2个胚珠 ……………………… 4. 松科 Pinaceae(166)
7. 果鳞或苞鳞愈合，每果鳞上着生2～9个胚珠 ………………… 5. 杉科 Taxodiaceae(166)
8. 叶鳞片状或针刺状，常绿 ……………………………………… 6. 柏科 Cupressaceae(167)
8. 叶线形，交互对生，扭转成2列状，落叶乔木………………… 5. 杉科 Taxodiaceae(166)
9. 子叶2个；叶片通常具网状脉；花4～5基数（双子叶植物纲 Dicotyledoneae）…………… 10
9. 子叶1个；叶片通常具平行脉；花3基数，少4基数（单子叶植物纲 Monocotyledoneae） … ………………………………………………………………………………………… 177
10. 花无真正的花冠，花萼有或无，有时花萼呈花瓣状……………………………………… 11
10. 花有花冠与花萼，或有两层以上花瓣状的花被片 …………………………………… 56
11. 花单性……………………………………………………………………………… 12
11. 花两性或杂性……………………………………………………………………… 31
12. 柔荑花序，或至少雄花为柔荑花序或头状花序 ……………………………………… 13
12. 非柔荑花序………………………………………………………………………… 18
13. 子房上位…………………………………………………………………………… 14
13. 子房下位…………………………………………………………………………… 15
14. 植物体常具乳汁；有花萼；聚花果；种子无毛 ………………… 13. 桑科 Moraceae (168)
14. 植物体不具乳汁；无花萼，只以腺体或花盘代之；蒴果；种子有毛 …… 8. 杨柳科 Salicaceae(167)
15. 复叶；子房1室 ………………………………………… 9. 胡桃科 Juglanaceae (167)
15. 单叶；子房2～7室 ……………………………………………………………… 16
16. 雌雄花皆为柔荑花序，或柔荑状的头状花序或穗状花序；子房2室；坚果封藏于一变大呈叶状或囊状的总苞中 ……………………………………… 10. 桦木科 Betulaceae(167)
16. 雌花单生或簇生；坚果下托壳斗或封藏于一多刺的果壳内 ……… 11. 山毛榉科 Fagaceae

17. 水生植物；叶轮生，中部以上 2～3 回细裂成丝状 ………… 28. 金鱼藻科 Ceratophyllaceae
17. 陆生植物；叶非轮生 ………………………………………………………………… 18
18. 子房每室具多数胚珠 …………………………………………… 71. 秋海棠科 Begoniaceae
18. 子房每室具 1 至数枚胚珠 ………………………………………………………… 19
19. 寄生植物 …………………………………………………………… 17. 桑寄生科 Loranthaceae
19. 非寄生植物 ……………………………………………………………………………… 20
20. 子房 1～2 室 …………………………………………………………………………… 21
20. 子房 3～5 室 …………………………………………………………………………… 29
21. 乔木 ……………………………………………………………………………………… 22
21. 草本 ……………………………………………………………………………………… 26
22. 枝叶具硬胶质，撕断叶片有胶质丝相连 ………………………… 40. 杜仲科 Eucommiaceae
22. 枝叶不具硬胶质 ………………………………………………………………………… 23
23. 果实为核果，无翅 ……………………………………………… 55. 漆树科 Anacardiaceae(177)
23. 果实为翅果 ……………………………………………………………………………… 24
24. 单叶互生；果实周边具翅 ……………………………………………… 12. 榆科 Ulmaceae(168)
24. 羽状复叶，对生；果实顶端具翅 ………………………………………………………… 25
25. 果实为单翅果 ………………………………………………………… 88. 木犀科 Oleaceae(180)
25. 果实为双翅果 ……………………………………………………… 58. 槭树科 Aceraceae(177)
26. 花柱或柱头 1，不裂或微裂 ……………………………………………… 14. 荨麻科 Urticaceae
26. 花柱或柱头 2～5 个或呈 2 条状 ……………………………………………………… 27
27. 雌雄同株；雄花为球形的头状花序，雌花 2 个同生于囊状的具钩刺的总苞内…………… ……………………………………………………………… 113. 菊科 Compositae (186)
27. 雌雄异株；非如上述花序 ……………………………………………………………… 28
28. 叶掌状分裂或全裂 ………………………………………………… 13. 桑科 Moraceae (168)
28. 叶三角状卵形或戟形 ……………………………………… 20. 藜科 Chenopodiaceae(169)
29. 叶有油点；子房通常 5 室 ……………………………………………… 49. 芸香科 Rutaceae
29. 叶无油点；子房 3 室 …………………………………………………………………… 30
30. 灌木；叶对生；无乳汁 ………………………………………… 54. 黄杨科 Buxaceae (177)
30. 草本或亚灌木；叶通常互生，如为对生则有乳汁 ……… 53. 大戟科 Euphorbiaceae (176)
31. 子房每室具多数胚珠 …………………………………………………………………… 32
31. 子房每室具 1 至数枚胚珠 ……………………………………………………………… 37
32. 子房下位或半下位 ……………………………………………………………………… 33
32. 子房上位 ………………………………………………………………………………… 34
33. 茎直立；花辐射对称，雄蕊着生于花萼上；子房 1 室 …… 38. 虎耳草科 Saxifragaceae (173)
33. 茎缠绕；花两侧对称，雄蕊着生在子房上；子房 6 室 ……… 18. 马兜铃科 Aristolochiaceae
34. 心皮 2 至多数，分离或上部分离 ………………………………………………………… 35
34. 心皮合生 ………………………………………………………………………………… 36
35. 复叶或多少有些分裂，裂片全缘或具齿裂 ……………… 29. 毛茛科 Ranunculaceae(170)

35. 单叶不裂;缘具锯齿;心皮与花萼裂片同数,上部分离下部联合 ……………………………………………………………………………………… 38. 虎耳草科 Saxifraceae (173)
36. 花序聚伞状;萼片草质 …………………………… 26. 石竹科 Caryophyllaceae (170)
36. 花序呈穗状、头状或圆锥状;萼片多少为干膜质 ………… 21. 苋科 Amaranthaceae (169)
37. 心皮2至多数,离生或近离生 ……………………………………………………… 38
37. 心皮单一或数枚合生,有时成熟后心皮分离 ……………………………………… 40
38. 复叶或多少有些分裂 …………………………… 29. 毛茛科 Ranunculaceae (170)
38. 单叶全缘 …………………………………………………………………………… 39
39. 草本;叶互生;花托平坦或稍隆起 ……………………… 23. 商陆科 Phytolaccaceae
39. 灌木;叶对生;花托凹陷 ……………………………… 33. 蜡梅科 Calycanthaceae
40. 子房下位或半下位 ………………………………………………………………… 41
40. 子房上位 …………………………………………………………………………… 42
41. 水生或沼生;叶轮生 ………………………………… 81. 杉叶藻科 Hippuridaceae
41. 陆生,常为半寄生;叶互生 …………………………………… 16. 檀香科 Santalaceae
42. 草本 ………………………………………………………………………………… 43
42. 木本 ………………………………………………………………………………… 51
43. 托叶鞘状,抱于茎的节部 ………………………… 19. 蓼科 Polygonaceae (168)
43. 托叶非鞘状或无托叶 ……………………………………………………………… 44
44. 花萼花瓣状 ………………………………………………………………………… 45
44. 花萼非花瓣状 ……………………………………………………………………… 49
45. 花萼分离或基部稍合生 …………………………………………………………… 46
45. 花萼基部合生呈筒状;单叶 ……………………………………………………… 47
46. 单叶;浆果 …………………………………………… 23. 商陆科 Phytolaccaceae
46. 羽状复叶;瘦果 …………………………………… 42. 蔷薇科 Rosaceae (173)
47. 花下具5裂的萼状总苞;栽培植物 ………………… 22. 紫茉莉科 Nyctaginaceae
47. 花下无萼状总苞;野生植物 ……………………………………………………… 48
48. 胚珠1个,位于子房近顶端处 ………………………… 73. 瑞香科 Thymelaeaceae
48. 胚珠数个,位于特立中央胎座上;盐碱地植物 ……… 86. 报春花科 Primulaceae (180)
49. 花柱1或缺;雄蕊2;角果 ………………………… 36. 十字花科 Cruciferae (172)
49. 花柱2条或更多;雄蕊3~5;非角果 ……………………………………………… 50
50. 花无干膜质的苞片 ………………………… 20. 藜科 Chenopodiaceae (169)
50. 花具干膜质的苞片 ………………………… 21. 苋科 Amaranthaceae (169)
51. 花萼联合具萼筒,常呈花瓣状 …………………………………………………… 52
51. 花萼分离或微联合 ………………………………………………………………… 55
52. 萼管弯曲;叶为2回羽状深裂 ………………………… 15. 山龙眼科 Proteaceae
52. 萼管直立;叶不分裂 ……………………………………………………………… 53
53. 花下具各种颜色的叶状总苞 ……………………… 22. 紫茉莉科 Nyctaginaceae
53. 花下无叶状总苞 …………………………………………………………………… 54
54. 叶无毛或背面有毛;萼筒整个脱落 ……………………… 73. 瑞香科 Thymelaeaceae

54. 叶背具银白色的鳞片；萼筒下部宿存 …………………… 74. 胡颓子科 Elaeagnaceae
55. 树皮绿色；叶为大型掌状裂叶，蓇葖果 …………………… 66. 梧桐科 Sterculiaceae (179)
55. 树皮粗糙褐色；叶不分裂或微分裂；翅果 …………………… 12. 榆科 Ulmaceae (168)
56. 花冠有分离的花瓣……………………………………………… 57
56. 花冠联合或多少联合 …………………………………………… 139
57. 花具2至多数离生心皮组成的离生单雌蕊……………………… 58
57. 花具1枚心皮组成的单雌蕊或多个心皮联合为复雌蕊………… 70
58. 雄蕊多个，10个以上；超过花瓣数的2倍 …………………… 59
58. 雄蕊10个或更少，不超过花瓣数的2倍……………………… 63
59. 花单性；雌雄异株；花药4室 …………………… 31. 防己科 Menispermaceae
59. 花两性；花药1～2室…………………………………………… 60
60. 雄蕊生于杯状花托（花筒）的边缘 …………………… 42. 蔷薇科 Rosaceae(173)
60. 雄蕊生于凸出的花托上………………………………………… 61
61. 离生单雌蕊，平列着生于肉质花托的凹陷中 …………………… 27. 睡莲科 Nymphaeaceae
61. 离生单雌蕊，螺旋状排列于隆起或圆柱状的花托上 ………… 62
62. 草本；无托叶；若为木本其萼片4～5 …………………… 29. 毛茛科 Ranunculaceae (170)
62. 木本；有托叶和环状托叶痕；有萼瓣之分或萼片和花瓣相似，均为3基数 ……………………………………… 32. 木兰科 Magnoliaceae (171)
63. 花单性或杂性…………………………………………………… 64
63. 花两性…………………………………………………………… 67
64. 乔木……………………………………………………………… 65
64. 木质或革质藤本；单叶 ………………………………………… 66
65. 奇数羽状复叶 …………………… 50. 苦木科 Simarubaceae (176)
65. 单叶，掌状分裂，具叶柄下芽；雌、雄花都密集成球形的头状花序……………………………………… 41. 悬铃木科 Platanaceae (173)
66. 雄蕊5个；木质藤本 …………………… 32. 木兰科 Magnoliaceae (171)
66. 雄蕊6～9个；草质藤本 …………………… 31. 防己科 Menispermaceae
67. 有萼、瓣之分；萼片5，绿色，着生在花托边缘 ……………… 68
67. 萼、瓣难分；花被着生在壶形花托的外面，排列成数层 ……… 33. 蜡梅科 Calycanthaceae
68. 花柱2～4条 …………………… 38. 虎耳草科 Saxifragaceae(173)
68. 花柱5条………………………………………………………… 69
69. 叶肉质 …………………… 37. 景天科 Crassulaceae
69. 叶非肉质 …………………… 45. 牻牛儿苗科 Geraniaceae (176)
70. 雄蕊多数，10个以上或超过花瓣数的2倍 …………………… 71
70. 雄蕊少数，10个或更少，不多于花瓣数的2倍 ……………… 91
71. 雄蕊单体或丛生成数群，至少外轮的雄蕊丛生 ……………… 72
71. 雄蕊分离………………………………………………………… 77
72. 花下常有副萼（苞片）；花药1室 …………………… 65. 锦葵科 Malvaceae(178)
72. 花下常无副萼（苞片）；花药2室 …………………………… 73

73. 肉质植物……………………………………………… 24. 番杏科 Aizoaceae

73. 非肉质植物……………………………………………………………… 74

74. 胚珠只一枚成熟 ……………………………… 64. 椴树科 Tiliaceae(178)

74. 胚珠 2 枚以上成熟………………………………………………………… 75

75. 荚果 ……………………………………… 43. 豆科 Leguminosae(174)

75. 蒴果……………………………………………………………………… 76

76. 叶含油点 ………………………………………… 68. 藤黄科 Guttiferae

76. 叶不含油点 ……………………………………… 67. 山茶科 Theaceae

77. 子房上位………………………………………………………………… 78

77. 子房下位或半下位……………………………………………………… 82

78. 萼片 2 枚,早落 ……………………………… 34. 罂粟科 Papaveraceae (171)

78. 萼片 4~5 枚或更多 …………………………………………………… 79

79. 叶有油腺点 ……………………………………… 49. 芸香科 Rutaceae

79. 叶无油腺点……………………………………………………………… 80

80. 萼片花瓣状 …………………………… 29. 毛茛科 Ranunculaceae(170)

80. 萼片非花瓣状…………………………………………………………… 81

81. 花瓣皱缩具长爪……………………………… 75. 千屈菜科 Lythraceae(179)

81. 花瓣平展不具爪 ……………………………… 42. 蔷薇科 Rosaceae (173)

82. 水生植物 …………………………………… 27. 睡莲科 Nymphaeaceae

82. 陆生植物………………………………………………………………… 83

83. 萼片 2 …………………………………………………………………… 84

83. 萼片非 2 ………………………………………………………………… 85

84. 萼片花瓣状;蒴果纵裂 ……………………… 71. 秋海棠科 Begoniaceae

84. 萼片非花瓣状;蒴果环状盖裂 ……………… 25. 马齿苋科 Portulacaceae(169)

85. 肉质植物………………………………………………………………… 86

85. 非肉质植物……………………………………………………………… 87

86. 通常无叶,植物体具刺;花柱 1 条 ……………… 72. 仙人掌科 Cactaceae

86. 有叶,植物体无刺;无花柱或花柱分离………………… 24. 番杏科 Aizoaceae

87. 植物体含挥发油,揉其叶有香味 ………………… 77. 桃金娘科 Myrtaceae

87. 植物体不含挥发油,叶无香味 …………………………………………… 88

88. 花瓣 4 个……………………………………… 38. 虎耳草科 Saxifragaceae(173)

88. 花瓣 5~7 或因变异而更多 ……………………………………………… 89

89. 蒴果,成熟后开裂 ………………………… 75. 千屈菜科 Lythraceae(179)

89. 浆果或梨果,成熟后不开裂 ……………………………………………… 90

90. 浆果;无托叶 …………………………………… 76. 石榴科 Punicaceae

90. 梨果;有托叶 ………………………………… 42. 蔷薇科 Rosaceae(173)

91. 花整齐,辐射对称 ………………………………………………………… 92

91. 花不整齐,左右对称或不对称…………………………………………… 130

92. 雄蕊与花瓣同数…………………………………………………………… 93

92. 雄蕊与花瓣不同数 …………………………………………………………………… 114
93. 雄蕊与花瓣对生………………………………………………………………………… 94
93. 雄蕊与花瓣互生………………………………………………………………………… 96
94. 雄蕊 6，花药瓣裂或纵裂 ………………………………… 30. 小檗科 Berberidaceae
94. 雄蕊 4～5 ……………………………………………………………………………… 95
95. 直立灌木或乔木；核果 ………………………………… 62. 鼠李科 Rhamnaceae(178)
95. 攀缘藤本有卷须；浆果 ………………………………………… 63. 葡萄科 Vitaceae(178)
96. 雄蕊 2 枚……………………………………………………… 79. 柳叶菜科 Oenotheraceae
96. 雄蕊 4～5(6)枚 ………………………………………………………………………… 97
97. 子房上位………………………………………………………………………………… 98
97. 子房下位或半下位 …………………………………………………………………… 108
98. 有花盘…………………………………………………………………………………… 99
98. 无花盘 ………………………………………………………………………………… 104
99. 子房 1 室 ……………………………………………………………………………… 100
99. 子房 2～5 室…………………………………………………………………………… 101
100. 叶小、鳞片状；胚珠多个……………………………………… 69. 柽柳科 Tamaricaceae
100. 叶非鳞片状；胚珠 1 个 …………………………… 55. 漆树科 Anacardiaceae(177)
101. 单叶…………………………………………………………………………………… 102
101. 复叶…………………………………………………………………………………… 103
102. 种子有假种皮；叶缘无硬刺 ………………………… 57. 卫矛科 Celastraceae (177)
102. 种子无假种皮；叶缘具向下生长的硬刺 ………………………… 56. 冬青科 Aquifoliaceae
103. 核果；种子无翅 …………………………………… 50. 苦木科 Simarubaceae (176)
103. 蒴果；种子有翅 ……………………………………………… 51. 楝科 Meliaceae (176)
104. 花丝基部联合形成单体雄蕊………………………………………… 47. 亚麻科 Linaceae
104. 雄蕊花丝离生………………………………………………………………………… 105
105. 复叶或裂叶；通常有退化雄蕊 ………………… 45. 牻牛儿苗科 Geraniaceae (176)
105. 单叶不裂……………………………………………………………………………… 106
106. 退化雄蕊成束丝裂 ………………………………… 38. 虎耳草科 Saxifragaceae (173)
106. 无退化雄蕊…………………………………………………………………………… 107
107. 叶在膨大的节上对生；特立中央胎座 ……………… 26. 石竹科 Caryophyllaceae (170)
107. 叶互生或于上部近对生或轮生；侧膜胎座 ……………… 39. 海桐花科 Pittosporaceae
108. 伞形花序或由伞形花序组成的复合花序…………………………………………… 109
108. 非伞形花序…………………………………………………………………………… 110
109. 浆果或核果 ……………………………………………………… 82. 五加科 Araliaceae
109. 双悬果 ………………………………………………… 83. 伞形科 Umbelliferae (179)
110. 子房半下位 ………………………………………… 75. 千屈菜科 Lythraceae (179)
110. 子房下位……………………………………………………………………………… 111
111. 灌木或小乔木；枝条常紫红色；叶对生 ……………… 84. 山茱萸科 Cornaceae (180)
111. 草本…………………………………………………………………………………… 112

112. 水生植物;叶菱形 ……………………………… 78. 菱科 Hydrocaryaceae
112. 陆生或湿生;叶非菱形 ……………………………… 113
113. 攀缘茎有卷须;瓠果 ……………………………… 111. 葫芦科 Cucurbitaceae (185)
113. 直立茎无卷须;蒴果……………………………… 79. 柳叶菜科 Oenotheraceae
114. 雄蕊倍于花瓣数……………………………… 115
114. 雄蕊非花瓣的倍数……………………………… 124
115. 子房上位……………………………… 116
115. 子房下位或半下位……………………………… 122
116. 乔木……………………………… 117
116. 草本……………………………… 118
117. 蒴果或核果 ……………………………… 51. 楝科 Meliaceae (176)
117. 翅果 ……………………………… 50. 苦木科 Simarubaceae (176)
118. 单叶对生,全缘 ……………………………… 26. 石竹科 Caryophyllaceae (170)
118. 单叶或复叶,互生或间有对生 ……………………………… 119
119. 花序头状;荚果 ……………………………… 43. 豆科 Leguminosae (174)
119. 花单生或成疏花序;蒴果或离(分)果 ……………………………… 120
120. 偶数羽状复叶,互生或间有对生;雄蕊分离 ……………… 48. 蒺藜科 Zygophyllaceae (176)
120. 掌状复叶或裂叶;雄蕊基部连合 ……………………………… 121
121. 叶为掌状复叶,小叶放射状排列于叶轴的顶端 ………… 44. 酢浆草科 Oxalidaceae (176)
121. 叶为掌状圆裂或尖裂 ……………………………… 45. 牻牛儿苗科 Geraniaceae (176)
122. 子房半下位 ……………………………… 38. 虎耳草科 Saxifragaceae (173)
122. 子房下位……………………………… 123
123. 水生或沼生,每心皮内胚珠1个;叶为复叶……………… 80. 小二仙草科 Haloragaceae
123. 陆生或湿生;每心皮内胚珠多数;叶为单叶 ……………… 79. 柳叶菜科 Oenotheraceae
124. 花瓣4;雄蕊6 ……………………………… 125
124. 花瓣与雄蕊非上述情况……………………………… 127
125. 二体雄蕊 ……………………………… 34. 罂粟科 Papaveraceae (171)
125. 雄蕊分离……………………………… 126
126. 雄蕊等长 ……………………………… 35. 白花菜科 Capparidaceae
126. 四强雄蕊 ……………………………… 36. 十字花科 Cruciferae (172)
127. 花两性……………………………… 25. 马齿苋科 Portulacaceae (169)
127. 花单性或杂性……………………………… 128
128. 草本;攀缘茎有卷须 ……………………………… 111. 葫芦科 Cucurbitaceae (185)
128. 乔木……………………………… 129
129. 叶对生;翅果 ……………………………… 58. 槭树科 Aceraceae (177)
129. 叶互生,坚硬蒴果 ……………………………… 60. 无患子科 Sapindaceae (178)
130. 子房1室……………………………… 131
130. 子房2～5室 ……………………………… 133
131. 蒴果……………………………… 132

131. 荚果 …………………………………………………… 43. 豆科 Leguminosae (174)
132. 2 心皮侧膜胎座 …………………………………… 34. 罂粟科 Papaveraceae (171)
132. 3 心皮侧膜胎座 …………………………………… 70. 堇菜科 Violaceae (179)
133. 子房 2 室 ………………………………………… 52. 远志科 Polygalaceae (176)
133. 子房 3 室或 5 室 ………………………………………………………………… 134
134. 子房 3 室 ………………………………………………………………………… 135
134. 子房 5 室 ………………………………………………………………………… 138
135. 乔木 ……………………………………………………………………………… 136
135. 草本 ……………………………………………………………………………… 137
136. 叶对生,掌状复叶 ………………………………… 59. 七叶树科 Hippocastanaceae
136. 叶互生,羽状复叶 ………………………………… 60. 无患子科 Sapindaceae (178)
137. 花有距 ……………………………………………… 46. 旱金莲科 Tropaelaceae
137. 花无距 ……………………………………………… 60. 无患子科 Sapindaceae (178)
138. 叶掌状分裂,有托叶 ……………………………… 45. 牻牛儿苗科 Geraniaceae (176)
138. 叶不分裂,无托叶;茎多液汁 ……………………… 61. 凤仙花科 Balsaminaceae
139. 子房上位 ………………………………………………………………………… 140
139. 子房下位 ………………………………………………………………………… 170
140. 花整齐,辐射对称或近之 ………………………………………………………… 141
140. 花不整齐,左右对称或不对称 …………………………………………………… 160
141. 雄蕊与花瓣同数 ………………………………………………………………… 142
141. 雄蕊与花瓣不同数 ……………………………………………………………… 155
142. 雄蕊与花瓣对生;花柱 1 条 ……………………… 86. 报春花科 Primulaceae(180)
142. 雄蕊与花瓣互生 ………………………………………………………………… 143
143. 植物体有乳汁 …………………………………………………………………… 144
143. 植物体无乳汁 …………………………………………………………………… 146
144. 叶互生;蒴果 ……………………………………… 92. 旋花科 Convolvulaceae(181)
144. 叶对生或间有互生 ……………………………………………………………… 145
145. 雄蕊分离,花柱合生 ……………………………… 90. 夹竹桃科 Apocynaceae(181)
145. 雄蕊联合,花柱离生 ……………………………… 91. 萝藦科 Asclepiadaceae(181)
146. 茎蔓缠绕 …………………………………………… 92. 旋花科 Convolvulaceae(181)
146. 茎直立或因水生而呈匍匐状 ……………………………………………………… 147
147. 子房 2 室、或因深 4 裂状如 4 室 ………………………………………………… 148
147. 子房 1 室,3 室、5 室或更多,绝不为 2 室 ………………………………………… 153
148. 子房深 4 裂,果实为 4 枚小坚果或瘦果,少有子房不裂而呈核果状 ……………… 149
148. 子房和果实非上述情况 …………………………………………………………… 150
149. 叶对生,茎 4 棱 …………………………………… 96. 唇形科 Labiatae(183)
149. 叶互生,茎圆柱形 ………………………………… 94. 紫草科 Boraginaceae(182)
150. 侧膜胎座或边缘胎座 ……………………………………………………………… 151
150. 中轴胎座 ………………………………………………………………………… 152

151. 蒴果 ………………………………………………………… 89. 龙胆科 Gentianaceae
151. 蓇葖果 …………………………………………… 90. 夹竹桃科 Apocynaceae (181)
152. 花冠 4 裂,干膜质 …………………………… 106. 车前科 Plantaginaceae(185)
152. 花冠 5 裂,非干膜质 …………………………………… 97. 茄科 Solanaceae(183)
153. 子房 1 室或 3 室…………………………………………………………………… 154
153. 子房 5 室或更多 ………………………………………………… 85. 杜鹃花科 Ericaceae
154. 子房 1 室,侧膜胎座 ……………………………………… 89. 龙胆科 Gentianaceae
154. 子房 3 室,中轴胎座…………………………………… 93. 花荵科 Polemoniaceae
155. 雄蕊多于花瓣数…………………………………………………………………… 156
155. 雄蕊少于花瓣数…………………………………………………………………… 159
156. 复叶………………………………………………………………………………… 157
156. 单叶………………………………………………………………………………… 158
157. 心皮 1 个;荚果 …………………………………… 43. 豆科 Leguminosae (174)
157. 心皮 5 个;蒴果 ……………………………… 44. 酢浆草科 Oxalidaceae (176)
158. 乔木;花单性或杂性 ……………………………… 87. 柿树科 Ebenaceae(180)
158. 肉质草本;花两性 ……………………………………… 37. 景天科 Crassulaceae
159. 雄蕊 2 ……………………………………………… 88. 木犀科 Oleaceae(180)
159. 雄蕊 4 …………………………………………… 95. 马鞭草科 Verbenaceae(182)
160. 能孕的雄蕊 5 …………………………………………… 85. 杜鹃花科 Ericaceae
160. 能孕的雄蕊 2 或 4 ………………………………………………………………… 161
161. 子房每室有 1 枚胚珠……………………………………………………………… 162
161. 子房每室有 2 个以上胚珠………………………………………………………… 164
162. 子房 1 室 ……………………………………………… 105. 透骨草科 Phrymaceae
162. 子房 2～4 室 ……………………………………………………………………… 163
163. 子房深 4 裂 ………………………………………… 96. 唇形科 Labiatae(183)
163. 子房不裂 …………………………………………… 95. 马鞭草科 Verbenaceae(182)
164. 子房 1 室或不完全 2 室…………………………………………………………… 165
164. 子房 2～4 室 ……………………………………………………………………… 167
165. 雄蕊 2 个;水生捕虫植物 ……………………………… 103. 狸藻科 Lentibulariaceae
165. 雄蕊 4 个…………………………………………………………………………… 166
166. 寄生植物,无绿色素 …………………………………… 101. 列当科 Orobanchaceae
166. 非寄生植物,叶绿色,基生或对生 ………………… 102. 苦苣苔科 Gesneriaceae (184)
167. 子房 4 室或不完全的 4 室 ………………………………… 100. 脂麻科 Pedaliaceae
167. 子房 2 室…………………………………………………………………………… 168
168. 花下有大型的苞叶;雄蕊 2 ………………………………… 104. 爵床科 Acanthaceae
168. 花下无大型的苞叶;雄蕊 4,2 强或 2 ……………………………………………… 169
169. 种子有毛 ………………………………………… 99. 紫葳科 Bignoniaceae (184)
169. 种子无毛 ………………………………………… 98. 玄参科 Scrophulariaceae (184)
170. 非头状花序………………………………………………………………………… 171

170. 头状花序有总苞…………………………………………………………………………………… 176
171. 草本攀缘，有卷须；花单性；瓠果或蒴果状盖裂 ……… 111. 葫芦科 Cucurbitaceae (185)
171. 草本或木本，直立无卷须；花两性；非瓠果 ………………………………………………… 172
172. 雄蕊与花冠裂片同数………………………………………………………………………………… 173
172. 雄蕊少于花冠裂片数………………………………………………………………………………… 175
173. 有托叶或因轮生而无托叶 ………………………………………… 107. 茜草科 Rubiaceae (185)
173. 无托叶………………………………………………………………………………………………… 174
174. 叶对生；花辐射对称或左右对称，非钟形 ……………… 108. 忍冬科 Caprifoliaceae (185)
174. 叶互生或轮生，少数间有对生的；花辐射对称，钟形；通常有乳汁 ………………………… ………………………………………………………………………… 112. 桔梗科 Campanulaceae
175. 灌木；叶全缘或具齿 ………………………………………… 108. 忍冬科 Caprifoliaceae (185)
175. 草本；叶分裂 …………………………………………………………… 109. 败酱科 Valerianaceae
176. 雄蕊分离 ……………………………………………………………… 110. 川续断科 Dipsacaceae
176. 雄蕊花药结合，花丝分离 ………………………………………… 113. 菊科 Compositae (186)
177. 水生飘浮植物，仅具微小的叶状体 …………………………… 126. 浮萍科 Lemnaceae (194)
177. 植物体具正常的茎叶，或其叶因退化而呈鞘状或鳞片状 ………………………………… 178
178. 棕榈状植物，乔木或灌木，叶大型；花序极大，下具佛焰苞 …… 124. 棕榈科 Palmae (193)
178. 非棕榈状植物………………………………………………………………………………………… 179
179. 禾草状植物；花集成小穗，下具颖片或否；无花被，而以稃片，鳞片或刚毛代之 ……… 180
179. 非禾草状植物；如为禾草状则其花非上述情况 ……………………………………………… 181
180. 茎有明显的节，通常外圆中空；叶常 2 列，叶鞘于一边开裂；花药中部附着；颖果……… ……………………………………………………………………………… 122. 禾本科 Gramineae (189)
180. 茎无明显的节，通常三棱形，少数为圆形，中实；叶 3 列，叶鞘闭合；花药基部附着；瘦果… ……………………………………………………………………………… 123. 莎草科 Cyperaceae (193)
181. 花单性………………………………………………………………………………………………… 182
181. 花两性………………………………………………………………………………………………… 191
182. 陆生植物……………………………………………………………………………………………… 183
182. 水生或沼生植物……………………………………………………………………………………… 186
183. 无真花被……………………………………………………………………………………………… 184
183. 有真花被……………………………………………………………………………………………… 185
184. 叶宽阔，单叶或裂叶，羽状脉或网状脉；花序间无毛，有真正的佛焰苞 ………………… ……………………………………………………………………………… 125. 天南星科 Araceae(194)
184. 叶带状线形，平行脉；花序间生长毛状苞片，无真正的佛焰苞 … 114. 香蒲科 Typhaceae(188)
185. 子房上位；叶退化而以叶状枝代之 ………………………………… 130. 百合科 Liliaceae(194)
185. 子房下位；有叶……………………………………………… 132. 薯蓣科 Dioscoreaceae (195)
186. 沉水或浮生…………………………………………………………………………………………… 187
186. 挺水生长，植物体上部露出水面 ……………………………………………………………… 189
187. 叶缘有硬刺或齿………………………………………………… 117. 茨藻科 Najadaceae(189)
187. 叶全缘，无刺或齿 …………………………………………………………………………………… 188

188. 有花被；子房下位 ………………………………… 121. 水鳖科 Hydrocharitaceae(189)
188. 无真花被；子房上位 ………………………… 116. 眼子菜科 Potamogetonaceae(189)
189. 有真花被 ……………………………………………… 119. 泽泻科 Alismataceae(189)
189. 无真花被 ……………………………………………………………………………… 190
190. 花序为长柱形的穗状花序，花间夹生长毛 ………………… 114. 香蒲科 Typhaceae(188)
190. 花序为簇生的头状花序，花间无毛或于雄花下围生鳞片 … 115. 黑三棱科 Sparganiaceae(189)
191. 水生植物；花序穗状，雄蕊 4 个，有宽大花萼状的药隔 ………………………………
…………………………………………………… 116. 眼子菜科 Potamogetonaceae(189)
191. 陆生或沼生植物 ……………………………………………………………………… 192
192. 子房上位或半下位 …………………………………………………………………… 193
192. 子房下位 ……………………………………………………………………………… 200
193. 心皮 2 至数个，分离，即该花有 2 至数个离生雌蕊 ………………………………… 194
193. 心皮单生或数个合生，即该花具 1 心皮雌蕊(单雌蕊)或复雌蕊 ……………………… 195
194. 总状花序或圆锥花序；心皮聚为头状，每心皮内具 1～2 枚胚珠 ……………………
………………………………………………………… 119. 泽泻科 Alismataceae(189)
194. 伞形花序；心皮排列成一环，每心皮内具多数胚珠 ……… 120. 花蔺科 Butomaceae (189)
195. 花被花瓣状或有萼片或花瓣之分 …………………………………………………… 198
195. 花被萼片状 …………………………………………………………………………… 196
196. 有花柱，分离或单生而有 3 柱头 ………………………… 129. 灯心草科 Juncaceae (194)
196. 无花柱或很短 ………………………………………………………………………… 197
197. 肉穗花序；花丝长 ……………………………………………… 125. 天南星科 Araceae(194)
197. 穗形的总状花序；花丝短 ………………………………… 118. 芝菜科 Scheuchzeriaceae
198. 花被有萼瓣之分，具佛焰苞 …………………………… 127. 鸭跖草科 Commelinaceae(194)
198. 花被花瓣状，无萼瓣之分，不具佛焰苞 ……………………………………………… 199
199. 花被整齐，雄蕊相似；陆生，地下部具根茎、球茎或鳞茎 …… 130. 百合科 Liliaceae (194)
199. 花被不整齐，雄蕊不相似；沼生或个别引种栽培者为水生 ……………………………
………………………………………………………… 128. 雨久花科 Pontederiaceae (194)
200. 花整齐 ………………………………………………………………………………… 201
200. 花不整齐 ……………………………………………………………………………… 203
201. 退化雄蕊显著无花药 ………………………………………… 134. 美人蕉科 Cannaceae(196)
201. 无退化雄蕊 …………………………………………………………………………… 202
202. 雄蕊 6 ………………………………………………… 131. 石蒜科 Amaryllidaceae (195)
202. 雄蕊 3 与外轮花被对生 ………………………………………… 133. 鸢尾科 Iridaceae (195)
203. 雄蕊和雌蕊合生 ……………………………………………… 135. 兰科 Orchidaceae(196)
203. 雄蕊和雌蕊分离 ……………………………………………………………………… 204
204. 雄蕊 3，全部发育 …………………………………………… 133. 鸢尾科 Iridaceae(195)
204. 雄蕊退化成花瓣状，通常只有半个雄蕊发育 ……………… 134. 美人蕉科 Cannaceae(196)

（王　丽）

附录2　常见种子植物属、种检索表

1. 苏铁科 Cycadaceae

苏铁属 *Cycas* L. 苏铁 *C. revoluta* Thunb.

2. 银杏科 Ginkgoaceae

银杏属 *Ginkgo* L. 银杏 *G. Biloba* L.

4. 松科 Pinaceae

1. 茎无长短枝区别;叶螺旋状着生于枝上(云杉属 *Picea* Dier) …………………………… 2
1. 茎有长短枝的区别;叶在长枝上螺旋排列,在短枝上簇生……………………………… 3
2. 1年生枝或多或少的有毛及白粉,小枝基部宿存的芽鳞或多或少向外反卷 ……………………………………………………………………… 1. 白杆 *P. meyeri* Rehd. et Wils.
2. 1年生枝无毛及白粉,小枝基部宿存的芽鳞紧贴小枝,不反卷 ……………………………………………………………………… 2. 青杆 *P. wilsonii* Mast.
3. 叶在长枝上螺旋状散生,在短枝上5针以上簇生,种鳞顶端扁平,不加厚(雪松属 *Cedrus* Trew.) ……………………………………………………………… 3. 雪松 *C. deodara* Loud.
3. 叶2～5针一束簇生短枝上,种鳞顶端加厚(松属 *Pinus* L.) ……………………………… 4
4. 针叶基部鳞叶不下延,叶鞘早落,叶内具1个维管束……………………………………… 5
4. 针叶基部鳞叶 下延,叶鞘宿存,叶内具2个维管束 ……………………………………… 6
5. 叶5针一束,种鳞鳞脐顶生 ……………………………… 4. 华山松 *P. armandii* Franch.
5. 叶3针一束,鳞脐背生,具刺尖头,树干上有乳白色或灰绿色花斑……………………………………………………………………… 5. 白皮松 *P. bungeana* Zucc.
6. 叶2针一束,针叶细长而柔软,长12～20 cm,鳞盾平或微隆起,鳞脐无刺 ……………………………………………………………………… 6. 马尾松 *P. massoniana* Lamb.
6. 叶2针一束,针叶较粗硬 ……………………………………………………………… 7
7. 叶长10～15 cm,叶内树脂道边生……………………… 7. 油松 *P. tabulaeformis* Call.
7. 叶长6～12 cm,叶内树脂道中生…………………………… 8. 黑松 *P. thunbergii* Parl.

5. 杉科 Taxodiaceae

1. 叶和种鳞均为对生;叶条形,在小枝上排成2列;侧生连叶于冬季脱落(水杉属 *Metasequoia* Miki.) ………………………………………… 1. 水杉 *M. glyptostroboides* Hu et Cheng.
1. 叶和种鳞均为螺旋状互生;常绿性,不脱落……………………………………………… 2
2. 叶条状披针形,边缘有锯齿;苞鳞大,革质,种鳞小;种子两侧有翅(杉木属 *Cunninghamia* R. Br.) ………………………………………… 2. 杉木 *C. lanceolata* (Lamb.) Hook.

2. 叶针形，两侧略扁；苞鳞小，木质，种鳞大，盾形；种子边缘有窄翅（柳杉属 *Cryptomeria* D. Don） …………………………………… 3. 柳杉 *C. fortunei* Hooibrenk ex Dtto et Dietr.

6. 柏科 Cupressaceae

1. 球果的种鳞木质或近革质，熟时张开；种子通常有翅，希无翅 …………………………………… 2
1. 球果的种鳞肉质，熟时不张开或顶端微裂；种子无翅…………………………………………… 3
2. 种鳞扁平或鳞背隆起，有钩状尖头，覆瓦状排列；球果当年成熟；鳞叶长 4 mm 以内，种鳞 4 对，发育种鳞有两粒种子，种子无翅（侧柏属 *Platycladus* Spach.） ………………………… …………………………………………………………………… 1. 侧柏 *P. orientalis* Franco
2. 种鳞盾形，隆起，镊合状排列；球果翌年成熟；鳞叶长 2 mm 以内，种鳞 4 对，发育种鳞有 5～6 种子，种子边缘有窄翅（柏木属 *Cupressus* L.）…………………… 2. 柏木 *C. funebris* Endl.
3. 全为刺叶或全为鳞叶，或同一树上刺叶、鳞叶兼有，刺叶基部无关节，下延，球果熟时种鳞顶端完全合生（圆柏属 *Sabina* Mill.）…………………………………………………………… 4
3. 全为刺叶，基部有关节，不下延，球花单生于叶腋；球果熟时种鳞顶端微裂（刺柏属 *Juniperus* L.） ……………………………………………………………………………………… 5
4. 树冠广圆形或圆锥形；刺叶、鳞叶兼有……………………… 3. 圆柏 *S. chinensis*（L.）Ant.
4. 树冠窄圆柱形，大枝扭转向上，全为鳞叶………… 4. 龙柏 *S. Chinensis*（L.）Ant. cv. Kaizuca
5. 叶上面中脉绿色，两侧各有 1 条白色或灰色气孔带 …………… 5. 刺柏 *J. formosana* Hay.
5. 叶上面无绿色中脉，有 1 条白色气孔带 …………………… 6. 杜松 *J. rigida* Sieb. et Zucc.

8. 杨柳科 Salicaeae

1. 花序上的苞片条裂，花具花盘而无蜜腺，冬芽具数枚鳞片，顶芽常存在（杨属 *Populus* L.） ……………………………………………………………………………………………… 2
1. 花序上的苞片全缘，花具蜜腺而无花盘，冬芽具 1 个鳞片，无顶芽（柳属 *Salix* L.）……… 3
2. 嫩枝和幼叶密被白毛，蒴果 2 裂；叶缘具波状或不规则裂；短枝的叶背面和叶柄上的绒毛脱落，叶柄先端常具腺体 ………………………………………… 1. 毛白杨 *P. tomentosa* Carr.
2. 嫩枝和叶背面光滑无毛或被稀柔毛，蒴果 3 裂；树皮老时灰黑色，深裂…………………… ………………………………………………………………… 2. 加拿大杨 *P. canadensis* Moench.
3. 雌花具 1 腺体，枝条下垂 ……………………………………… 3. 垂柳 *S. babylorica* L.
3. 雌花具 2 腺体，枝条不下垂 ………………………………… 4. 旱柳 *S. matsudana* Koidz.

9. 胡桃科 Juglandaceae

1. 果为具双翅的坚果，叶总轴具翅（枫杨属 *Pterocarya* Kunth.） ………………………… ………………………………………………………………………… 1. 枫杨 *P. stenoptera* DC.
1. 果为肥大核果状，叶总轴无翅，小叶全缘，无毛（胡桃属 *Juglans* L.） … 2. 胡桃 *J. regia* L.

10. 桦木科 Betulaceae

桦木属 *Betula* L.　白桦 *B. platyphylla* Suk.

12. 榆科 Ulmaceae

1. 羽状脉,侧脉 7 对以上,枝无刺,翅果周围具膜质翅,近圆形(榆属 *Ulmus* L.)……………………………………………… 1. 榆 *U. pumila* L.

1. 三出脉,侧脉 6 对以下,枝无刺,核果近球形,无翅(朴树属 *Celtis* L.)…………………………………… 朴树 *C. tetrandra* subsp. *Sinensis* (Pers.)Y. C. Tang

13. 桑科 Moraceae

1. 木本植物,具乳汁 …………………………………………………………… 2
1. 草本植物,无乳汁 …………………………………………………………… 6
2. 隐头花序(无花果属 *Ficus* L.) ……………………………………………… 3
2. 非隐头花序…………………………………………………………………… 4
3. 叶掌状 3~5 裂,上面粗糙,下面具细毛 ……………………… 1. 无花果 *F. carica* L.
3. 叶革质,全缘 ……………………………………………… 2. 印度橡皮树 *F. elastica* Roxb.
4. 雌雄花均成柔荑花序;聚花果长圆形,果熟时子房柄不伸长(桑属 *Morus* L.) …………… 5
4. 雄花成柔荑花序;雌花成球形的头状花序,果熟时子房柄伸长(构树属 *Broussonetia* L′ Herit.) ……………………………………………………… 3. 构树 *B. papyrifera* Vent.
5. 叶缘锯齿的先端不具刺芒尖,叶上面近光滑下面脉上具疏毛,脉腋具簇毛;花柱不明显或无 ………………………………………………………………………… 4. 桑 *M. alba* L.
5. 叶缘锯齿的先端具刺芒状尖;叶表面粗糙,背面光滑或有柔毛;花柱明显…………………………………………………………… 5. 蒙桑 *M. mongolica* Schneid.
6. 单叶对生,草质藤本,具钩刺(葎草属 *Humulus* L.) …………… 6. 葎草 *H. scandens* Merr.
6. 叶掌状裂,互生,茎直立,无钩刺(大麻属 *Cannabis* L.) ……………… 7. 大麻 *C. sativa* L.

19. 蓼科 Polygonaceae

1. 花被片 6,两轮排列;内花被片常随果实而增大,瘦果不具翅(酸模属 *Rumex* L.)………… 2
1. 花被片 5,少数为 4 ……………………………………………………………… 3
2. 花单性,雌雄异株;基生叶及茎下部叶的基部箭形,内轮花被片果时显著增大……………………………………………………………………… 1. 酸模 *R. acetosa* L.
2. 花两性,基生叶及茎下部叶的基部圆形或近心形,内轮花被片全缘 …………………………………………………………………… 2. 巴天酸模 *R. patientia* L.
3. 瘦果常与花被等长或稍长(蓼属 *Polygonum* L.) ……………………………………… 4
3. 瘦果成熟超出花被 1~2 倍(荞麦属 *Fagopyrum* Mill.) …………………………………… 5
4. 叶柄具关节,托叶鞘常 2 裂,先端常破裂,花单生或数朵簇生于叶腋…………………………………………………………………… 3. 萹蓄 *P. aviculare* L.
4. 叶柄无关节,托叶鞘常不成 2 裂,托叶鞘圆筒形,先端截平;花形成花序,花被 4 裂,叶正面常具黑褐色斑点 ………………………………………… 4. 酸模叶蓼 *P. lapathifolium* L.
5. 瘦果表面光滑,三棱的棱锐;栽培作物 ……………………… 5. 荞麦 *F. esculentum* Moench.

5. 瘦果表面有小突起或小瘤状物，有3条窄纵沟；野生或栽培 ……………………………… 6. 苦荞麦 *F. tataricum*（L.）Gaertn.

20. 藜科 Chenopodiaceae

1. 叶圆柱形，小苞片发达，草质或肉质，围抱花被，果时花被具横生翅（猪毛菜属 *Salsola* L.） ……………………………… 1. 猪毛菜 *S. collina* Pall.
1. 叶扁平，子房与花被分生 ……………………………… 2
2. 花单性，植株无星状毛；小苞片在中部以上结合，胞果具刺（菠菜属 *Spinacia* L.） ……………………………… 2. 菠菜 *S. oleracea* L.
2. 花两性，花被5裂，胞果常包藏在花被内 ……………………………… 3
3. 植株被柔毛，果熟时，花被具横生翅（地肤属 *Kochia* Roth.） ……………………………… 3. 地肤 *K. scoparia*（L.）Schrad.
3. 植株无毛或具白粉，果熟时，花被无横生翅（藜属 *Chenopodium* L.） ……………………………… 4
4. 叶全缘，卵圆形或阔卵形，具小尖头 ……………………………… 4. 尖头叶藜 *C. acuminatum* Willd.
4. 叶缘具牙齿或缺刻 ……………………………… 5
5. 茎平卧或斜向上，上面绿，下面带紫色，被厚粉，中脉明显 ……………………………… 5. 灰绿藜 *C. glaucum* L.
5. 茎直立，叶两面均绿色或被粉粒 ……………………………… 6
6. 叶长圆状卵形，3浅裂，中裂片较长，两侧边缘几乎平行 ……………………………… 6. 小藜 *C. serotinum* L.
6. 叶卵状三角形，菱状卵形，近全缘或略具不整齐齿 ……………………………… 7. 藜 *C. album* L.

21. 苋科 Amaranthaceae

1. 叶对生，花成细长的穗状花序（牛膝属 *Achyranthes* L.） ……………………………… 1. 牛膝 *A. bidentata* B. L
1. 叶互生 ……………………………… 2
2. 花两性，花丝基部连合成杯状，花多数密生成扁平肉质鸡冠状、卷冠状或羽毛状的穗状花序（青葙属 *Celosia* L.） ……………………………… 2. 鸡冠花 *C. cristata* L.
2. 花单性，花丝离生（苋属 *Amaranthus* L.） ……………………………… 3
3. 叶柄基部有一对针刺；苞片常变成2锐刺，少数有1刺或无刺 ……………………………… 3. 刺苋 *A. spinosus* L.
3. 叶柄基部无刺；苞片不变成刺 ……………………………… 4
4. 植株密被糙毛；花被片5，雄蕊5；圆锥花序较粗，胞果包在宿存花被内 ……………………………… 4. 反枝苋 *A. retroflexus* L.
4. 植株无毛或近无毛；花被片3，雄蕊3 ……………………………… 5
5. 胞果环状开裂；花簇由下部腋生，向上延续成顶生穗状花序；叶片颜色为绿、红、紫或相杂 ……………………………… 5. 苋 *A. tricolor* L.
5. 胞果不开裂；茎平卧上升；叶片顶端凹缺 ……………………………… 6. 凹头苋 *A. lividus* L.

25. 马齿苋科 Portulacaceae

马齿苋属 *Portulaca* L. 马齿苋 *P. oleracea* L.

26. 石竹科 Caryophyllaceae

1. 萼片离生,花瓣近无爪 ………………………………………………………………………… 2
1. 萼片合生,花瓣具爪 …………………………………………………………………………… 4
2. 花柱 5 条,花瓣深 2 裂(鹅肠菜属 *Malachium* Fries) ……… 1. 鹅肠菜 *M. aquaticum* Fries.
2. 花柱 3 条,花瓣先端 2 裂或深裂(繁缕属 *Stellaria* L.) ……………………………………… 3
3. 叶卵形,花单生叶腋或成顶生疏散的聚伞花序,花瓣比萼片短 ………………………………
…………………………………………………………………… 2. 繁缕 *S. media* (L.) Cyr.
3. 叶卵状椭圆形,聚伞花序常生于叶腋,花瓣和萼片等长 …… 3. 中国繁缕 *S. chinensis* Regel
4. 萼外具叶状苞片(石竹属 *Dianthus* L.) …………………………………………………… 5
4. 萼外无苞片………………………………………………………………………………………… 6
5. 聚伞花序具多花(3 朵以上),集成头状 ……………………… 4. 五彩石竹 *D. barbatus* L.
5. 花单生或 2～3 朵成聚伞花序 …………………………………………… 5. 石竹 *D. chinensis* L.
6. 多年生草本,萼外无棱,花瓣白色或淡粉色(肥皂草属 *Saqponaria* L.) ……………………
…………………………………………………………………… 6. 肥皂草 *S. officinalis* L.
6. 一年生草本,萼外有宽棱 5 条,花瓣粉红色(麦蓝菜属 *Vaccaria* Medic.) ………………
…………………………………………………… 7. 麦蓝菜(王不留行) *V. segetalis* Garcke

29. 毛茛科 Ranunculaceae

1. 叶对生,无花瓣,萼片常成花瓣状,花柱在果时延长成羽毛状(铁线莲属 *Clemetis* L.)…… 2
1. 叶互生或基生……………………………………………………………………………………… 5
2. 直立草本…………………………………………………………………………………………… 3
2. 藤本植物…………………………………………………………………………………………… 4
3. 叶为三出复叶,萼片 4,蓝色 …………………………… 1. 大叶铁线莲 *C. heracleifolia* DC.
3. 叶为 1～2 回羽状复叶,萼片 6,白色 ……………………… 2. 棉团铁线莲 *C. hexapetala* Pall.
4. 叶为一回羽状复叶,萼片 4,蓝白色 ……………………… 3. 羽叶铁线莲 *C. pinnata* Maxim.
4. 叶为二回羽状复叶,萼片 4,白色 ………………………… 4. 短尾铁线莲 *C. brevicaudata* DC.
5. 花两侧对称………………………………………………………………………………………… 6
5. 花辐射对称 ……………………………………………………………………………………… 10
6. 上萼片风兜状(乌头属 *Aconitum* L.)……………………………………………………… 7
6. 上萼片有距,花瓣 2 …………………………………………………………………………… 9
7. 茎缠绕,叶掌状三裂至中部附近,萼片淡紫色………… 5. 两色乌头 *A. alboviolaceum* Kom.
7. 茎直立……………………………………………………………………………………………… 8
8. 叶掌状全裂,萼片黄色 ………………………………………………… 6. 牛扁 *A. barbatum* Pers.
8. 叶掌状全裂,萼片紫色,上萼片盔形 ……………… 7. 草乌(北乌头) *A. kusnezafii* Reichb.
9. 心皮 3(翠雀属 *Delphinium* L.) ……………………………… 8. 翠雀 *D. grandiflorum* L.
9. 心皮 1 (飞燕草属 *Consolida* S. F. Gray)…………………… 9. 飞燕草 *C. ajacis* (L.) Schur
10. 花瓣 5,基部具漏斗状的距,雄蕊外伸(耧斗菜属 *Aquilegia* L.) ………………………
…………………………………………………………………… 10. 耧斗菜 *A. viridiflora* Pall.

10. 花瓣无距 …………………………………………………………………………………… 11
11. 花有环状或杯状花盘，花大，直径在 6 cm 以上（芍药属 *Paeonia* L.）……………… 12
11. 花无花盘，花直径在 6 cm 以下 …………………………………………………………… 13
12. 多年生草本，小叶不分裂，花数朵生茎上部，花盘不发达，肉质……………………………
…………………………………………………………………………… 11. 芍药 *P. lactiflora* Pall.
12. 灌木，小叶分裂，花盘发达，草质，花单生茎顶 …………… 12. 牡丹 *P. suffruticosa* Andr.
13. 叶为 2～4 回羽状复叶，花序通常为紧密的圆锥花序或聚伞花序，花小，花瓣缺（唐松草属 *Thalicturm* L.）…………………………………………………………………………… 14
13. 叶为单叶或三出复叶，花序通常为疏松的聚伞花序或花单独顶生 ……………………… 15
14. 花丝棒状或披针形，柱头无翅，花序伞房状 …………… 13. 瓣蕊唐松草 *T. petaloideum* L.
14. 花丝丝形，柱头有宽翅，圆锥花序伞形 …………………… 14. 东亚唐松草 *T. minums* L.
15. 花瓣缺，萼片花瓣状，花柱果时伸长成羽毛状（白头翁属 *Pulsatilla* L.）……………
…………………………………………………………… 15. 白头翁 *P. chinensis* (Bge). Regel.
15. 花瓣存在，黄色，花柱果时不成羽毛状（毛茛属 *Ranunculus* L.）………………………… 16
16. 多年生草本；基生叶为单叶，3 深裂 ……………………… 16. 毛茛 *R. japonicus* Thunb.
16. 一年生草本………………………………………………………………………………… 17
17. 全株被伸展的硬毛，基生叶为 3 出复叶 …………… 17. 茴茴蒜 *R. chinensis*(Bge.)Regel.
17. 全株近无毛，单叶，3 裂 …………………………………… 18. 石龙芮 *R. sceleratus* L.

32. 木兰科 Magnoliaceae

1. 聚合小坚果，有翅；叶两侧有波状裂或凹缺，有长叶柄（鹅掌楸属 *Lirodendron* L.） ………
…………………………………………………………… 1. 鹅掌楸 *L. chinensis* (Hemsl.) Sarg.
1. 聚合蓇葖果；叶全缘或叶先端稀有凹裂，叶柄短或近无柄……………………………… 2
2. 花顶生；无雌蕊柄（木兰属 *Magnolia* L.）…………………………………………………… 3
2. 花腋生；有雌蕊柄（含笑属 *Michelia* L.） ……………………………………………… 6
3. 常绿乔木；叶片革质，叶片背面有锈色短绒毛 …… 2. 荷花玉兰（洋玉兰）*M. grandiflora* L.
3. 落叶乔木或灌木；叶片背面无锈色短绒毛 ………………………………………………… 4
4. 花被片大小近相等，无萼片与花瓣的区别，花白色，小乔木 …… 3. 玉兰 *M. denudata* Desr.
4. 花被片大小不相等，外轮花被片较小 ……………………………………………………… 5
5. 花与叶同时或稍后开放，外轮花被片带绿色，内轮花被片紫红色 ………………………
…………………………………………………………… 4. 辛夷（紫玉兰）*M. liliflora* Desr.
5. 花先叶开放，外轮花被片较小或与内轮近等长，所有花被片均为紫色 ……………………
…………………………………………………………… 5. 二乔玉兰 *M. soulangeana* Soul.-Bod.
6. 花白色 ………………………………………………………………… 6. 白兰花 *M. alba* DC.
6. 花淡黄色或淡褐紫色 ………………………………………… 7. 含笑花 *M. figo* (Lour.) Spreng

34. 罂粟科 Papaveraceae

1. 植物体具乳汁或液汁；雄蕊多数 ……………………………………………………………… 2
1. 植物体不具乳汁或液汁；雄蕊 4～6 ………………………………………………………… 4

2. 蒴果球形或椭圆形，顶孔开裂，有乳汁；花黄、红、粉红或白色（罂粟属 *Papaver* L.）……… 3
2. 蒴果细长纵裂，具黄褐色液汁；叶羽状全裂；花黄色（白屈菜属 *Chelidonium* L.）…………………………………………………………………… 1. 白屈菜 *C. majus* L.
3. 茎生叶基部抱茎；叶、花梗常光滑 ………………………………… 2. 罂粟 *P. somniferum* L.
3. 茎生叶基部不抱茎，叶、花梗被刚毛，花紫红色，洋红色至白色，但不成黄色，花在花蕾期下垂；叶有羽状裂和不规则锯齿 ………………………………… 3. 虞美人 *P. rhoeas* L.
4. 雄蕊 4；花辐射对称（角茴香属 *Fypecoum* L.）花黄色，蒴果线形 ………………………………………………………………………… 4. 角茴香 *H. erectum* L.
4. 雄蕊 6，结合成 2 体，花两侧对称 ……………………………………………………………… 5
5. 外侧 2 花瓣基部成囊状；花有小苞片（荷苞牡丹属 *Dicentra* Bernh.）……………………………………………………………… 5. 荷苞牡丹 *D. spectabilis* (L.) Lem
5. 外侧 1 花瓣基部成距；花无小苞片（紫堇属 *Corydalis* DC.）；无地下块茎，茎生叶较多，叶裂 1 型，苞片羽状分裂，花紫色，蒴果长圆形 ……………………… 6. 紫堇 *C. bungeana* Turcz.

36. 十字花科 Cruciferae

1. 羽状复叶，花白色（豆瓣菜属 *Nasturtium* R. Br.）………… 1. 豆瓣菜 *N. officinale* R. Br.
1. 单叶……………………………………………………………………………………………… 2
2. 长角果…………………………………………………………………………………………… 3
2. 短角果…………………………………………………………………………………………… 6
3. 果成熟后不开裂，植株被硬长毛，果实在种子间缢缩（萝卜属 *Raphanus* L.）花紫色 ………………………………………………………………………… 2. 萝卜 *R. sativus* L.
3. 果成熟后开裂…………………………………………………………………………………… 4
4. 叶为羽状浅裂或深裂，花黄色（蔊菜属 *Rorippa* Scop.）………………………………………………………………… 3. 沼生蔊菜 *R. islandica* Borbas.
4. 叶为大头羽状分裂或全缘；花紫色、黄色……………………………………………………… 5
5. 花紫色，上部叶抱茎；长角果线形，具 4 棱（诸葛菜属 *Orychophragmus* Bge.）……………………………………………… 4. 二月兰（诸葛菜）*O. violaceus* O. E. Schulz.
5. 花黄色，角果顶端具圆锥状长喙（芸苔属 *Brassica* L.）……………………………………… 8
6. 花黄色，植株无毛（蔊菜属 *Rorippa* Scop.）……………………… 5. 风花菜 *R. globosa* Thell.
6. 花白色或无花瓣……………………………………………………………………………… 7
7. 花瓣存在、退化或无；短角果椭圆形（独行菜属 *Lepidium* L.）………………………………………………………………… 6. 独行菜 *L. apetalum* Willd.
7. 花瓣 4；植株具单毛；短角果倒三角形（荠菜属 *Capsella* Medic.）………………………………………………………………… 7. 荠菜 *C. bursa-pastoris* Medic.
8. 基生叶边缘波状，叶柄扁平，有翅，心叶包叠成头状或圆筒状（栽培）……………………………………………………………………… 8. 白菜 *B. pekinensis* Rupr.
8. 基生叶边缘不成波状，叶柄无翅，心叶不包叠…………………………………………… 9
9. 叶大头羽状分裂（栽培油料作物）………………… 9. 油菜 *B. campestris* var. *oleifera* DC.
9. 叶全缘，叶柄扁平而肥厚（栽培蔬菜）………………… 10. 青菜（小油菜）*B. chinensis* L.

38. 虎耳草科 Saxifragacae

山梅花属 *Philadelphus* L. 太平花 *P. pekinenses* Rupr.

41. 悬铃木科 Platanaceae

悬铃木属 *Platanus* L.

1. 果球2～6个串生;叶5～7深裂 ………………………… 1. 法国梧桐 *P. orientalis* L.
1. 果球通常单生,叶3～5裂,叶裂宽大于长,背面具绒毛 …… 2. 美国梧桐 *P. occidentalis* L.

42. 蔷薇科 Rosaceae

1. 果为开裂的蓇葖果;托叶有或无 ………………………………………………………… 2
1. 果实不开裂,具托叶 ……………………………………………………………………… 3
2. 单叶;心皮5,离生;无托叶(绣线菊属 *Spiraea* L.) ………… 1. 三裂绣线菊 *S. trilobata* L.
2. 羽状复叶,具托叶,大型圆锥花序(珍珠梅属 *Sorbaria* A. Br. et Aehers) …………………… ……………………………………………………………… 2. 珍珠梅 *S. kirilowii* Maxim.
3. 子房下位或半下位;心皮2～5,合生,梨果,常单叶(苹果亚科) ……………………… 4
3. 子房上位………………………………………………………………………………………… 7
4. 心皮成熟时变为硬骨质;枝具刺(山植属 *Crataegus* L.) …… 3. 山楂 *C. pinnatifida* Bge.
4. 心皮成熟时革质或纸质,枝无刺,伞房花序 ……………………………………………… 5
5. 花柱离生;果肉内含石细胞(梨属 *Pyrus* L.) …………… 4. 白梨 *P. bretschneideri* Rehod.
5. 花柱基部连合,果肉内无石细胞(苹果属 *Malus* Mill.) ………………………………… 6
6. 萼片脱落;果实较小,直径多在1.5 cm以下 ………… 5. 西府海棠 *M. micrornalus* Makino
6. 萼片宿存;果实较大,直径多在2 cm以上 ………………………… 6. 苹果 *M. pumila* Mill.
7. 心皮1枚,核果,萼常脱落,单叶(李亚科),枝具实髓,花柱顶生(李属 *Prunus* L.) ……… 8
7. 心皮常多数,瘦果,萼宿存,常为复叶(蔷薇亚科)……………………………………… 18
8. 果实一侧有沟,常被蜡粉,有时被短柔毛………………………………………………… 9
8. 果实外面无沟,不被蜡粉…………………………………………………………………… 13
9. 腋芽单生,顶芽缺,叶在芽内席卷状 ……………………………………………………… 10
9. 腋芽3,顶芽存在,叶在芽内对折状 ……………………………………………………… 11
10. 子房和果实无毛,花3朵,簇生,有梗 ……………………………… 7. 李 *P. salicina* Lindl.
10. 子房和果实被短柔毛,花无梗,树皮灰褐色且木栓质 ………………… S. 杏 *P. armeniaca* L.
11. 灌木,枝有刺,叶先端3裂片,叶缘具重锯齿 ……………… 9. 榆叶梅 *P. triloba* Lindl.
11. 乔木,枝无刺,叶缘具单锯齿………………………………………………………………… 12
12. 花托(萼筒)被短毛;果大,果肉多汁 …………………………… 10. 桃 *P. persica* Batsch.
12. 花托(萼筒)无毛;果小,果肉干燥 ……………………… 11. 山桃 *P. davidiana* Franch.
13. 花多数,10朵以上,总状花序,苞片小型……………………………… 12. 稠李 *P. padus* L.
13. 花单生或少数成总状花序…………………………………………………………………… 14
14. 腋芽3,两侧为花芽;花梗常短,叶表面有皱纹;嫩枝、叶片、子房和果实密被短柔毛 ……… ……………………………………………………………… 13. 毛樱桃 *P. tomentosa* Thunb.

14. 腋芽单生；花梗长或短；果实黑色或红色…………………………………………………………… 15
15. 叶片边缘具重锯齿而无芒，花托筒状，萼片花后反折；花白色；核果红色……………………
……………………………………………………………………… 14. 樱桃 *P. pseudocerasus* Lindl.
15. 叶片边缘锯齿有芒尖；萼片花后平展；花白色或粉红色；核果黑色 ……………………… 16
16. 花托圆筒状，被短柔毛；叶片下面沿叶脉具短柔毛 ……… 15 日本樱花 *P. yedoensis* Mats.
16. 花托钟状，无毛，叶片两面光滑……………………………………………………………………… 17
17. 花单瓣，叶片边缘微具刺芒 ……………………………………… 16. 樱花 *P. serrulata* Lindl.
17. 花重瓣，叶片边缘具长刺芒，花柄细长下垂………………………………………………………
……………………………………………………… 17. 日本晚樱 *P. serrulata* var. *lannesiana* Rehd.
18. 灌木……………………………………………………………………………………………………… 19
18. 草本，花具副萼 …………………………………………………………………………………… 23
19. 枝无刺；单叶，具重锯齿；花黄色（棣棠花属 *Kerria* DC.） … 18. 棣棠花 *K. japonica* DC.
19. 枝具刺，羽状复叶，蔷薇果（蔷薇属 *Rosa* L.）……………………………………………… 20
20. 花柱多伸出花托筒口外………………………………………………………………………………… 21
20. 花柱形成头状，塞于花托筒口 …………………………………………………………………… 22
21. 花多数，成圆锥花序，花柱合生，叶下面被柔毛……… 19. 多花蔷薇 *R. multiflora* Thunb.
21. 花单生或数朵簇生；花柱离生；小叶 3～5 枚，叶下面无毛，托叶缘有腺毛，萼片 羽状分裂
……………………………………………………………………………… 20. 月季 *R. chinensis* Jacq.
22. 小叶片较大，长 1～5cm；有苞片；小枝被绒毛，小叶皱褶 …… 21. 玫瑰 *R. rugosa* Thunb.
22. 小叶片小，长 8～15 mm，无苞片，花黄色 ………………… 22. 黄刺玫 *R. xanthina* Lindl.
23. 花托成熟时肉质；花白色，副萼比萼片小，三出复叶（草莓属 *Fragaria* L.） ……………
…………………………………………………………………………… 23. 草莓 *F. ananassa* Duch.
23. 花托成熟时干燥（委陵菜属 *Potentilla* L.） ……………………………………………… 24
24. 花常单生；羽状复叶，小叶 7～13，无匍匐茎；茎平卧生 …… 24. 朝天委陵菜 *P. supina* L.
24. 花多数，成顶生或腋生聚伞花序，羽状复叶小叶下面密生灰白色绒毛…………………… 25
25. 小叶边缘有钝齿；全株密被白色绒毛 ……………………… 25. 翻白草 *P. discolor* Bge.
25. 小叶羽状分裂…………………………………………………………………………………………… 26
26. 植株密被长柔毛，小叶羽状中裂至深裂，密生白绒毛，裂片近三角形，先端尖……………
…………………………………………………………………………… 26. 委陵菜 *P. chinensis* Ser.
26. 小叶排列整齐，羽状深裂至全裂，裂片线形；茎平卧或斜升 ……………………………
…………………………………………………………………… 27. 多茎委陵菜 *P. multicaulis* Bge.

43. 豆科 Leguminosae

1. 花辐射对称，花瓣在花芽中为镊合排列，中下部合生（含羞草亚科）；雄蕊多数，花丝多少结合；荚果扁平，不裂（合欢属 *Albizia* Durazz.） ……………… 1. 合欢 *A. julibrissin* Durazz.
1. 花两侧对称，花瓣在花芽中覆瓦状排列 ………………………………………………………… 2
2. 假蝶形花冠，旗瓣在最内方（云实亚科）；单叶，茎枝上无刺（紫荆属 *Cercis* L.） ……………
………………………………………………………………………………… 2. 紫荆 *C. chinensis* Bge.
2. 蝶形花冠，旗瓣在最外方（蝶形花亚科） ……………………………………………………… 3

3. 雄蕊10,分离或基部结合,荚果圆柱状,种子间收缩(槐属 *Sophora* L.) ………………………………………………………………………………………… 3. 槐 *S. japonica* L.

3. 雄蕊10,结合成二体雄蕊,复叶 ………………………………………………… 4

4. 叶为三出复叶 ……………………………………………………………………… 5

4. 叶为4枚以上小叶组成的复叶 …………………………………………………… 11

5. 灌木,叶为长圆形,先端钝;苞片宿存,每苞腋内常有二花,萼下花梗无关节(胡枝子属 *Lespedeza* Michx.)萼裂片先端为长刺毛状 …………… 4. 达呼里胡枝子 *L. davurica* Schindl.

5. 草本,托叶小,非膜质,常比叶柄短 ……………………………………………… 6

6. 小叶边缘有锯齿,羽状三出复叶 ………………………………………………… 7

6. 小叶全缘………………………………………………………………………… 8

7. 荚果弯曲成马蹄形或螺旋状,少数成镰刀状(苜蓿属 *Medicago* L.);花冠蓝紫色,荚果螺旋状 …………………………………………………………… 5. 紫花苜蓿 *M. sativa* L.

7. 荚果直或稍弯;总状花序细长,龙骨瓣与翼瓣等长或稍短;荚果小卵形或球形,先端无喙(草木犀属 *Melilotus* Mill.);托叶基部全缘,花黄色 ………… 6. 草木犀 *M. suaveolens* Ledeb.

8. 总状花序轴上无节瘤状突起,花柱上部无毛(大豆属 *Glycine* L.) … 7. 大豆 *G. max* Merr.

8. 总状花序轴上有节瘤状突起,花柱上部有毛,二体雄蕊 ……………………………… 9

9. 龙骨瓣先端有螺旋状卷曲的喙(菜豆属 *Phaseolus* L.);花为白色或淡紫色,托叶基部着生. ………………………………………………………………… 8. 菜豆 *P. vulgaris* L.

9. 龙骨瓣先端钝或有喙,但不卷曲…………………………………………………… 10

10. 荚果细长,圆柱形;柱头侧生且倾斜,其下部里面有毛(豇豆属 *Vigna* Savi.);缠绕草本,顶生小叶基部两侧各有浅而圆的裂片 ………………………… 9. 豇豆 *V. sinensis* Endl.

10. 荚果扁平,镰刀形;柱头顶生,其下部周围或里面有毛(扁豆属 *Dolichos* L.)…………………………………………………………………………………… 10. 扁豆 *D. lablab* L.

11. 偶数羽状复叶………………………………………………………………………… 12

11. 奇数羽状复叶………………………………………………………………………… 14

12. 小叶2对,叶轴顶端无卷须,亦不呈针刺状(落花生属 *Arachis* L.) ……………………………………………………………………………… 11. 落花生 *A. hypogaes* L.

12. 叶轴顶端有卷须或变成刺毛状……………………………………………………… 13

13. 花柱圆柱形,其上部周围有长柔毛或一束须毛(野豌豆属 *Vicia* L.);卷须发达,小叶先端截形或稍凹,花序比叶长 ………………………… 12. 三齿萼野豌豆 *V. bungei* Ohwi.

13. 花柱扁平,其上部里面有柔毛,雄蕊管口截形,托叶比小叶大(豌豆属 *Pisum* L.)…………………………………………………………………………………… 13. 豌豆 *P. sativum* L.

14. 木本 ………………………………………………………………………………… 15

14. 草本………………………………………………………………………………… 17

15. 乔木,具托叶刺(洋槐属 *Robinia* L.) ………………… 14. 洋槐 *R. pseudoacacia* L.

15. 灌木或藤本………………………………………………………………………… 16

16. 藤本,总状花序下垂(紫藤属 *Wisteria* Nutt.) ……………… 15. 紫藤 *W. sinensis* Sweet.

16. 直立灌木，总状花序直立；无丁字毛，叶具透明腺点（紫穗槐属 *Amorpha* L.）…………………………………………………………………… 16. 紫穗槐 *A. fruticosa* L.

17. 龙骨瓣较短，常无地上茎（米口袋属 *Cueldenstaedtia* Fisch.）…………………………………………………………………… 17. 米口袋 *C. multiflora* Bge.

17. 龙骨瓣长，与旗瓣近等长，多具地上茎（黄芪属 *Astragalus* L.）；无丁字毛，花白色或带粉红色，顶部小叶线形 …………………………………… 18. 草木犀状黄芪 *A. melilotoides* Pall.

44. 酢浆草科 Oxalidaceae

酢浆草属 *Oxalis* L.

1. 花紫红色 ………………………………………………………… 1. 多花酢浆草 *O. martiana* Zucc.

1. 花黄色，茎平卧，有托叶 ……………………………………………… 2. 酢浆草 *O. corniculata* L.

45. 牻牛儿苗科 Geraniaceae

1. 花整齐无距；叶多回羽状深裂，蒴果喙部自下而上呈螺旋状弯曲（牻牛儿苗属 *Erodium* L′Her.）……………………………………… 1. 牻牛儿苗（太阳花）*E. stephanianum* Willd.

1. 花稍两侧对称，有距；距贴生于花梗，不明显（天竺葵属 *Pelargonium* L′Her.）；叶表面具马蹄形斑纹 ……………………………………………………… 2. 天竺葵 *P. hortorum* Bail.

48. 蒺藜科 Zygophyliaceae

蒺藜属 *Tribulus* L. 蒺藜 *T. terrestris* L.

50. 苦木科 Simarubaceae

臭椿属 *Ailanthus* Desf. 臭椿 *A. altissima* Swingle

51. 楝科 Meliaceae

1. 二～三回羽状复叶（楝属 *Melia* L.），小叶边缘有锯齿或浅裂；花序与羽叶近等长；子房 5～6 室；核果长 1.5～2 cm ……………………………………………… 1. 苦楝 *M. azedarach* L.

1. 一回羽状复叶或为 3 小叶的复叶………………………………………………………………… 2

2. 雄蕊花丝几乎全部合生成一管；果为浆果；种子无翅（栽培）（米仔兰属 *Agliaia* Lour.）………………………………………………………………… 2. 米仔兰（米兰）*A. odorata* Lour.

2. 雄蕊花丝分离；蒴果；种子有翅（香椿属 *Toona* Roem.）……………………………………………………………… 3. 香椿 *T. sinensis* (A. Juss.) Roem.

52. 远志科 Polygalaceae

远志属 *Polygala* L. 远志 *P. tenuifolia* Willd.

53. 大戟科 Euphorbiaceae

1. 植物体具乳汁，无花被，杯状聚伞花序（大戟属 *Euphorbia* L.）……………………………… 2

1. 植物体无乳汁，有花被，不成杯状聚伞花序……………………………………………………… 5
2. 肉质植物，植物体具刺，花序苞片鲜红色，栽培观赏 … 1. 虎刺 *E. milii* Desmoul. ex Baiss.
2. 非肉质植物，植物体不具刺 …………………………………………………………………… 3
3. 茎平卧，叶对生，叶缘有齿，花序无轮生的苞叶 ……………… 2. 地锦草 *E. humifusa* Willd.
3. 直立草本或灌木……………………………………………………………………………………… 4
4. 草本，开花时上部叶绿色，花序顶生，总花序有5～6伞梗，各具2回分叉小伞梗；叶互生，全缘；伞梗基具轮生苞叶 ………………………………………… 3. 猫眼草 *E. lunulata* Bge.
4. 灌木，茎上部叶开花时红色，栽培观赏 ……………………… 4. 一品红 *E. pulcherrima* Willd.
5. 木本植物…………………………………………………………………………………………… 6
5. 草本植物…………………………………………………………………………………………… 8
6. 三出复叶，落叶植物(重阳木属 *Bischofia* Bl.) ……………………………………………… …………………………………………………… 5. 重阳木 *B. polycarpa* (Levl.) Airy-Shaw
6. 单叶…………………………………………………………………………………………………… 7
7. 乔木；子房每室1胚珠；有乳汁，无花瓣(乌桕属 *Sapium* P. Br.)，叶菱形，长与宽约相等 … ………………………………………………………………… 6. 乌桕 *S. sebiferum* (L.) Roxb.
7. 灌木；子房每室2胚珠；无乳汁，有花瓣(雀儿舌头属 *Leptopus* Deene.) …………………… ……………………………………………………………… 7. 雀儿舌头 *L. chinenses* Pojark.
8. 叶柄盾状着生，雄蕊多数，成多体雄蕊(蓖麻属 *Ricinus* L.) ……… 8. 蓖麻 *R. communis* L.
8. 叶柄基部着生，雄蕊分离，叶缘有齿，花序腋生，雄花无瓣，8枚雄蕊(铁苋莱属 *Acalypha* L.) ………………………………………………………………………… 9. 铁苋菜 *A. australis* L.

54. 黄杨科 Buxaceae

黄杨属 *Buxus* L. 黄杨 *B. sinica* Cheng.

55. 漆树科 Anacardiaceae

黄栌属 *Cotinus* Mill. 黄栌 *C. coggygria* Scop. var. *cinerea* Engl.

57. 卫矛科 Celastraceae

卫矛属 *Euonymus* L.

1. 常绿，叶革质，倒卵形，表面有光泽 ………… 1. 冬青卫矛(大叶黄杨) *E. japonicus* Thunb.
1. 落叶，叶柄明显，枝无翅 ……………………………… 2. 明开夜合(白杜) *E. maackii* Rupr.

58. 槭树科 Aceraceae

槭属 *Acer* L.

1. 叶片3裂，裂片全缘……………………………………………… 1. 三角枫 *A. buergerianum* Miq.
1. 叶片5～9裂 ………………………………………………………………………………………… 2
2. 叶柄基部有乳汁；叶片通常5裂，少7裂，裂片边缘全缘 ………………………………… 3
2. 叶柄基部无乳汁；叶片5～9裂，通常7裂，裂片边缘有锯齿……………………………… 4

3. 叶片基部多心形或近截形，果翅长约为坚果的 1.5～2 倍 ……………………………………………………………………………… 2. 五角枫(色木槭)*A. mono* Maxim.
3. 叶片基部多截形或浅心形，果翅与小坚果近等长 … 3. 元宝槭(平基槭)*A. truncatum* Bge.
4. 叶片绿色 …………………………………………… 4. 鸡爪槭 *A. palmatum* Thunb.
4. 叶片紫红色 ……………………………… 5. 红枫 *A. palmatum* Thunb. f. *atropur* Scher.

60. 无患子科 Sapindaceae

栾树属 *Koelreuteria* Laxm. 栾树 *K. paniculata* Laxm.

62. 鼠李科 Rhamnaceae

枣属 *Zizyphus* Mill.

1. 乔木，果长 1.5～5 cm，味甜，核尖 ……………………………………… 1. 枣 *Z. jujuba* Mill.
1. 灌木，果长 0.7～1.5 cm，味酸，核钝头 ……………………………………………………………………… 2. 酸枣 *Z. jujuba mill.* var. *spinosa* Hu ex H. F. Chow

63. 葡萄科 Vitaceae

1. 枝髓褐色，圆锥花序，无皮孔，花瓣在顶端相互连合为帽状(葡萄属 *Vitis* L.) ……………………………………………………………………… 1. 葡萄 *V. vinifera* L.
1. 枝髓白色，聚伞花序，有皮孔，花瓣分离 ……………………………………………… 2
2. 花序腋生，或有时着生于膨大的节上；花 4 数；两性，柱头小，不分裂(乌蔹莓属 *Cayratia* Juss.)，叶无毛或近无毛；花瓣无角状突起 ……… 2. 乌蔹莓 *C. japonica* (Thunb.) Gagn.
2. 花序顶生或与叶对生；花 5 数 ……………………………………………………………… 3
3. 卷须末端具吸盘；花盘与子房贴合(爬山虎属 *Parthenocissus* Planch.) ……………………………………………………………………… 3. 爬山虎 *P. fricuspidata* Planch.
3. 无吸盘，花盘环状与子房离生(蛇葡萄属 *Ampelopsis* Michx.)，单叶，3～5 浅裂或深裂；小枝无毛 ……………………………………………… 4. 葎叶蛇葡萄 *A. humulifolia* Bge.

64. 椴树科 Tiliaceae

扁担杆属 *Grewia* L. 孩儿拳头 *G. biloba* Don. var. *parviflora* Hand.

65. 锦葵科 Malvaceae

1. 子房由多心皮呈环形排列，成熟时自中轴分离(分果) ……………………………… 2
1. 子房由数个心皮组成，蒴果 …………………………………………………………… 4
2. 无副萼，子房每室具 2 枚以上胚珠(苘麻属 *Abutilon* Mill.) ……………………………………………………………………… 1. 苘麻 *A. theophrasti* Medic.
2. 有副萼，子房每室具 1 枚胚珠 ………………………………………………………… 3
3. 副萼 3 片，分离；花小，径为 3～4 cm(锦葵属 *Malva* L.) ………… 2. 锦葵 *M. sinensis* Cav.
3. 副萼 3～9 片，基部合生，花大，径约 6 cm 以上(蜀葵属 *Althaea* L.) ……………………………………………………………………… 3. 蜀葵 *A. rosea* Cav.

4. 花柱不分枝，副萼 3 片，宽大，种子具长棉毛（草棉属 *Gossypium* L.）……………………………………………………………………… 4. 陆地棉 *G. hirsutum* L.

4. 花柱分离，副萼多数，狭小，萼宿存，种子无毛（木槿属 *Hibiscus* L.）……………………………………………………………………… 5. 木槿 *H. syriacus* L.

66. 梧桐科 Sterculiaceae

梧桐属 *Firmiana* Marsili. 梧桐 *F. simplex* Wright.

67. 山茶科 Theaceae

山茶属 *Camellia* L.

1. 苞片与萼片明显区别，有花梗，叶片薄革质，子房 3 室 …… 1. 茶树 *C. sinensis* (L.) O. Ktze

1. 苞片与萼片无明显区别，有花梗 ……………………………………………… 2

2. 花丝基部离生或稍合生；花瓣离生，白色；叶片厚革质，花大，5～10 cm ……………………………………………………………………… 2. 油茶 *C. oleifera* Abel

2. 花丝合生成短管；花瓣基部高度合生，红色，有时淡白；苞片及萼片 9～10 枚 ……………………………………………………………………… 3. 山茶 *C. japonica* L.

70. 堇菜科 Violaceae

堇菜属 *Viola* L.

1. 具地上茎，托叶叶状，羽状裂；花大，黄紫白三色 ……………… 1. 三色堇 *V. tricolor* L.

1. 无地上茎，托叶小，花小，蓝紫或浅紫色 ……………………………………… 2

2. 叶狭长，长圆形或卵状长圆形，萼附属物末端平截或有浅齿 ……………………………………………………………… 2. 紫花地丁 *V. yedoensis* Makino

2. 叶宽，长圆状卵形，萼附属物长，且末端具尖齿，开花早于上种 ……………………………………………………………… 3. 早开堇菜 *V. prionantha* Bge.

75. 千屈菜科 Lythraceae

紫薇属 *Lagerstroemia* L. 紫薇 *L. indica* L.

83. 伞形科 Umbelliferae

1. 果被刺毛或刚毛，总苞片叶状，羽状分裂；叶羽状全裂；具肉质圆锥根（胡萝卜属 *Daucus* L.）……………………………………………… 1. 胡萝卜 *D. carota* L. var. *sativus* Hoffm

1. 果无毛 ……………………………………………………………………… 2

2. 花白色、绿白色，偶带紫色，绝非黄色 ……………………………………… 3

2. 花黄色，叶最终裂片丝状，无总苞和小总苞片，果侧棱狭翅状（茴香属 *Foeniculum* Mill.）…………………………………………………………………… 2. 茴香 *F. vulgare* Mill.

3. 花序外缘花的外侧花瓣增大成辐射瓣，果球形，侧棱无宽翅，萼齿明显（芫荽属 *Coriandrum* L.）……………………………………………… 3. 芫荽（香菜）*C. sativum* L.

3. 伞形花序的花瓣均等大 ……………………………………………………… 4

4.萼齿明显…………………………………………………………………………………… 5
4.萼齿不显,果各棱近相等 ……………………………………………………………… 6
5.叶为一回羽状全裂,叶柄具关节(泽芹属 *Sium* L.) ………………… 4.泽芹 *S. suave* Walt.
5.叶为2~3回羽状全裂,小伞形花序不为球形,果棱肥厚、钝圆、木栓质(水芹属 *Oenanthe* L.) …………………………………………………………………… 5.水芹 *O. decumbens* K. Pd.
6.分果果棱均成翅状,果背腹扁,果棱翅木栓质;花柱较花柱基长2~3倍(蛇床属 *Cnidium* Cuss.) ………………………………………………………… 6.蛇床 *C. monnieri* (D.) Cuss.
6.果棱稍突起或不显,均不成翅状;每棱中具油管1条……………………………………… 7
7.果球形,不开裂,无总苞及小总苞片(芹属 *Apium* L.) …………… 7.芹菜 *A. graveolens* L.
7.果长圆形,心皮柄2裂,具总苞和小总苞片(葛缕子属 *Carum* L.) ………………………… ……………………………………………………………… 8.田葛缕子 *C. buriaticum* Turcz.

84.山茱萸科 Cornaceae

梾木属 *Cornus* L.红瑞木 *C. alba* L.

86.报春花科 Primulaceae

点地梅属 *Andorsace* L.点地梅 *A. umbeliata* Merr.

87.柿树科 Ebenaceae

柿树属 *Diospyros* L.

1.幼枝有褐色绒毛,叶下面淡绿色,花冠外面有毛,果径3~8 cm,熟后橘黄色或黄色 ……… ………………………………………………………………………… 1.柿树 *D. kaki* L. f.
1.幼枝有灰色绒毛或元毛,叶下面带白色,花冠外面无毛,果径1.5~2 cm,熟后变黑色 …… ……………………………………………………………………………… 2.黑枣 *D. lotus* L.

88.木犀科 Oleaceae

1.果实为翅果…………………………………………………………………………………… 2
1.非翅果………………………………………………………………………………………… 3
2.单叶全缘,果近圆形,周围具翅(雪柳属 *Fontanesia* Labill.) …… 1.雪柳 *F. fortunei* Carr.
3.羽状复叶,果椭圆形或线形,仅顶端具翅(白蜡树属 *Fraxinus* L.),花无花瓣;花序着生于二年生枝之侧 …………………… 2.洋白蜡 *F. pennsilvenica* Marsh. var. *Lanceolata* Sarg.
3.蒴果2裂;单叶,稀三出或羽状复叶…………………………………………………… 4
3.核果或浆果…………………………………………………………………………………… 7
4.花黄色,枝中空或具片状髓,叶常有齿(连翘属 *Forsythia* Vahl.) …………………… 5
4.花紫或白色,枝具实髓,单叶全缘(丁香属 *Syringa* L.) ……………………………… 6
5.枝在节间中空,叶卵形,常3裂或3出,萼裂长5~7 mm,与花冠管等长 ……………… ………………………………………………………………………… 3.连翘 *F. suspensa* Vahl.
5.枝在节间常具片状髓,叶卵状披针形或长圆状披针形,不分裂,萼裂长2.5~3.5 mm,较花冠管为短 ……………………………………………………… 4.金钟花 *F. viridissima* Lindl.

6. 灌木，叶无毛且不裂，圆锥花序侧生，花冠管远较萼长 ………… 5. 紫丁香 *S. oblata* Lindl.
6. 小乔木，花冠管不长或微长于萼 ……… 6. 暴马丁香 *S. reticulata* var. *mandshurica* Hara.
7. 浆果，羽状复叶或 3 出复叶，希单叶，对生或互生，全缘；花黄、浅粉至白色（茉莉属 *Jasminum* L.）…………………………………………………………………………………………… 8
7. 核果，单叶对生 ………………………………………………………………………………… 9
8. 单叶，花白色，聚伞花序腋生或顶生；常绿灌木 …………… 7. 茉莉花 *J. sambac* (L.) Aiton
8. 3 出复叶，花黄色，花单生于二年生枝叶腋，落叶灌木 ……… 8. 迎春 *J. nudiflorum* Lindl.
9. 花多簇生叶腋，花冠裂片覆瓦状排列（木犀属 *Osmanthus* Lour.），常绿乔木或灌木，叶革质，椭圆形，全缘或稍上部有细锯齿，叶侧脉明显 ……………………………………………………………………………………………… 9. 桂花（木犀）*O. fragrans* (Thunb.) Lour.
9. 花序为顶生圆锥花序（女贞属 *Ligustrum* L.）…………………………………………… 10
10. 常绿乔木，叶革质；小枝光滑无毛 ……………………… 10. 女贞（冬青）*L. lucidum* Ait.
10. 落叶或 半常绿灌木，叶薄草质，小枝具短柔毛 …………… 11. 小叶女贞 *L. quihoui* Carr.

90. 夹竹桃科 Apocynaceae

1. 叶互生，花黄色（黄花夹竹桃属 *Thevetia* Adans.）………………………………………………………………………………… 1. 黄花夹竹桃 *T. peruviana* K. Schum.
1. 灌木，叶轮生，花红或白色（夹竹桃属 *Nerum* L.） …………… 2. 夹竹桃 *N. indicum* Mill.

91. 萝藦科 Sclepiadaceae

1. 茎木质，花丝分离（杠柳属 *Periploca* L.） ……………………… 1. 杠柳 *P. sepium* Bge.
1. 茎草质，花丝合生成管状 ……………………………………………………………………… 2
2. 副花冠与合蕊冠等长或长，柱头与雄蕊近等高（鹅绒藤属 *Cynanchum* L.） ……………… 3
2. 副花冠较合蕊冠低；柱头丝状，高出雄蕊之外（萝藦属 *Metaplexis* R. Br.） ………………………………………………………………………………… 2. 萝藦 *M. japonica* Makino.
3. 茎直立，叶线形至线状披针形，花白或黄绿色……………………………………………… 4
3. 茎缠绕 ………………………………………………………………………………………… 5
4. 花冠黄绿色；副花冠裂片卵形，与合蕊冠等长，药隔顶端的膜片卵形，果长圆柱形 ………………………………………………………………………… 3. 徐长卿 *C. paniculatum* Kitag.
4. 花冠白色，副花冠三角状披针形，比合蕊冠长，药隔顶端的膜片狭三角形；果纺锤形 ……………………………………………………………………… 4. 地梢瓜 *C. thesioides* K. Schum
5. 叶线形至披针形，花白色 …………… 5. 雀瓢 *C. thesioides* K. Schum var. *anstrale* Tsiang.
5. 叶心形，有短柔毛；花序二歧聚伞状；花白色，副花冠条裂 ……………………………………………………………………………… 6. 鹅绒藤（白前）*C. chinense* R. Br.

92. 旋花科 Convolvulaceae

1. 寄生，无叶缠绕植物，茎黄色或紫红色（菟丝子属 *Cuscuta* L.） ………………………… 2
1. 非寄生，叶正常；茎绿色……………………………………………………………………… 3
2. 茎黄色细小，花序排成圆球状，花柱 2 条 ……………………… 1. 菟丝子 *C. chinensis* Lam.

2. 茎紫红色粗壮，表面粗突，花序为穗形总状花序，花柱1条 ……………………………………………………………………………… 2. 金灯藤(日本菟丝子) *C. japonica* Choisy.
3. 柱头头状，球形或近球形，花冠漏斗状，雄蕊不超出花冠外 …………………………… 4
3. 柱头2裂，线形或扁平 …………………………………………………………………………… 5
4. 子房2室(番薯属 *Ipomoea* L.)……………………………… 3. 甘薯 *I. batatas* Lam.
4. 子房3室(牵牛属 *Pharbitis* Choisy.)，叶为圆心形，全缘 ……………………………………………………………………………… 4. 圆叶牵牛 *P. purpurea* Viogt.
5. 苞片叶状，宽大，包围花萼(打碗花属 *Calystegia* R. Br.) ……………………………… 6
5. 苞片狭小，位于花下一定距离着生(旋花属 *Convolvulus* L) …… 5. 田旋花 *C. arvensis* L.
6. 植株密被硬毛，叶全缘或稍作戟形，叶柄极短 ………………… 6. 藤长苗 *C. prllita* G. Don.
6. 植株无毛或有柔毛，叶掌状，叶柄较叶片长 ……………………………………………………………………………… 7. 打碗花(小旋花) *C. hederacea* Wall. ex Roxb.

94. 紫草科 Boraginaceae

1. 子房非4深裂，花柱顶生；花白色，伞房状聚伞花序；果实核果状(砂引草属 *Messerschmidia* L.) ……………………………… 1. 砂引草 *M. rosmarinifolia* Wild. ex Roem. et Schult.
1. 子房4深裂，花柱基生 …………………………………………………………………………… 2
2. 花冠喉部或筒部无鳞片状附属物，花柱2裂，小坚果具柄(紫筒草属 *Stenosolenium* Turcz.) ……………………………………………………………………………… 2. 紫筒草 *S. saxatile* Turcz.
2. 花冠喉部或筒部具5个向内凸出、与花冠裂片对生的鳞片状附属物 ……………………… 3
3. 小坚果棱背上具刺(鹤虱属 *Lappula* Moench.) …………… 3. 鹤虱 *L. myosotis* V. Wolf.
3. 小坚果棱背上无刺…………………………………………………………………………… 4
4. 小坚果肾形，密生小瘤状凸起，腹面中部有凹陷(斑种草属 *Bothriospermum* Bge.) ……………………………………………………………………………… 4. 斑种草 *B. chinensis* Bunge.
4. 小坚果四面体形，无瘤状凸起，腹面无凹陷(附地菜属 *Trigonotis* Steven.)……………………………………………………………………………… 5. 附地菜 *T. peduncularis* Benth.

95. 马鞭草科 Verbenaceae

1. 叶为掌状复叶，花有柄，圆锥花序(牡荆属 *Vitex* L.) ……………………………………………………………………………… 1. 荆条 *V. negundo* L. var. *heterophylla* Rehd.
1. 单叶，花无柄，穗状或头状花序 ……………………………………………………………… 2
2. 灌木，头状花序，2核果(马缨丹属 *Lantana* L.) ………… 2. 马缨丹(五色梅)*L. camara* L.
2. 草本，穗状花序，4枚小坚果(马鞭草属 *Verbena* L.)……………………………………… 3
3. 穗状花序短缩成伞房状，顶生，长2～3.5 cm，花冠长2～2.5 cm ……………………………………………………………………………… 3. 美女樱 *V. phlogiflora* Cham.
3. 穗状花序细长如鞭，顶生或腋生，长约25 cm，花冠长4～8 mm ……………………………………………………………………………… 4. 马鞭草 *V. officinalis* L.

96. 唇形科 Labiatae

1. 能育雄蕊 2，另 2 枚退化或不显 ………………………………………………………… 2
1. 能育雄蕊 4 ………………………………………………………………………………… 4
2. 花萼非二唇形，具 5 齿；花冠非二唇形，5 裂近相等，叶无裂（地笋属 *Lycopus* L.）…………
　……………………………………………………………………… 1. 地笋 *L. lucidus* Turcz.
2. 花萼及花冠二唇形，药隔伸长，花丝先端具关节（鼠尾草属 *Salvia* L.）…………………… 3
3. 花冠红色；萼红色，具 8 脉，外面无毛，栽培 …………… 2. 一串红 *S. splendens* Ker. -Gawl.
3. 花冠淡蓝紫色，单叶；花萼外具金黄色腺点 …………………… 3. 雪见草 *S. plebeia* R. Br.
4. 花冠整齐，4 裂（薄荷属 *Mentha* L.）…………………………… 4. 薄荷 *M. haplocalyx* Briq.
4. 花冠明显 2 裂……………………………………………………………………………… 5
5. 花冠筒包于萼内，叶掌状 3 深裂（夏至草属 *Lagopsis* Bge.）………………………………
　…………………………………………………………… 5. 夏至草 *L. supina* IK. ex Knorr.
5. 花冠筒不包于萼内………………………………………………………………………… 6
6. 花冠明显为二唇形，雄蕊常伸出花冠，后一对雄蕊比前一对短，花柱裂片近等长，花腋生（益母草属 *Leonurus* L.）…………………………………………………………………… 7
6. 花冠近辐射对称，雄蕊几不外伸，前对雄蕊较长，轮伞花序 2 花，组成偏向一侧的顶生或腋生总状花序（紫苏属 *Perilla* L.）……………………………… 6. 紫苏 *P. frutescens* Britt.
7. 叶掌状分裂，最上部叶不分裂，花冠上、下唇几相等 ……… 7. 益母草 *L. japonicus* Houtt.
7. 叶掌状分裂，但最上部叶 3 全裂，花冠下唇比上唇短………… 8. 细叶益母草 *L. sibiricus* L.

97. 茄科 Solanaceae

1. 木本，枝节上具刺，花簇生叶腋（枸杞属 *Lycium* L.）…………… 1. 枸杞 *L. chinense* Mill.
1. 草本……………………………………………………………………………………… 2
2. 浆果，花冠管短 ………………………………………………………………………… 3
2. 蒴果，花冠管长 ………………………………………………………………………… 8
3. 花药靠合，围绕花柱 …………………………………………………………………… 4
3. 花药分离………………………………………………………………………………… 7
4. 花药顶孔开裂（茄属 *Solanum* L.）…………………………………………………… 5
4. 花药纵裂，花药顶端延长成一个凸尖（番茄属 *Lycopersicum* Mill.）…………………
　…………………………………………………………………… 2. 番茄 *L. esculentum* Mill.
5. 羽状复叶，具块茎，浆果蓝色 ……………………………………… 3. 马铃薯 *S. tuberosum* L.
5. 单叶，无块茎 …………………………………………………………………………… 6
6. 花白色，叶卵圆形；浆果紫黑色，簇生；野生 ……………………………… 4. 龙葵 *S. nigrum* L.
6. 花紫色，单生；植株被星状毛，栽培 ………………………………… 5. 茄 *S. melongena* L.
7. 花萼结果时增大，包围果实，萼 5 浅裂，子房 2 室（酸浆属 *Physalis* L.）………………
　……………………………………………… 6. 酸浆 *P. alkekengi* L. var. *frachetii* Makino
7. 花萼果时不增大，花白色（辣椒属 *Capsicum* L.）…………………… 7. 辣椒 *C. annuum* L.
8. 蒴果 2 瓣裂，不具刺（烟草属 *Nicotiana* L.）………………………… 8. 烟草 *N. tabacum* L.

8. 蒴果 4 瓣裂或不规则裂，具刺(曼陀罗属 *Datura* L.) ········ 9. 曼陀罗 *D. stramonium* L.

98. 玄参科 Scrophulariaceae

1. 乔木，花萼革质，密被星状毛(泡桐属 *Paulowina* Sieb. et Zucc.) ·· 1. 毛泡桐 *P. tomentosa* Steud.
1. 草本，花萼草质或膜质，茎叶无星状毛·· 2
2. 栽培观赏植物，花冠基部膨大成囊状或荷包状 ·· 3
2. 野生植物，花冠基部不膨大成囊状或荷包状 ·· 4
3. 花冠基部膨大成囊状，能育雄蕊 4 枚(金鱼草属 *Antirrhinum* L.) ·· 2. 金鱼草(龙头花) *A. majus* L.
4. 花冠成荷包状，能育雄蕊 2 枚(荷包花属 *Calceolaria* L.) ·· 3. 荷包花 *C. crenatiflora* Cav. Icon.
4. 花冠上唇成盔状，花萼下有 1 对小苞片，花黄色，叶羽状分裂(阴行草属 *Siphonostegla* Benth.) ·· 4. 阴行草 *S. chinensis* Benth.
4. 花冠上唇伸直或向后反卷，非盔状 ·· 5
5. 花大，长 2.5 cm 以上 ·· 6
5. 花小，长不足 1 cm，花为顶生总状花序(通泉草属 *Mazus* Lour.) ······························ 7
6. 叶常基生，具少数茎生叶，萼 5 浅裂，花冠有毛，上下唇近相等(地黄属 *Rehmannia* Libosch. ex Fisch. et Mey.) ······························ 5. 地黄 *R. glutionsa* Libosch. ex Fisch. et Mey.
6. 茎生叶互生，萼 5 深裂，花冠无毛，上唇甚短于下唇(毛地黄属 *Digitalis* L.) ·· 6. 毛地黄 *D. purpurea* L.
7. 子房和果被长硬毛，萼裂片披针形，茎、叶上具细长柔毛·· 7. 弹刀子菜 *M. stachydifolius* (Turcz.) Maxim.
7. 子房和果无毛；萼裂片卵形，端急尖，叶、茎无毛或具极细短柔毛 ·· 8. 通泉草 *M. japonicus* (Thunb.) O. ktze.

99. 紫葳科 Bignoniaceae

1. 草本，叶互生，基部叶有时对生(角蒿属 *Incarvillea* Juss.) ········ 1. 角蒿 *I. sinensis* Lam.
1. 木本，叶对生 ·· 2
2. 藤本，借气生根攀缘(凌霄花属 *Campsis* Lour.)；羽状复叶 ·· 2. 凌霄 *C. grandiflora* Loisel. ex K. Schum.
2. 直立乔木，单叶，叶柄具长毛，黄白色花(梓树属 *Catalpa* Scop.)······ 3. 梓树 *C. ovata* Don.

102. 苦苣苔科 Gesneriaceae

牛耳草属 *Boea* Comm. ex Lam. 牛耳草 *B. hygrometrica* R. Br.

103. 狸藻科 Lentibulariaceae

狸藻属 *Utricularia* L. 狸藻 *U. vulgaris* L.

106. 车前科 Plantaginaceae

车前属 *Plantago* L.

1. 具主根；叶为椭圆形、椭圆状披针形或卵状披针形 …………… 1. 平车前 *P. depressa* Willd.
1. 具须根；叶卵形、宽卵形或长椭圆形，两面无毛 ……………………… 2. 车前 *P. asiatica* L.

107. 茜草科 Rubiaceae

1. 草本，叶具柄，花5数，果肉质(茜草属 *Rubia* L.) ………………… 1. 茜草 *R. cordifolia* L.
1. 草本，叶无柄，花4数，果干质(猪殃殃属 *Calium* L.) …………… 2. 猪殃殃 *C. aparine* L.

108. 忍冬科 Caprifoliaceae

1. 果2个合生，外被刺状刚毛(蝟实属 *Kolkwitzia Graebn*) …… 1. 蝟实 *K. amabilis* Graebn.
1. 果外无刺状刚毛 ……………………………………………………………… 2
2. 花辐射状，近对称，花柱短 ……………………………………………… 3
2. 花冠管状、钟状，近两侧对称，花柱伸长，雄蕊5 ……………………… 4
3. 羽状复叶，核果状浆果(接骨木属 *Sambucus* L.)；果熟时黑紫色 …………………………… ……………………………………………… 2. 接骨木 *S. williamsii* Hance.
3. 单叶，有时羽裂；核果(荚蒾属 *Viburnum* L.) …… 3. 香荚蒾(探春)*V. farreri* W. T. Steam
4. 果为开裂的蒴果；花1～6朵成腋生聚伞花序(锦带花属 *Weigela* Thunb.) ……………… ……………………………………………… 4. 锦带花 *W. florida* A. DC.
4. 浆果，花成对，腋生或轮生(忍冬属 *Lonicera* L.) ………………………………… 5
5. 直立灌木，浆果红色 …………………………………… 5. 金银木 *L. maackii* Maxim.
5. 木质藤本，浆果黑色 ………………………………… 6. 忍冬(金银花)*L. japonica* Thunb.

111. 葫芦科 Cucurbitaceae

1. 蒴果盖裂，叶长三角形，基部戟状心形(盒子草属 *Actinostemma* Griff.)；雄蕊5 ………… ……………………………………………… 1. 盒子草 *A. lobatum* Maxim.
1. 瓠果或浆果状，不裂，雄蕊3 ……………………………………………… 2
2. 花钟形，裂片裂至中部(南瓜属 *Cucurbita* L.) …………………………… 3
2. 花辐形，5深裂或花瓣完全分离 ………………………………………… 4
3. 叶浅裂，具软毛；果柄上有浅棱沟，与果实接触处扩大成喇叭状 ……………………… ……………………………………………… 2. 南瓜 *C. moschata* Poir.
3. 叶3～7中裂或深裂，具糙毛；果柄上有深棱沟，与果接触处渐粗并膨大成5裂状 ……… ……………………………………………… 3. 西葫芦 *C. pepo* L.
4. 花白色，雄花萼筒伸长，花药结合成头状，叶片基部有2个明显腺体(葫芦属 *Lagenaria* Ser.) ……………………………………………… 4. 葫芦 *L. siceraria* Standl.
4. 花黄色，雄花萼筒短，花药不强固结合，雄花花柄上无盾状苞片 ……………………… 5
5. 卷须不分枝(黄瓜属 *Cucumis* L.) ……………………………… 5. 黄瓜 *C. sativus* L.
5. 卷须分枝 ……………………………………………………………… 6

6. 雄花成总状花序，果细长，柱形(丝瓜属 *Luffa* L.) ………… 6. 丝瓜 *L. cylindrica* Roem.
6. 雄花单生，果大，长椭圆形………………………………………………………………… 7
7. 萼裂片叶状，有反折锯齿(冬瓜属 *Benincasa* Savl.) …………… 7. 冬瓜 *B. hispida* Cogn.
7. 萼片小，全缘，直立；叶羽状深裂(西瓜属 *Citrullus* Neck.) ……… 8. 西瓜 *C. lanatus* Mansfeld.

113. 菊科 Compositae

1. 头状花序具管状花或兼有舌状花，植物体不具乳汁(管状花亚科) ………………………… 2
1. 头状花序全为舌状花，植株具乳汁(舌状花亚科)；冠毛毛状 …………………………… 34
2. 花序只有管状花，有时成二唇形 ……………………………………………………………… 3
2. 花序有管状花并兼有舌状花 …………………………………………………………………… 12
3. 叶对生；冠毛鳞片状，花序具有多朵小花(胜红蓟属 *Ageratum* L.) ………………………… ……………………………………………………………… 1. 胜红蓟 *A. conyzoides* L.
4. 叶互生或基生…………………………………………………………………………………… 4
4. 花序单性，无冠毛，雄花序总苞片分离(苍耳属 *Xanthium* L.) ……………………………… ……………………………………………………… 2. 苍耳 *X. sibiricum* Patrin ex Widd.
4. 花序两性 ……………………………………………………………………………………… 5
5. 无冠毛；总苞片 1～2 层，等长；花冠淡绿黄色，瘦果有毛(石胡荽属 *Centipeda* Lour.) …… ……………………………………………… 3. 石胡荽 *C. minima* A. Br. et Ascher.
5. 具冠毛，总苞片多层，外层短，向内渐长 …………………………………………………… 6
6. 叶缘和总苞具刺，头状花序花托非肉质，基部无叶状苞叶，冠毛羽毛状，瘦果无毛(蓟属 *Cirsium* Mill.)……………………………………………… 4. 刺儿菜(小蓟) *C. setosum* Bieb.
6. 叶缘和总苞片不具刺……………………………………………………………………………… 7
7. 总苞片边缘干膜质，头状花序在茎顶排成穗状、总状或狭圆锥状，常下垂，瘦果无冠毛(蒿属 *Artemisia* L.) ……………………………………………………………………………… 8
7. 总苞片无干膜质缘，常草质，瘦果具冠毛，具茎生叶和基生叶……………………………… 11
8. 花托具托毛，总苞直径大，4～6 mm ………………………… 5. 大籽蒿 *A. sieversiana* Willd.
8. 花托无托毛，总苞直径仅 1～2 mm …………………………………………………………… 9
9. 盘花不育，边缘雌花结实；花柱先端杯状，有画笔状毛；多年生草本或半灌木，茎生叶裂片毛发状……………………………………………………… 6. 茵陈蒿 *A. capillaris* Thunb.
9. 小花全部结实；总苞片多数，有绒毛 ………………………………………………………… 10
10. 一年生草本；叶 3 回羽状分裂，小裂片长圆状线形或线形；花冠鲜黄色；头状花序球形…… ………………………………………………………………………… 7. 黄花蒿 *A. annua* L.
10. 多年生草本，叶羽状深裂或 2 回羽状深裂，小裂片线状披针形或线形，花紫红色，头状花序长圆状钟形 ……………………………………… 8. 蒙古蒿 *A. mongolica* Fisch. ex Bess.
11. 瘦果有平正的基底着生面，总苞片背面具龙骨状附片；冠毛 1～2 层，羽毛状(泥胡菜属 *Hemistepta* Bge.) ………………………………………………………… 9. 泥胡菜 *H. lyrata* Bge.
11. 瘦果有歪斜的基底着生面，总苞片上端或边缘有睫毛状或蓖齿状附器(矢车菊属 *Centaurea* L.)；叶线形 ………………………………………………… 10. 矢车菊 *C. cyanus* L.
12. 冠毛存在…………………………………………………………………………………… 13

12. 冠毛无,或鳞片状、芒状或冠状…………………………………………………………………… 18
13. 花全为黄色,总苞片多层,外层短………………………………………………………………… 14
13. 舌状花非黄色,与管状花不同色 ………………………………………………………………… 15
14. 头状花序排成穗状、总状或圆锥状;柱头有三角形附器(一枝黄花属 *Solidago* L.) ………
………………………………………… 11. 一枝黄花 *S. virgaurea* L. var. *dahurica* Kitag.
14. 头状花序聚伞状,柱头线形(旋覆花属 *Inula* L.);叶缘不反卷 ……………………………
…………………………………………………………………… 12. 旋覆花 *I. japonica* Thunb.
15. 总苞片外层叶状(翠菊属 *Callistephus* Cass.) ……………… 13. 翠菊 *C. chinensis* Nees.
15. 总苞片外层非叶状…………………………………………………………………………………… 16
16. 舌状花2轮或较多,其舌片极不显著(白酒菊属 *Conyza* Less.) ……………………………
………………………………………………………………… 14. 小蓬草 *C. canadensis* Cronq.
16. 舌状花1层…………………………………………………………………………………………… 17
17. 总苞1层,基部常有小外苞片(瓜叶菊属 *Cineraria* L.) ……………………………………
……………………………………………………………… 15. 瓜叶菊 *C. crunta* Mass. ex Luer.
17. 总苞数层,舌状花淡蓝紫色、淡红色或白色,管状花5裂,其中有1裂片较长(狗娃花属 *Heteropappus* Less) ………………………… 16. 阿尔泰狗娃花 *H. altaicus* Novopokr.
18. 叶对生………………………………………………………………………………………………… 19
18. 叶互生,或仅下部叶对生,有时仅具基生叶……………………………………………………… 27
19. 叶及总苞具透明油腺点;总苞1层,连合成筒状,栽培(万寿菊属 *Tagetes* L.) ……………
……………………………………………………………………………… 17. 万寿菊 *T. erecta* L.
19. 叶及总苞无透明油腺点;总苞不连合,2~多层 ………………………………………………… 20
20. 冠毛2~4,刺芒状,具倒刺,花柱分枝,有短附器 ……………………………………………… 21
20. 冠毛非刺芒或缺……………………………………………………………………………………… 24
21. 瘦果具喙,舌状花粉红色、紫色或橙黄色;茎圆柱形(秋英属 *Cosmos* Cav.) ………………
…………………………………………………………………… 18. 秋英 *C. biplinnatus* Cav.
21. 瘦果无喙,花黄色,茎四棱(鬼针草属 *Bidens* L.) …………………………………………… 22
22. 瘦果倒卵状楔形,瘦果顶端2芒刺,叶三深裂或不裂,湿地生 ………………………………
……………………………………………………………………… 19. 狼把草 *B. tripartita* L.
22. 瘦果线形,叶2~3回羽状全裂或深裂……………………………………………………………… 23
23. 叶2回羽状深裂,小裂片卵状披针形,舌状花1~3;管状花冠5裂;瘦果顶端有芒刺3~4
……………………………………………………………………… 20. 鬼针草 *B. bipinnata* L.
23. 叶2~3回羽状全裂,小裂片线形,无舌状花,管状花冠4裂,瘦果顶端有芒刺2 …………
……………………………………………………………… 21. 小花鬼针草 *B. paruiflora* Willd.
24. 舌状花宿存,随果脱落,总苞覆瓦状排列,内轮渐次增长;叶无柄,全缘(百日菊属 *Zinnia* L.) ………………………………………………………………… 22. 百日菊 *Z. elegans* Jaeq.
24. 舌状花不宿存于果上………………………………………………………………………………… 25
25. 舌状花白色…………………………………………………………………………………………… 26
25. 舌状花白色、红色或紫色(大丽花属 *Dahlia* Cav.) ……………………………………………
………………………………………………………… 23. 大丽花 *D. pinnata* Cav. DC. et Descr.

26. 舌状花两轮，花托平，无冠毛(鳢肠属 *Eclipta* L.) ……………… 24. 鳢肠 *E. prostrata* L.

26. 舌状花 1 轮，5 片；花托圆锥形或圆柱形；冠毛鳞片状(牛膝菊属 *Galinsoga* Ruiz. et Cav.) …………………………………………………………… 25. 牛膝菊 *G. parviflira* Cav.

27. 总苞片全部或边缘干膜质，无托片，瘦果无翅肋，具 5～8 条细肋，无冠状冠毛(菊属 *Dendranthema* Des Moul.) …………………………………………………… 28

27. 总苞片边缘非干膜质，草本 …………………………………………… 29

28. 栽培，舌状花有各种颜色，头状花序直径 2.5～20 cm …… 26. 菊花 *D. morifolium* Tzvel.

28. 野生，舌状花黄色，头状花序直径 1～1.5 cm ……………………………………………… 27. 甘菊 *D. lavandulifolium* Ling. et Shih.

29. 头状花序单生于无叶花葶上，叶基生(雏菊属 *Bellis* L.) ………… 28. 雏菊 *B. perennis* L.

29. 头状花序生具叶茎上，叶茎生 ……………………………………… 30

30. 舌状花淡蓝色、淡紫色，1 轮，冠毛极短(马兰属 *Kalimeris* Cass.)；叶全缘，边缘波浪状扭曲 ………………………………………… 29. 全叶马兰 *K. integrifolia* Turcz.

30. 舌状花黄色、橘黄色或橙红色，有时白色……………………………… 31

31. 无托片(小苞片)，无冠毛，瘦果弯曲(金盏花属 *Calendula* L.) ……………………………………………………… 30. 金盏花 *C. officinalis* L.

31. 有托片(小苞片)，冠毛鳞片状、冠状或缺……………………………… 32

32. 花托平或稍突，冠毛有凋落的芒，无宿存的鳞片(向日葵属 *Helianthus* L.) …………… 33

32. 花托圆锥状或柱状，冠毛无或微睫毛或为齿状冠，边花黄或白色(金光菊属 *Rudbeckia* L.) ……………………………………………………… 31. 金光菊 *R. laciniata* L.

33. 总苞片卵形至卵状披针形，密被纤毛 ……………………… 32. 向日葵 *H. annuus* L.

33. 总苞片狭披针形，微被纤毛 ………………………………… 33. 瓜叶葵 *H. debilis* Nutt.

34. 叶基生，头状花序单生花葶上，总苞片多层，瘦果至少上部具瘤状突起(蒲公英属 *Taraxacum* Weber) ………………………………… 34. 蒲公英 *T. mongolicum* Hand.-Mazz.

34. 具茎生叶，头状花序非单生，总苞片 1～2 层，瘦果无瘤状突起…………………… 35

35. 头状花序有 80 个以上小花，冠毛有极细的柔毛杂以较粗的直毛(苦苣菜属 *Sonchus* L.) ……………………………………………………… 35. 苣荬菜 *S. brachyotus* DC.

35. 头状花序有较少的小花，冠毛有较粗的直毛或糙毛 …………………………… 36

36. 瘦果极扁，具 2 肥厚的侧肋或翅(莴苣属 *Lactuca* L.) ……………… 36. 莴苣 *L. satva* L.

36. 瘦果纺锤形或披针形，背腹稍扁；花黄色(苦荬菜属 *Lxeris* Cass.) …………………… 37

37. 茎生叶抱茎，茎生叶最宽部分在基部，开花时有基生叶；瘦果黑色，喙短……………………………………………………… 37. 苦荬菜 *I. sonchifolia* Hance.

37. 茎生叶不抱茎，瘦果棕红色或棕色，果喙与果近等长 ………… 38. 苦菜 *I. chinensis* Nakai.

114. 香蒲科 Typhaceae

香蒲属 *Typha* L. 香蒲 *T. angustiflolia* L.

115. 黑三棱科 Sparganiaceae

黑三棱属 *Sparganium* L. 黑三棱 *S. stoloniferum* Hamit

116. 眼子菜科 Potamogetonaceae

1. 花两性，雄蕊4，穗状花序，叶常互生(眼子菜属 *Potamogeton* L.) …… 1. 菹草 *P. crispus* L.
1. 花单性同株，雄蕊1，花单一或2～3朵腋生，叶对生(角果藻属 *Zannichellia* Kunth.) …… …… 2. 角果藻 *Z. palustris* L.

117. 茨藻科 Najadaceae

茨藻属 *Najas* L. 小茨藻 *N. minor* All.

119. 泽泻科 Alismataceae

1. 叶片椭圆形，花两性，花托小，雄蕊6(浑泻属 *Alisma* L.) …… …… 1. 泽泻 *A. plantagoaquatica* L. var. *orientale* Sam.
1. 叶片箭形，花单性或杂性，花托球形或长椭圆形，雄蕊9枚以上(慈姑属 *Sagittaria* L.) …… …… 2. 野慈姑 *S. trifolia* L.

120. 花蔺科 Butomaceae

花蔺属 *Butomus* L. 花蔺 *B. umbellatus* L.

121. 水鳖科 Hydrocharitaceae

1. 叶浮于水面，叶片圆形，叶背有气囊(水鳖属 *Hydrocharis* L.) …… 1. 白萍 *H. dubia* Backer
1. 叶沉于水中，叶线形或线状长圆形 …… 2
2. 叶在茎上轮生，小形(黑藻属 *Hydrilla* Rich.) …… 2. 黑藻 *H. verticillata* Rich.
2. 叶在根茎的节上簇生，长线形，基部成短鞘状，长可达1 m以上(苦草属 *Vallisneria* L.) …… …… 3. 苦草 *V. asiatica* Miki.

122. 禾本科 Gramineae

1. 花序轴无明显分枝，形成穗状花序、总状花序、穗状圆锥花序或头状圆锥花序 …… 2
1. 花序轴具明显分枝，分枝作指状排列、总状排列或圆锥状排列 …… 14
2. 花单性，至少雌穗或雄穗成不分枝的花序，雌、雄小穗生于不同花序上 …… 3
2. 小穗两性，至少有一部分两性花 …… 4
3. 高大作物；雄花序顶生成疏散圆锥花序；雌花序腋生，肉穗状(玉蜀黍属 *Zea* L.) …… …… 1. 玉蜀黍 *Z. mays* L.
3. 矮小草皮植物；雌雄异株；雄花序短穗状，无柄小穗成二行覆瓦状排列于穗轴的一侧；雌花序短穗状或头状，具匍匐茎(野牛草属 *Buchloe* Engelm.) …… …… 2. 野牛草 *B. dactyloides* Engelm.
4. 穗状花序，小穗无柄，花序不分枝；小穗含多朵小花，若仅1朵小花，则在内稃后 面具退化的

刚毛状小穗轴…………………………………………………………………………………………… 5

4. 穗状圆锥花序或头状圆锥花序 ………………………………………………………………… 10

5. 小穗成两行排列在穗轴的一侧；穗轴扭转(草沙蚕属 *Tvipogon* Roem. et Schult.) ……… ……………………………………………………………………… 3. 草沙蚕 *T. chinensis* Hack.

5 小穗排列在穗轴的两侧，穗状花序顶生 ……………………………………………………… 6

6. 穗轴每节生 1 枚小穗，小穗以侧面对向穗轴，侧生小穗第一颖存在…………………… 7

6. 穗轴每节生 2～4 枚小穗 ……………………………………………………………………… 9

7. 外稃显具基盘且具长芒，小穗疏松排列在轴上，成熟时脱节于颖之上，野生(鹅观草属 *Roegneria* C. Koch) …………………………………………… 4. 纤毛鹅观草 *R. ciliaris* Nevski

7. 外稃无基盘；栽培 ……………………………………………………………………………… 8

8. 颖锥形；具 1 脉(黑麦属 *Secale* L.) …………………………………… 5. 黑麦 *S. cereale* L.

8. 颖卵形，具 3 至数脉，小穗压扁(小麦属 *Triticum* L.) …………… 6. 小麦 *T. aestivum* L.

9. 穗轴每节生 3 小穗，每小穗含 1 花(大麦属 *Hordeum* L.) ………… 7. 大麦 *H. vulgare* L.

9. 穗轴每节生 2～4 小穗，每小穗含 2 至数小花；具根茎，基部有残存的枯叶纤维(赖草属 *Leymus* L.) ………………………………………………………………… 8. 羊草 *L. chinensis* Tzvel.

10. 小穗含 2～4 朵两性花，第二颖和第一小花近等长(菭草属 *Koeleria* Pers.) ……………… ……………………………………………………………………………… 9. 菭草 *K. cristata* Pers.

10. 小穗含 1～2 朵两性花 ………………………………………………………………………… 11

11. 花序缩短成头状或压扁，下面紧托两个苞片状叶鞘(隐花草属 *Crypsis* Ait.) …………… ……………………………………………………………………… 10. 隐花草 *C. aculeata* Ait.

11. 花序伸长成圆柱形穗状圆锥花序…………………………………………………………… 12

12. 小穗下无刚毛或柔毛，外稃具芒；二颖互相连合，无芒(看麦娘属 *Alopecurus* L.) ……… ………………………………………………………………… 11. 看麦娘 *A. aequalis* Sobol.

12. 小穗下托有刚毛或长柔毛…………………………………………………………………… 13

13. 小穗下托有 1 至数个刚毛，且宿存(狗尾草属 *Setaria* Beauv.) ………………………… ……………………………………………………………………… 12. 狗尾草 *S. viridis* Beauv.

13. 小穗基部具多数细长丝状柔毛(白茅属 *Imperata* Cyr.) ………………………………… ……………………………………… 13. 白茅 *I. cylindrica* Beauv. var. *major* C. E. Hubb.

14. 花序轴分枝，排列成指状或伞房状 ………………………………………………………… 15

14. 花序轴分枝呈总状或圆锥状排列…………………………………………………………… 19

15. 外稃无芒………………………………………………………………………………………… 16

15. 外稃有芒………………………………………………………………………………………… 17

16. 小穗含 3～6 花，紧密排列在穗轴分枝的一侧(蟋蟀草属 *Eleusine* Gaertn.) …………… ……………………………………………………………………… 14. 蟋蟀草 *E. indica* Gaertn.

16. 小穗含 1 朵两性花；小穗背腹压扁，成对或簇生于轴的一侧，其中下面 1 小穗无柄(马唐属 *Digitaria* Scop.) ………………………………………………… 15. 马唐 *D. sanguinalis* Scop.

17. 小穗单生，含 2～3 花，排列在穗轴分枝的一侧，第一外稃的边脉上具长柔毛(虎尾草属 *Chloris* Swartz.) ………………………………………………… 16. 虎尾草 *C. virgata* Swartz.

17. 小穗成对着生，只无柄小穗两性，能结实，有柄小穗为雄性或退化成一短柄，含1(2)花 …… 18
18. 外稃的芒近基部着生，第一颖脉上具瘤状突起或刺瘤；叶披针形或卵状披针形，基部略成心形(荩草属 *Arthraxon* Beauv.) ………………………… 17. 荩草 *A. hispidus* Makino.
18. 外稃的芒顶生，颖无瘤状突起，叶基不为心形(孔颖草属 *Bothriochloa* Ktze.) ……………………………………………………………………… 18. 白羊草 *B. ischaemum* Keng.
19. 花单性同株；雄花序顶生，圆锥状(玉蜀黍属 *Zea* L.) ……………… 19. 玉蜀黍 *Z. mays* L.
19. 小穗含两性花 ………………………………………………………………………… 20
20. 小穗散生在穗轴的分枝上，两性花超过2朵，如只有1～2朵，则上部有退化花 ………… 21
20. 每小穗含1朵两性花，如为2～3朵花时，则下部小花退化 ……………………………… 32
21. 第二颖通常短于第一小花；外稃如有芒则芒顶生 ……………………………………… 22
21. 第二颖多长于第一花；外稃的芒多膝曲而下部扭转，位于外稃背部或二裂片间 31
22. 外稃基盘无毛，若有毛则短于外稃 ………………………………………………………… 23
22. 外稃的基盘延长，基盘上密生丝状柔毛(芦苇属 *Phragmites* Trin.) …………………………………………………………………… 20. 芦苇 *P. australis* Trin. ex Steud.
23. 叶鞘闭合 ……………………………………………………………………………………… 24
23. 叶鞘开口；外稃无芒 ………………………………………………………………………… 25
24. 小穗柄细弱弯曲成关节而使小穗整个脱落；小穗顶端的不育花聚集成小球或棒状；小稃无芒(臭草属 *Melica* L.) ………………………………………… 21. 臭草 *M. scabrosa* Trin.
24. 小穗不弯曲成关节，小穗顶端不育花不成小球或棒状；外稃有芒，基盘无毛(雀麦属 *Bromus* L.) ……………………………………………………… 22. 无芒雀麦 *B. inermis* Leyss.
25. 外稃背部具脊，基盘常具蛛丝状绵毛(早熟禾属 *Poa* L.) ……………………………… 26
25. 外稃基盘无毛，具3脉或不明显 …………………………………………………………… 27
26. 具匍匐根状茎；第一颖具1脉，外稃间脉明显 …………… 23. 草地草熟禾 *P. pratensis* L.
26. 无匍匐根状茎；第一颖具3脉，外稃间脉不明显；顶生叶鞘长于它的叶片或稍短，轩细而坚实，叶舌长4 mm以上；小穗含4～6花 …………… 24. 硬质草熟禾 *P. sphondylodes* Trin.
27. 外稃先端钝，脉不显，背部圆形(硷茅属 *Puccinellia* Parl.) …………………………… 28
27. 外稃具3脉，背部具脊；小穗含4～10结实小花；颖果小，包于稃内(画眉草属 *Eragrostis* Beauv.) ………………………………………………………………………………… 29
28. 株高30～60 cm；花药长1 mm …………… 25. 星星草 *P. tenuiflora* Scribn. et Merr.
28. 株高10～30 cm；花药长0.8 mm；小穗含5～9花；花序每节具2～6分枝；外稃长约2 mm ……………………………………………………………………… 26. 硷茅 *P. distans* Parl.
29. 叶鞘脉上、叶片边缘、小穗上都具腺体；秆圆筒形 ……………………………………………………………………… 27. 大画眉草 *E. cilianensis* Link. ex Vign-Lut.
29. 无腺体 ……………………………………………………………………………………… 30
30. 第一颖长0.8 mm以下，无脉；外稃侧脉不明显 ………………… 28. 画眉草 *E. pilosa* Beauv.
30. 第一颖长1 mm，具1脉；外稃侧脉明显 ……………… 29. 秋画眉草 *E. autumnalis* Keng.
31. 外稃无芒或仅具小尖头；圆锥花序紧密作穗状而有间断；第1颖1脉，第二颖3脉(落草属 *Koeleria* Pers.) ……………………………………………… 30. 落草 *K. cristata* Pers.

31. 外稃无或有芒；圆锥花序疏散；子房有毛；小穗下垂，二颖等长，具 7～11 脉（燕麦属 *Avena* L.）……………………………………………………………… 31. 燕麦 *A. sativa* L.

32. 小穗脱节于颖之上，颖宿存 …………………………………………………… 33

32. 小穗脱节于颖之下，随小穗脱落，含 1～2 花；如 2 花则退化花在下……………………… 38

33. 颖存在，雄蕊 3 …………………………………………………………………… 34

33. 颖完全退化或只余半月形遗痕，而有颖状的退化外稃；雄蕊 6，生水中或水边 ………… 36

34. 小穗含 3 花，下部 2 花为雄花；颖背部不具翅；植株有香味（茅香属 *Hierochloe* R. Br.）………………………………………………………… 32. 光稃茅香 *H. glabra* Trin.

34. 小穗含 1 花，两侧压扁或近圆柱形；小穗轴有时延伸到内稃后面成一细柄；外稃具芒且顶生 ……………………………………………………………………………… 35

35. 外稃具 3 芒，侧芒较短（三芒草属 *Aristida* L.） …………… 33. 三芒草 *A. adscenionis* L.

35. 外稃具 1 芒，芒膝曲，下部扭转，外稃的基盘常较尖锐；芒和外稃顶端相接处有关节；外稃常具排成纵行的短柔毛（针茅属 *Stipa* L.）…………… 34. 长芒草 *S. bungeana* Trin. ex Bge.

36. 小穗单性，雌小穗在花序上部，雄小穗在花序下部，生水中（菰属 *Iizania* L.）……………………………………………………………… 35. 茭笋（茭白）*I. latifolia* Stapf.

36. 小穗两性，两侧压扁，具脊………………………………………………………… 37

37. 颖退化成二半月形的突起；2 退化花外稃为颖状的锥刺；栽培作物（稻属 *Oryza* L.）……………………………………………………………………… 36. 稻 *O. sativa* L.

37. 颖退化不见，无退化外稃（假稻属 *Leerisia* Sw.）……………………………………………… 37. 假稻 *L. hexandra* Swartz var. *japonica* Keng.

38. 小穗两侧压扁；颖半圆形，肿胀成船形；小穗成二行覆瓦状排列于穗轴分枝的一侧（菵草属 *Beckmannia* Host）……………………………………… 38. 菵草 *B. syzigachne* Femald

38. 小穗背腹压扁，颖不肿胀成船形 ………………………………………………… 39

39. 成熟花的内、外稃膜质透明，较颖薄，第一颖常最长；成对小穗中无柄的能育，有柄的不育；秆实心（高粱属 *Sorghum* Moench.）……………………………… 39. 高粱 *S. vulgare* Pers.

39. 成熟花的外稃和内稃质地坚韧，较颖为厚；第一颖较小或退化………………………… 40

40. 小穗排列为开展的圆锥花序；小穗柄较长，不排列在穗轴分枝的一侧（黍属 *Panicum* L.）……………………………………………………………… 40. 黍 *P. miliaceum* L.

40. 小穗列在穗轴分枝的一侧，分枝为穗状或穗形总状花序；叶无叶舌（稗属 *Echinochloa* Beauv.）…………………………………………………………………………… 41

41. 圆锥花序较狭窄，软弱下垂 ……………… 41. 旱稗 *E. crusgallii* var. *hispidula* Honda.

41. 圆锥花序开展，直立而粗壮 ………………………………………………………… 42

42. 小穗具较粗壮的芒；花序分枝开展 ……………………………………………… 43

42. 小穗无芒或极短；花序分枝紧密或疏松 ………………………………………… 44

43. 外稃具短芒；花序疏松，带紫色 ………………………………… 42. 稗 *E. crusgallii* Beauv.

43. 外稃具长芒；花序紧密，暗紫色 ……………… 43. 长芒稗 *E. crusgallii* var. *caudata* Kitang.

44. 花序分枝疏松，不作弓形弯曲；第二颖长于谷粒……………………………………… 45

44. 花序分枝紧密，作弓形弯曲；第二颖短于谷粒………………………………………………………………… 44. 家稗 *E. crusgallii* var. *frumentacea* W. F. Wight.

45. 花序分枝具小分枝；小穗无芒或具短芒，并在脉上具硬刺疣毛……………………………………………………………………………… 45. 无芒稗 *E. crusgallii* var. *mitis* Peterm.

45. 花序分枝无小分枝；小穗无疣毛，脉上无毛……………………………………………………………………………… 46. 西来稗 *E. crusgallii* var. *zelayensis* Hitch.

123. 莎草科 Cyperaceae

1. 雄花包于鳞片腋内，雌花具先出叶，先出叶在边缘合生而成果囊；花单性(苔草属 *Carex* L.)……………………………………………………………………………… 2

1. 花包于鳞片腋内，不具先出叶所形成的果囊；花两性……………………………… 3

2. 小穗两性，近无柄，密生成一穗状花序；柱头2……………………………………… 1. 细叶苔草 *C. rigescens*(Franch.) V. Krecz.

2. 小穗单性，有柄，雄小穗在上，雌小穗在下，不成单一穗状花序；花柱3 ……………………………… 2. 异穗苔草 *C. heterostachya* Bge.

3. 小穗的鳞片呈螺旋状排列；具退化花被或缺 ……………………………… 4

3. 小穗的鳞片成二行排列；无花被，具多花……………………………… 8

4. 小穗单一，顶生；上部叶鞘无叶片，具下位刚毛；花柱基部膨大(荸荠属 *Eleocharis* R. Br.)……………………………… 3. 荸荠 *E. tuberosus* Roxb.

4. 小穗多个，常形成花序；茎上有叶……………………………… 5

5. 具下位刚毛；花柱基部不膨大(藨草属 *scirpus* L.) ……………………………… 6

5. 无下位刚毛；花柱基部膨大，花柱有毛(飘拂草属 *Fimbristylis* Vahl.)……………………………… 4. 光果飘拂草 *F. stauntonii* Debeaux et Franch. ex Debeaux

6. 总苞苞片不为秆的延伸，叶状；花序顶生 ……… 5. 扁杆藨草 *S. planiculms* F. Schmidt

6. 总苞苞片为秆的延伸，花序侧生 ……………………………… 7

7. 秆三棱形，花序具辐射枝 ……………………………… 6. 藨草 *S. triqueter* L.

7. 秆圆形，辐射枝不等长. ……………………………… 7. 水葱 *S. tabemaemontani* Gmel.

8. 柱头3；小坚果三棱形(莎草属 *Cyperus* L.) ……………………………… 9

8. 柱头2；小坚果双凸状或凹凸状 ……………………………… 10

9. 花穗中轴及小穗轴无翅；鳞片淡黄色；生湿地上 ……………………………… 8. 碎米莎草 *C. iria* L.

9. 花穗中轴及小穗轴具翅；鳞片红褐色，先端反曲 ……… 9. 阿穆尔莎草 *C. amuricus* Maxim.

10. 小坚果背腹扁压，面向小穗轴着生(水莎草属 *Juncellus* C. B. Clarke.)……………………………… 10. 水莎草 *J. serotinus* C. B. Clake.

10. 小坚果两侧压扁，棱向小穗轴着生(扁莎草属 *Pycreus* Beauv.)……………………………… 11. 球穗扁莎草 *P. globosus* Reichb.

124. 棕榈科 Palmae

1. 叶柄具硬刺，至少近基部有刺(蒲葵属 *Livistona* R. Br.) … 1. 蒲葵 *L. chinensis* R. Br. Pradr.

1. 叶柄具细而不规则的锯齿(棕榈属 *Trachycarpus* H. Wendl.)……………………………… 2. 棕榈 *T. fortunei* H. Wendl.

125. 天南星科 Araceae

1. 叶羽状深裂，各中脉间具长椭圆的穿孔（龟背竹属 *Monstera* Adans.）…………………… 1. 龟背竹 *M. deliciosa* Liebm.
1. 叶非上状…………………… 2
2. 果包于佛焰苞内，花后苞变大（马蹄莲属 *Zantedeschia* Engl.）…………………… 2. 马蹄莲 *Z. aethiopica* Spr.
2. 果外露，花后苞脱落（广东万年青属 *Aglaonema* Schott.）…………………… 3. 广东万年青 *A. modestum* Schott. ex Engl.

126. 浮萍科 Lemnaceae

紫萍属 *Spirodela* Schleid. 紫萍 *S. polyrrhiza* Schleid

127. 鸭跖草科 Commelinaceae

1. 茎叶光滑，叶两面绿色；能育雄蕊 2～3 枚；野生（鸭跖草属 *Commelina* L.）…………………… 1. 鸭跖草 *C. communis* L.
1. 茎疏生毛，叶背紫色；能育雄蕊 6 枚；栽培（吊竹梅属 *Zebrina* Schnizl.）…………………… 2. 吊竹梅 *Z. pendula* Schnizl.

128. 雨久花科 Pontederiaceae

凤眼莲属 *Eichhornia* Kunth. 凤眼莲 *E. crassipes* Solms-Laub.

129. 灯心草科 Juncaceae

灯心草属 *Juncus* L.

1. 外轮花被片比内轮花被片长，先端锐尖；一年生 …………………… 1. 小灯心草 *J. bufonius* L.
1. 外内两轮花被片近等长，先端钝；多年生 …………………… 2. 细灯心草 *J. gracillimus* V. krecz. et Gontsch.

130. 百合科 Liliaceae

1. 叶肉质，旱生多浆；花黄色（芦荟属 *Aloe* L.）………… 1. 芦荟 *A. vera* L. var. *chiensis* Berg.
1. 叶非肉质，不为旱生多浆植物 …………………… 2
2. 根状茎，不具鳞茎 …………………… 3
2. 具鳞茎，球形、卵形或圆柱状…………………… 8
3. 叶退化成鳞片状，具叶状枝；浆果…………………… 4
3. 叶正常，基生，在茎上互生或轮生…………………… 5
4. 叶状枝狭长；花丝分离；花序腋生（天门冬属 *Asparagus* L.）…………………… 2. 天门冬 *A. densiflorus* Jessop
4. 叶状枝扁平；花丝合生，花自叶状枝脉上生出（假叶树属 *Ruscus* L.）…………………… 3. 假叶树 *R. aculeata* L.

5. 具地上茎和茎生叶;叶硬,剑刀状;花被分离,乳白色(丝兰属 *Yucca* L.)……………………
……………………………………………………………… 4. 凤尾兰 *Y. gloriosa* L.
5. 叶基生;仅具花葶;无地上茎……………………………………………………………… 6
6. 叶具柄;总状花序;花白色(玉簪属 *Hpsta* Tratt) ……… 5. 玉簪 *H. plantaginea* Aschers.
6. 叶无柄 ……………………………………………………………………………………… 7
7. 叶短于花葶;花白色(吊兰属 *Chlorophytum* Ker.-Gawl.) …… 6. 吊兰 *C. comosum* Baker.
7. 叶等于或长于花葶;花黄色(萱草属 *Hemerocallis* L.) ……………… 7. 萱草 *H. fulva* L.
8. 花序为聚伞形花序,未开放时为膜质总苞所包;具葱蒜味(葱属 *Allium* L.)……………… 9
8. 花单生茎顶;叶片 2,茎生,带状披针形至卵状披针形(郁金香属 *Tulipa* L.)……………
…………………………………………………………… 8. 郁金香 *T. gesneriana* L.
9. 叶圆筒形,中空…………………………………………………………………………… 10
9. 叶扁平,带状线形;复鳞茎………………………………………………… 9. 蒜 *A. sativum* L.
10. 鳞茎卵形、球形或扁球形…………………………………………… 10. 洋葱 *A. cepa* L.
10. 鳞茎圆柱形 ………………………………………………………… 11. 葱 *A. fistulosum* L.

131. 石蒜科 Amaryllidaceae

1. 具鳞茎;花茎上不具叶或叶自鳞茎上长出;花单生或伞形花序………………………………… 2
1. 具根茎或根状茎;花为总状、穗状或圆锥形花序……………………………………………… 6
2. 有副花冠(水仙属 *Narcissus* L.) …………… 1. 水仙 *N. tazetta* L. var. *chinensis* Roem.
2. 无副花冠…………………………………………………………………………………… 3
3. 花被筒部细长,与花被片等长或超过之(文殊兰属 *Crinum* L.)…………………………
…………………………………………… 2. 文殊兰 *C. asiaticum* L. var. *sinicum* Baker.
3. 花被筒部短或无,不与花被片等长 ………………………………………………………… 4
4. 伞形花序,密集,但不成头状……………………………………………………………… 5
4. 花单生(葱莲属 *Zephyranthes* Herb.) …………………… 3. 韭菜莲 *Z. grandiflora* Lindl.
5. 叶宿存,常绿;具绳状根及不完全鳞茎(君子兰属 *Clivia* Lindl.) ………………………
…………………………………………………………… 4. 君子兰 *C. miniata* Regel.
5. 叶非宿存及常绿;真鳞茎(朱顶红属 *Hippeastrum* Herb.) … 5. 朱顶红 *H. rutilum* Herb.
6. 叶革质,常大而有刺;花被具短筒部(龙舌兰属 *Agave* L.) …… 6. 龙舌兰 *A. americana* L.
6. 叶软质、线形;花被具长弯形的筒部(晚香玉属 *Polianthes* L.) … 7. 晚香玉 *P. tuberosa* L.

132. 薯蓣科 Dioscoreaceae

薯蓣属 *Dioscorea* L. 山药 *D. opposita* Thunb.

133. 鸢尾科 Iridaceae

1. 植株地下具球茎(唐菖蒲属 *Gladiolus* L.) ……………… 1. 唐菖蒲 *G. gandavensis* Houtt.
1. 植株地下具根状茎、鳞茎或匍匐茎 ……………………………………………………… 2
2. 花被管极短,不显著;花柱 3 裂非花瓣状(射干属 *Belamcanda* Adans) ……………………
……………………………………………………………… 2. 射干 *B. chinensis* DC.

2. 具明显花被管；花柱分枝成花瓣状（鸢尾属 *Iris* L.）…………………………………… 3
3. 叶线形；花淡蓝紫色，外轮花被片弯曲下垂，内轮花被片小而直立……………………………… 3. 马蔺 *I. lactea* Pall. var. *chinensis* Koidz
3. 叶剑形；栽培 …………………………………………………………………………… 4
4. 外轮花被片中部具鸡冠状突起 ………………………… 4. 鸢尾 *I. teciorum* Maxim.
4. 外轮花被片中部具毛状突起 ………………………… 5. 德国鸢尾 *I. germanica* L.

134. 美人蕉科 Cannaceae

美人蕉属 *Canna* L. 美人蕉 *C. indica* L.

135. 兰科 Orchidaceae

1. 陆生草本……………………………………………………………………………… 2
1. 附生草本……………………………………………………………………………… 3
2. 叶边缘具细锯齿；单花（兰属 *Cymbidium* SW.）……………… 1. 春兰 *C. goeringii* Rchb. f.
2. 叶边缘具不明显锯齿或全缘；花序具 4～7 朵花 ……………… 2. 建兰 *C. ensifolium* Sw.
3. 侧萼片和合蕊柱基部联合成囊状，花药两室，花粉块 4（石斛属 *Dendrobium* Sw.）………………………………………… 3. 石斛 *D. nobile* Lindl.
3. 侧萼片和合蕊柱基部不联合成囊状……………………………………………… 4
4. 花大，萼片阔具网状脉，唇瓣中裂片先端具两条卷须（蝴蝶兰属 *Phalaenopsis* Bl.）………………………………………… 4. 蝴蝶兰 *P. aphrodite* Rchb. f.
4. 花黄色，萼片狭具棕红色斑点，唇瓣中裂片基部具脊状凸起（文心兰属 *Oncidium*）………………………………………… 5. 文心兰 *O. ampliotumvar* Majus.

（王　丽）

附录3　植物花程式写法与植物检索表的编写及植物的鉴定方法

一、植物花程式(花公式)

1.花程式的定义

花程式(floral formula)是用字母、数字及符号,按一定的顺序列成类似数学公式来表示花的特征。通过花程式可表明花各部分的组成、数目、排列、位置,以及它们彼此间的关系。

2.植物花程式的写法

(1)字母　花各组成部分所用符号一般用花各部分拉丁名词的第一个字母来表示。

K 代表花萼 (是德文 Kelch 的略写;拉丁文为 Calyx);

C 代表花冠(是拉丁文 Corolla 的缩写);

A 为雄蕊群(是拉丁文 Androecium 的缩写);

G 为雌蕊群(是拉丁文 Gynoecium 的缩写);

P 为花被(是拉丁文 Perianthium 的缩写;花萼和花冠无明显区别时使用)。

(2)数字　花的各部分数目用阿拉伯数字 1、2、3、4、5……表示,写于字母的右下角,其中以“∞”表示数目在十个以上或数目不定(数目很多);“0”表示缺少或退化。

(3)符号　花程式最前面冠以“⚥”表示两性花,“♂”表示雄花,“♀”表示雌花。

“*”表示辐射对称花(整齐花),“↑”表示两侧对称花(不整齐花);

在数字外加上“(　)”表示该花部彼此合生,不用此符号者为分离;

某部分分为数轮或数组时,则在各轮或各组的数字之间用“+”号相连;

$\underline{G}$ 表示子房上位,$\bar{\underline{G}}$ 表示子房半下位,$\overline{G}$ 表示子房下位;

G 的右下角三组数字[如 G(5:5:2)]依次表示一朵花中组成雌蕊的心皮数、每个雌蕊的子房室数和每室的胚珠数,三组数字之间用“:”号相连。

3.花程式书写顺序

花性别、对称情况、花各部分从外部到内部依次介绍 K、C、A、G,并在字母右下方写明数字以表示花各部分数目。

4.花程式书写举例

油菜:⚥ * $K_{2+2}\ C_{2+2}\ A_{2+4}\ \underline{G}_{(2:1:1-\infty)}$

棉花:⚥ * $K_{(5)}\ C_5\ A_{(\infty)}\ \underline{G}_{(3\sim5:3\sim5:\infty)}$

南瓜:♀ * $K_{(5)}\ C_{(5)}\ \overline{G}_{(3:1:\infty)}$;♂ * $K_{(5)}\ C_{(5)}\ A_{(2)+(2)+1}$

玉兰:⚥ * $P_{3+3+3}\ A_{\infty}\ \underline{G}_{\infty:1:2}$

二、植物检索表的编写

检索表的编制均采用法国拉马克(Lamarck)的二歧分类原则,即将同一关键特征分成相对应的两个分支,编为相同的号码,再把每个分支中的性状又分成相对应的两个分支,按顺序编上号码,依次下去,最后可分出门、纲、目、科、属及种。

检索表的格式通常有下列两种:

1. 平行检索表

平行检索表是把每一组相对特征的描写,并列在相邻两行里,每一条后面注明往下查的号码或者植物名称。以蔷薇科的亚科分类检索表为例:

1. 果实为开裂的蓇葖果,稀为蒴果;心皮 1~5,多无托叶 ………… 绣线菊亚科(Spiraeoideae)
1. 果实不开裂;具托叶 ………………………………………………………………………… 2
2. 子房下位,心皮 2~5,梨果,多为单叶 ……………………………… 梨亚科(Maloideae)
2. 子房上位,果实非梨果 ……………………………………………………………………… 3
3. 心皮 1,极少 2 或 5,核果,单叶 ………………………………………… 李亚科(Prunoideae)
3. 心皮多数,分离,极少 1~2,聚合瘦果或聚合小核果,多为复叶 …… 蔷薇亚科(Rosoideae)

2. 定距检索表

定距检索表是把每一组相对特征的两个分支,都编写在距左边一定距离处,并纵向相隔一定距离;而同一分支下的相对应两个分支,较先出现的又向右缩进一个字符,这样依次类推直到要编制的终点为止。同样以蔷薇科的亚科分类检索表为例:

1. 果实为开裂的蓇葖果,稀为蒴果;心皮 1~5,多无托叶 ………… 绣线菊亚科(Spiraeoideae)
1. 果实不开裂;具托叶
  2. 子房下位,心皮 2~5,梨果,多为单叶 ………………………………… 梨亚科(Maloideae)
  2. 子房上位,果实非梨果
    3. 心皮 1,极少 2 或 5,核果,单叶 ………………………………………… 李亚科(Prunoideae)
    3. 心皮多数,分离,极少 1~2,聚合瘦果或聚合小核果,多为复叶 …………………………
    ………………………………………………………………………………… 蔷薇亚科(Rosoideae)

三、植物的鉴定方法

植物的鉴定是植物科学中的一项最基本的技能,是确定植物名称的一种手段。鉴定植物时,主要掌握两个基本环节,首先要正确运用植物分类学基本知识,学会使用科学的形态术语来观察和描述植物;其次要学会查阅工具书(检索表、植物志等),核对出某一植物的名称。运用植物检索表来鉴定植物,是提高我们识别科、属、种能力的最有效的方法之一。

要做好植物的鉴定,还必须做好以下几方面的工作:

1. 必须对所要鉴定的植物有一个全面的了解

植物的鉴定主要是根据植物的各部分形态特征来进行的,因而要做好鉴定工作,首先要对该种植物的形态特征进行全面细致的解剖观察,必要时可借助放大镜或双目解剖镜,并按照检索要求做好记录,这是鉴定工作能否成功的关键所在。

以被子植物的鉴定为例，主要是对被子植物的6大器官即根、茎、叶、花、果实和种子的特征进行观察，重点关注下列特征：

根：根系类型及有无变态根等。

茎：质地(乔木、灌木或草本)；生长习性(直立、缠绕或攀缘)；茎干外形(圆形、方形或三棱形)；茎干表面是否有刺及有无变态茎等。

叶：叶序类型；叶脉类型；是单叶或复叶及类型；叶片边缘有无锯齿及表面有无毛状体；有无叶的变态等。

花：花瓣颜色、数目及花冠类型；雄蕊数目及类型；雌蕊类型；子房的位置；心皮数目；子房室数目；每室胚珠数目；胎座类型；是否形成花序及花序类型等。

果实：形状、颜色及类型等。

种子：形状、颜色及纹饰；子叶数目及有无胚乳等。

注：判断雌蕊类型及组成雌蕊心皮数目的方法

(1)如1朵花中有2个或2个以上各具有柱头、花柱及子房的雌蕊时，则该雌蕊为离生单雌蕊；组成该朵花的雌蕊心皮数目与该朵花中离生单雌蕊的数目一致；每个雌蕊均为1心皮1室。

(2)如一朵花中其雌蕊的子房合生，而柱头或花柱有分枝或开裂，则该雌蕊为复雌蕊，其柱头或花柱的分枝或开裂数目即为该雌蕊的心皮数目。

(3)如一朵花的雌蕊其子房、花柱及柱头全部合生，则需要做子房的横切面观察：

①如子房横切面被分成两个或两个以上的子房室，胚珠着生于子房中央的中轴上，则该雌蕊属于复雌蕊(为中轴胎座)，组成雌蕊的心皮数目一般与子房室数目一致，为多心皮多室子房。

②如子房横切面仅为一个子房室，则可通过观察子房室中胚珠着生的位置及腹缝线的数目来判断：

A. 当胚珠着生于子房壁上，腹缝线数目大于或等于两个，则该雌蕊属于复雌蕊(为侧膜胎座)，组成雌蕊的心皮数目一般与腹缝线数目一致，为多心皮1室子房。

B. 当许多胚珠着生于子房室中央的中轴上，则该雌蕊一般属于复雌蕊(为特立中央胎座)，其心皮数目必须通过观察子房壁中的维管束(腹束和背束)数目来确定，维管束(腹束数+背束数)数目除以2，即为组成该雌蕊的心皮数目，一般为多心皮1室。

C. 当胚珠沿1条腹缝线着生于子房壁上时，则该雌蕊为单雌蕊(为边缘胎座)，其雌蕊为1心皮1室。

在实际鉴定过程中，应从花柱、柱头是否分支；子房外形；子房横切面所显示的子房室数目、胚珠着生位置及腹缝线数目等多方面进行综合判断，以便得出准确结论。

2. **选择合适的检索工具书**

一般的植物鉴定工具书，如全国或各地的“植物志”、“图鉴等”，均附有分门、分纲、分目、分科、分属及分种的检索表，同时附有种的形态描述、产地、生境、经济用途及附图等。工具书的选用最好是根据要鉴定植物的产地来选择，即如果要鉴定的植物是从北京地区采来的，那么，利用《北京植物志》去检索，基本上就可以解决问题。如没有当地的地方性工具书时，也可查阅

《中国植物志》、《中国高等植物图鉴》等工具书。

3.根据植物特征利用检索表进行鉴定

学会检索表的使用，是识别鉴定植物的关键。

拿到一株不认识的植物，在观察记录完成并选择好合适的植物鉴定工具书后，就可根据工具书中的检索表沿着门、纲、目、科、属、种的顺序进行检索，直到查出植物的名称。

4.用检索表鉴定植物时应注意的问题

(1)检索时必须根据所观察到的特征，从头按顺序依次检索，决不允许跳过某一项而直接去查下一项。

(2)在核对某项描述时，最好将相对应的另一项描述也同时看一下，以确定待查植物更符合哪一项，并顺着符合的一项查下去，直到查出为止。

(3)检索时要求耐心细致，若发现有疑问时，应反复检索，直至完全符合时为止。

(4)利用检索表查出该植物所属的科、属及种后，还应将被检索植物与有关文献上对该植物的描述和图谱进行对照，进一步核对该植物的特征，以确定植物正确的名称，达到正确鉴定的目的。

（王　丽）

附录4 植物学研究中常用显微镜类型简介

显微镜根据照明方式的不同可分为光学显微镜和非光学显微镜。光学显微镜又可分为：明场显微镜（简称显微镜）、体视显微镜、暗场显微镜、相衬显微镜、偏光显微镜、微分干涉差显微镜、荧光显微镜、倒置显微镜和激光扫描共聚焦显微镜等。非光学显微镜如电子显微镜，又可分为透射电子显微镜和扫描电子显微镜等。

一、光学显微镜

显微镜的作用有两个，一是放大作用，将观察的微小样品放大到人眼能够看见；二是分辨清楚物像，即有好的分辨率。通常显微镜的好坏主要决定于分辨率的高低而不是放大倍数。

显微镜和体视显微镜是植物学实验教学中常用的光学显微镜（其结构及使用方法见实验一），但由于它们不能满足某些植物学研究的需要，于是科学家利用不同的光学原理，发明了多种研究用的光学显微镜。

（一）暗场显微镜（darkfield microscope）

暗场显微镜又叫暗视野显微镜，是通过特殊的聚光镜，使照射光只局限于样品而不能直接进入物镜，只有被样品表面反射或所衍射的散射光进入物镜，因而在黑暗的视场中形成明亮的像。它主要被用于观察未染色的活体微生物或胶体颗粒。

（二）偏光显微镜（polarizing microscope）

偏光显微镜是一种在明场显微镜的基础上加装偏光部件构成的、以偏振光为光源的显微镜。可普遍用于矿物和岩石学中晶体的鉴定。在生物学领域，可用于对具有双折射性的生物学物质（如细胞壁、染色体、纤维、淀粉粒、纺锤丝等）的观察。

偏光显微镜的偏光部件主要是两个偏振片，即仅允许沿某一方向震动的光通过的薄片。一个偏振片安装在明场光源与被检物体之间，称“起偏镜”，另一个安装在物镜与目镜之间，称“检偏镜”，二者皆可做水平旋转。光线通过起偏镜后成为偏振光，当检偏镜允许通过的光的振动方向正好与起偏镜的垂直时，从目镜看到的视场是黑的，如果载物台上放有具双折射性的物体，通过物体的光的振动方向发生改变，部分光线可通过检偏镜进入目镜，观察者可以看到物象。

（三）相衬显微镜（phase contrast microscope）

相衬显微镜是利用特殊的相衬装置，把光线通过样品后产生的相位差变为振幅差而成像，以增大透明物体的明暗反差，从而可用来观察未染色的活体组织和细胞结构的一种显微镜。

相衬显微镜主要是在明场显微镜的基础上加装以下装置：带有环状光阑的相衬聚光镜，带有相板的相衬物镜，以及用以调正环状光阑所造成的像与相板共轭面完全吻合的中心（合轴）调正望远镜。透明物体之所以不能为人眼所辨识是因为当光线通过透明物体时，虽然其相位会发生变化,但振幅(明、暗差别)和波长(颜色)的变化不明显,因此无法为人眼识别。而相衬显微镜,是依靠装在物镜内的相位板,使照射物体点的直射光与衍射光发生干涉,将相位差转换成振幅差(明暗差别),使人们在显微镜下可以观察无色透明的标本。

由于相板镀膜情况不同,相衬显微镜可以有不同的镜检效果,可分为正相衬和负相衬,正相衬的观察效果是视场背景明亮,物体暗淡;负相衬的观察效果是视场背景暗淡,物体明亮。使用时可根据观察对象进行选择。

(四)微分干涉差显微镜(differential interference contrast microscope)

微分干涉差显微镜是利用偏光干涉原理成像的一种显微镜。其结构主要具有微分干涉组件和旋转载物台。它主要用于观察无色透明的活体标本,利用光学显微照明技术提高了未经染色的无色透明物体的反差,使之在显微镜下呈现为灰色背景下明暗反差不同的图像,而且图像呈现出浮雕立体感,能显示结构的三维立体投影影像,观察效果类似相衬显微镜,但克服了它所观察的图像存在因衍射形成的光晕现象,具有相衬显微镜所不具备的优点。

植物学研究中可使用微分干涉差显微镜观察未经染色的活植物细胞中的细胞器运动、胞质环流,花粉管、根毛结构等。

(五)倒置显微镜(inverted microscope)

倒置显微镜是一种把照明系统置于载物台的上方,把物镜置于载物台下方的显微镜。这种显微镜由于加长了载物台上放置样品的高度,使得可以放置培养皿、培养瓶等容器,适用于观察置于培养皿、培养瓶中的活细胞和组织(如组织培养、细胞离体培养材料)的生长情况及对活体细胞或组织进行显微操作(如显微注射)。

倒置显微镜可以装配各种附属装置做多种用途使用。例如进行暗场、相差、荧光和微分干涉等观察。有的倒置显微镜具有自动恒温台和有机玻璃保温罩,可以在恒温条件下对培养的活体组织和细胞进行较长时间的定点动态观察和照相,还可以装上显微电影摄影机或电视摄像机拍摄缩时电影或录像,每隔一定时间拍摄一格,这样把发生在较长时间内我们不易观察的微观生命活动现象(如细胞分裂、细胞生长、微生物的运动等过程)真实的记录下来,而在较短时间内把这一过程再现在银幕上,为我们进行动态的生物学研究提供了绝妙的工具。

(六)荧光显微镜(fluorescence microscope)

荧光显微镜就是利用物质本身的自发荧光或通过荧光标记(如用荧光剂,免疫荧光处理)使特定物质可以发出荧光而实现观察的目的。

由于荧光显微镜需要特定波长的短波光作为光源,因此除具有普通显微镜的光学部件外(其中物镜应为专用的荧光物镜),还应配置有荧光装置。荧光装置的主要部件包括:高压汞灯,激发滤光片,分光镜,吸收激发光滤光片等。荧光显微镜使用的激发光一般是:紫外光、紫光、蓝光和绿光。

荧光显微镜在植物学领域应用广泛,通过特异的荧光染色或免疫荧光标记,使特定的遗传物质(DNA,RNA)、蛋白质等分子带上特异的荧光素,结合荧光显微镜观察,可以对细胞内特定的物质、结构(如染色体,微管、微丝及其相关作用蛋白)进行定性、定量研究,分析它们的分布、动态变化及相互关系。

(七)共焦激光扫描显微镜(confocal laser scanning microscope)

由于传统荧光显微镜存在光晕等缺点而使得精细观察效果不够理想,而共焦激光扫描显微镜的诞生弥补了传统荧光显微镜的不足,使荧光观察进入了一个崭新的时代。

共焦激光扫描显微镜是在荧光显微镜成像的基础上加装激光扫描装置,利用激光作扫描光源,逐点、逐行、逐面对标本进行快速扫描成像,由于激光束的波长较短,光束很细,所以共焦激光扫描显微镜有较高的分辨率。同时,系统每经一次调焦,扫描限制在样品的一个平面内。调焦深度改变,扫面平面相应改变,因此可以有选择的对标本的不同深度平面逐层扫描。并将图像信息通过计算机软件叠加组合、三维重组,可显示标本内部的三维立体结构。

使用共焦激光扫描显微镜,不仅可观察固定的细胞、组织切片,还可对活细胞的结构、分子、离子进行实时动态的观察和检测。目前,激光扫描共聚焦显微技术已用于细胞形态定位、立体结构重组、动态变化过程等研究,并提供定量荧光测定、定量图像分析等实用研究手段。结合其他相关技术,共焦激光扫描显微镜在形态学、生理学、免疫学、遗传学和分子细胞生物学等领域得到广泛应用。

共焦激光扫描显微镜包括:荧光显微镜、激光源、计算机控制系统(包括专用软件)和共焦扫描系统。

(八)万能显微镜(universal microscope)

万能显微镜是指大型多用途、附件齐全、光学部件高级联机使用的显微镜,而且常是光、机、电的三者结合体。它的性能除明场外,能作暗场、相差、偏光、微分干涉和荧光显微术的观察和自动显微照相等功能。此外,这类显微镜还附有高分辨率投影屏、描绘器、共览电视及电影摄像等装置。

二、电子显微镜

电子显微镜不是利用人眼可见光作为光源,而是利用电子束作为光源,同时它不是利用光学玻璃作透镜,而是利用根据“轴对称的电磁场对电子束起透镜作用”这一理论制成的所谓“电磁透镜”,使电子汇聚到焦点上再发散,从而把物体的细节放大成像的显微镜。根据成像原理的不同电子显微镜有很多种,但主要有“透射电子显微镜”和“扫描电子显微镜”两种。

(一)透射电子显微镜(transelectron microscope,简写为 TEM)

透射电子显微镜图附 4-1 由电子束照明系统(电子枪,聚光镜),成像系统(物镜,中间镜,投影镜等),真空系统和记录系统组成。

透射电子显微镜的成像原理是由于入射电子与样品原子碰撞产生散射,样品的不同部位,由于结构、成分和致密程度的不同,对电子散射程度不同,由此就形成电子密度的高低从而形成了图像,这种不同电子密度形成的图像通过荧光屏成为可见的图像,或把电子束射到感光片上拍下样品的照片,成为记录样品的结构图像。由于电子波比光波的波长短,从而大大提高了分辨率,其分辨率可达 0.1～0.2 nm(即 1～2 Å),放大倍率可达 80 万～120 万倍,其分辨率比光学显微镜大 1 000 倍。

由于电镜电子束穿透能力的限制,透射电镜对所观察的标本有特殊的要求。用于观察的标本厚度应小于 0.1 μm,放置于特殊的金属网上。这样的薄切片需经超薄切片机切出,并经负染处理才能进行观察。

透射显微镜主要用来观察生物样品内部的超微结构,鉴定病毒颗粒以及进行生物大分子的研究等。此外,电镜细胞化学、免疫电镜、电镜同位素放射自显影等技术的出现,进一步扩大了透射电镜在生物学领域中的应用范围,使其从单纯的用于形态观察发展到了进行形态结构、化学成分分析、化学成分定位和生理功能综合研究阶段,并有可能进行定量研究。

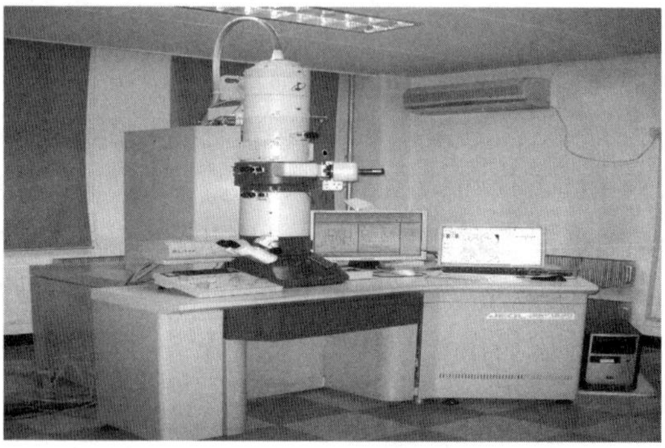

图附 4-1 JEM-1230 型透射电子显微镜

(二)扫描电子显微镜(scanning electron microscope,简写为 SEM)

扫描电子显微镜(图附 4-2)主要由镜体和图像输出显示设备组成。镜体包括真空系统,电子束系统以及成像系统。

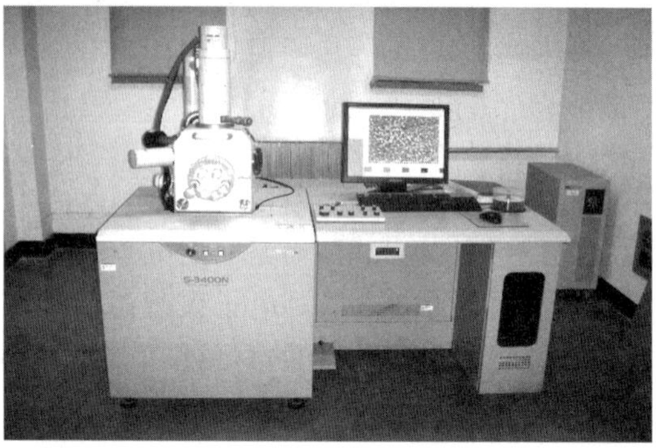

图附 4-2 HITACHI S-3400N 型扫描电子显微镜

扫描电子显微镜是一类以高能电子束扫描样品表面成像的电子显微镜。它利用极狭窄的电子束对样品表面进行扫描,电子束与样品的相互作用产生各种效应,其中在样品表面产生的二次电子和背散射电子信号,通过接受系统和放大转换装置传送到电子设备显示屏上形成图像。

扫描电镜的优点是能获得有真实感的立体图像,主要用来观察生物样品表面或断面的超微结构,如植物根、茎、叶、花、果、种子、花粉等的表面形态结构;用高分辨能力的扫描电子显微镜结合处理样品的冰冻蚀刻技术等,可以清晰地分辨出植物细胞内细胞器的细微结构,如线粒体、高尔基体、液泡、内质网等细胞器。

(关雪莲)

附录5　植物学研究中常用的制片方法简介

将生物材料制成适于在显微镜下观察的薄片的方法即生物制片方法。根据材料、观察目的、使用的显微镜类型不同可以有不同的制片方法，根据对材料的处理方法不同可以有切片法、整体封片法、涂片法和压片法等，根据制片保存的时间长短又可分为临时制片法和永久制片法，根据观察使用的显微镜不同又有光学制片方法和电镜制片方法之分。我们选择在植物学研究中常用的制片法加以介绍。

一、徒手切片法

是指手持刀片把新鲜的植物材料切成薄片，所做的切片通常不经染色或经简单染色后，就可直接制成临时制片用于观察。由于徒手切片法操作简单，不需复杂的设备，且能随时随地迅速观察到新鲜植物材料的生活细胞及各器官内部组织的生活状况、天然色彩，是科研教学中常用的制片方法。徒手切片法得到的切片也可以经过染色、脱水、封片制成永久制片。

(一)实验用品与材料

1. 实验用品

锋利的双面刀片、培养皿、镊子、毛笔、滴瓶、载玻片、盖玻片。

2. 实验材料

根据观察目的选择切片材料，适合徒手切片的材料应具如下特点：

A. 正常生长无病虫害，且无机械损伤的植物器官。

B. 材料应软硬适度，不宜太软或太硬，太软经不住刀片的压力，太硬则切割不动。一般植物幼嫩 根、茎、叶柄及有些植物的叶片等均可。

C. 材料的直径一般不小于 1 mm，最大不超过 4～5 mm，一般为切面 3～5 mm^2 的长柱体为宜，长度 2～3 cm，以便于手持。如材料过大，可用刀片先将材料截成适当大小、形状的段块，切面平整且与长轴垂直。

如需切叶片等较软材料时，通常从叶的主脉处切取大小 5 mm 见方的小片，用马铃薯块茎、胡萝卜根等作为夹持物，将欲切的材料夹在支持物之间一起切片，或将叶片类材料卷成筒状再切片(图附 5-1)。

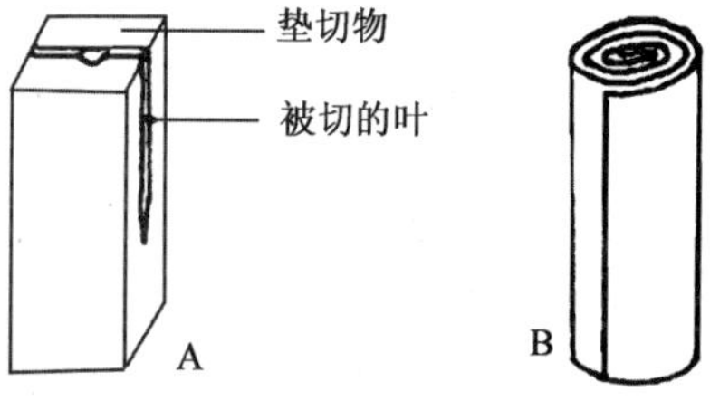

图附 5-1　夹持物及所夹的被切叶片(A)和卷成筒状的叶片(B)

(二)切片方法及注意事项

(1)在培养皿中放入清水，将欲切材料断面沾水(整个切片过程中均应用清水润湿材料和刀面)，以左手拇指、食指、中指捏住材料，置于操作者正前方，其中材料切面应稍高于食指，其

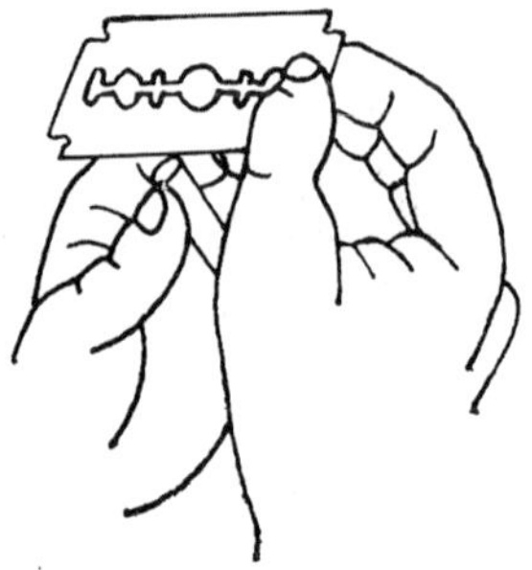

图附 5-2　材料及切片握法示意图

余手指则略低于食指，以免切时损伤手指。右手执刀，将刀平放在左手食指上，刀口朝内指向材料切割面并与材料断面平行，然后以均匀快捷的动作自左前方向右后方以臂力带动刀片水平移动切割（手腕不必用力）（图附 5-2）。切时动作要迅速，材料一次切下，切忌停顿或拉锯式切割。连续切数片后，用湿毛笔将切下的薄片轻轻移入盛水的培养皿中备用。（切片时注意应做连续切片，不应切一片看一片否则切不出好的薄切片，反而浪费时间；切片过程中有时会因用力不均或刀不锋利而出现切面倾斜的现象，要及时修正）。

（2）用毛笔（或镊子）挑选最薄而透明的切片（不必追求完整，只要材料的切片能反映结构即可，如辐射对称或两侧对称的材料，切片只要是过材料横切面中心的 1/4 或 1/2 大即可），做成临时制片观察。

（三）制作临时制片

用一定的方法（切片、整体装片、涂片、压片、撕片等）将植物材料制成可在显微镜下观察的材料，放在载玻片上的水滴中，加上盖玻片制成临时制片进行观察，即为临时制片法。针对徒手切片的临时制片制作步骤如下（图附 5-3）：

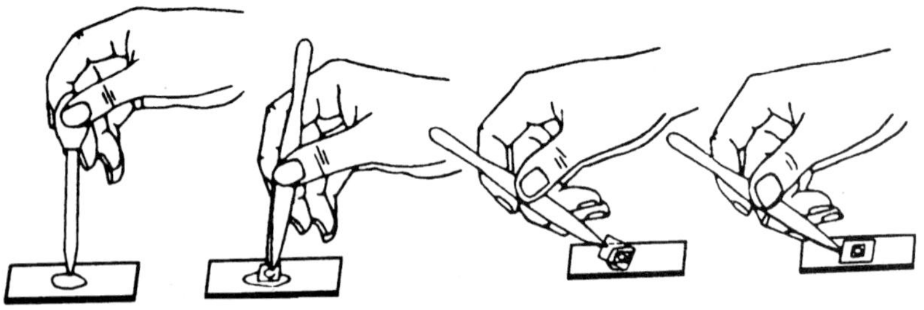

图附 5-3　临时制片方法（引自汪小凡等，2006）

（1）将酒精浸泡过的载玻片和盖玻片用纱布擦净。擦载玻片时，用左手的拇指和食指夹住其边缘，右手将纱布包住载玻片的上下两面，反复轻轻擦拭；擦盖玻片时则更应小心，将盖玻片置于两层纱布之间，然后右手拇指和食指从上下两面隔纱布轻轻夹住盖片擦拭，用力要均匀，以防盖玻片破碎。

（2）用玻璃滴管在载玻片中央滴 1 滴水，用镊子选取切好的 1 片或 2～3 片薄片放在水滴中，注意不要重叠。

（3）用镊子轻轻夹住盖片一侧，使盖片一侧边缘与水滴左边缘接触，然后慢慢向下放下盖片。这样可使盖片下的空气渐渐被水挤掉，以免产生气泡。如果水太多，材料和盖片易浮动，影响观察，可用吸水纸条从盖片一侧吸去多余水分；如果水未充满盖片，易产生气泡，且根据显微镜设计原理，不加盖片或材料未被水浸透不能得到清晰物像，因此要从盖片一侧用滴管补加水。初学制片，盖片下易有气泡，此时要注意区分气泡和植物结构：气泡呈圆球体，中间亮，边缘有黑圈，且随着调焦旋钮的转动，黑圈的大小亦在变化。

(4)如临时制片需保存一段时间，则可用10%～30%甘油水溶液代替清水封片，并将制片放在铺有湿滤纸的大培养皿中保存，或用指甲油封边。

对于其他处理方法得到的材料，如单细胞、丝状体或单层细胞材料、离析材料、撕片法得到的植物表皮、压片法得到的根尖、花粉均可依照上述步骤制作临时制片。

二、离析法

是用一些化学药品使植物细胞间的胞间层溶解、细胞彼此分离，从而得到单个、完整细胞的方法，便于研究不同组织的细胞立体结构。

1. 铬酸—硝酸离析法

适用于木质化组织，如富含纤维、导管、管胞的木材和富含石细胞的种皮。把材料切成长约1 cm、横断面边长2～3 mm的小条，放入小试管中，加入离析液，其量约为材料的20倍，盖紧瓶盖放在30～40℃的温箱中离析。离析时间因材料性质而异，一般为1～2 d。如2 d后仍未解离，可换新的离析液，再放置几天。检查材料是否解离，可取出材料少许，放在载玻片上，加盖玻片后，用解剖针末端轻轻敲打，若材料细胞彼此分离，表明离析时间已够。这时移去离析液，用水冲洗干净，保存在50%或70%的酒精中备用。

2. 盐酸—草酸铵离析法

适用于草本植物的髓、薄壁组织和叶肉组织等。把材料切成约1 cm×0.5 cm×0.2 cm的小块，放入3∶1的70%或90%酒精和浓盐酸混合液中，若材料中有空气，应先抽气，后更换1次离析液。24 h后，用水冲洗干净。放入0.5%草酸铵溶液中，每隔1～2 d作检查。其余同上法。

得到的离析材料观察时按照上述临时制片法制成制片即可观察。

三、压片法

是把植物的器官或组织经过处理后压在载玻片上，使细胞成一薄层，便于进行观察的一种制片方法。主要应用于植物染色体的观察和研究。

压片法的实验步骤包括：取材、预处理、固定、解离、染色、压片、镜检和封固等。

1. 取材

用锋利的双面刀片截取生长良好的植物根尖或茎尖，长度为2～3 mm。

2. 预处理

将材料放入秋水仙素、8-羟基喹啉或对二氯苯等预处理液中进行预处理，使细胞分裂停留在有丝分裂的中期，此时的染色体粗而短，易于观察、计数。预处理的时间视不同植物而定。一般洋葱根尖用对二氯苯预处理液处理4～5 h。

3. 固定

一般采用卡诺固定剂进行固定，固定时间通常为2～24 h，以低温固定效果较好。材料经固定后，如不立即进行压片，可置换并保存在70%的酒精中，置于冰箱内长期保存。

4. 解离

用酶或盐酸处理固定后的材料，使细胞分离，便于压片。一般是将固定后的材料经50%

酒精 5 min，再入蒸馏水洗涤 5 min 后，转入 1N 盐酸，置于 60℃恒温水浴锅中解离，时间一般 2～8 min，时间太短，细胞不易分离，时间过长，则染色体染色浅或不着色。

5. 染色

常用卡宝—品红（即石炭酸—碱性品红）或醋酸洋红等核染色剂进行染色。

6. 压片

按照临时制片方法，将材料放在干净的载玻片中央水滴中，盖上盖玻片，用解剖针或铅笔轻轻敲击盖玻片，使细胞分散并压平。

7. 镜检

将压片置于显微镜下观察，选取染色体分散、清晰的细胞，用记号笔在载玻片和盖玻片上分别做记号。

8. 封固

好的压片可采用冷冻干燥后，用光学树胶封固保存。

四、石蜡制片法

是将处理后的材料经石蜡渗透、包埋形成石蜡包埋块，继而用手摇切片机进行切片并制成永久制片长期保存、观察的一种制片方法。它的优点是能够得到薄而均匀的连续切片，便于对器官结构的三维重构。

石蜡切片法的操作程序包括：取材、杀死、固定、脱水、透明、浸蜡、包埋、切片、粘片、脱蜡、染色和封固。

1. 取材、杀死、固定和保存

取有代表性的新鲜材料根据材料特点及观察要求切成适当的形状（大小不超过 0.5～1 cm^3），迅速投入装有预先选好的固定液的小瓶中，立即抽气使材料中的气体排出，药剂迅速渗入材料，这样可以使植物的组织迅速被杀死和固定下来，使它保持生活时的自然状态。常用的固定剂有 FAA 和卡诺氏（Carnoy's）固定液等，这两种固定液的固定时间是 2～24 h。FAA 既是良好的固定剂，也是保存剂，材料可在其中长期保存。而卡诺固定液固定后，应尽快冲洗，并转入 70%酒精中保存。

2. 脱水、透明

固定好的材料继续进行脱水和透明。脱水的目的是除去组织内多余的水分，便于透明剂渗入组织。常用脱水剂为酒精，脱水的原则是从低浓度逐级过渡到高浓度，起始浓度与所用固定剂有关；常用的透明剂是二甲苯，透明的目的则是除去材料中的脱水剂，一方面增加材料折光系数，同时便于与水不溶的包埋剂（石蜡）渗入组织中，透明过程也需逐渐增加二甲苯的浓度。可按以下流程进行：

50% 乙醇（FAA 无需此步）→70% 乙醇→80% 乙醇→90% 乙醇→95% 乙醇→
100% 乙醇→ 100% 乙醇→2/3 乙醇＋1/3 二甲苯→1/2 乙醇＋1/2 二甲苯→
1/3 乙醇＋2/3 二甲苯→二甲苯→二甲苯

脱水每级 2～4 h(高浓度乙醇中时间要充足,充分去除水分,但纯乙醇中放置的时间不能过长,否则会使材料变得硬脆),具体根据材料调整。材料进入二甲苯中时间不宜过长,每级 1～3 h,否则造成材料收缩。

3. 浸蜡、包埋

材料入最后一次二甲苯中透明后即可浸蜡,流程如下:将材料连同适量二甲苯放入具盖离心管中,逐渐加入碎石蜡至石蜡∶二甲苯体积比为 1∶1,然后将离心管放入 36～40℃温箱中数小时,融蜡后移入 56～60℃温箱中开盖挥发二甲苯,1～2 d 后将浸透石蜡的材料移入盛有已融化的纯石蜡的小酒杯中,放置 60℃温箱中至少 4～6 h 以上充分浸透纯蜡即可包埋。

包埋时提前叠好大小适当的包埋纸盒,其中加入融化的纯石蜡,迅速将材料放入其中并用加热的镊子赶走材料周围的气泡、摆好材料,随后将纸盒浸入冷水中(注意不要将纸盒完全浸没,仅下部浸入,待蜡表面完全凝固后方可将其浸没)使蜡迅速均匀的凝固。石蜡块可长期保存也可马上切片。

4. 切片、粘片

把包埋好的石蜡块进行分割、修块,然后用融化的碎蜡将修好的蜡块粘在载蜡器上,并放入冷水中充分冷却、粘牢,即可将载蜡器夹到切片机夹物部上准备切片了。切片时按切片机使用要求调整好蜡块切面与刀刃的角度(一般为 5～8°为宜)即可切片。切片厚度一般为 10 μm 左右。切好的蜡片一般前后相连形成蜡带,将蜡带光面朝下放在洁净的纸上,选取有材料、符合观察要求的蜡片进行粘片。

粘片是将切片粘在洁净的载玻片上的过程。粘片时将 1 小滴粘片剂甲液用小手指在载玻片上涂匀再加 1～2 滴粘片剂乙液,最后把蜡片(根据大小可放 3 片左右)光面朝下放于液滴上,在烤片台(温度在 36℃左右)上展开切片并烤干(在切片未粘到载玻片上之前注意调整切片位置)。

5. 脱蜡、染色、封固

粘贴在载玻片上的蜡片完全干燥后,即可进行染色工作。在染色之前,必须将石蜡溶去,即脱蜡,一般采用二甲苯脱蜡。然后即可进行染色,石蜡切片有多种染色方法,可根据需要选择,染色后材料重新脱水,经二甲苯处理即可进行封片、贴标签,完成制片过程。这里以植物学中最常用的番红－固绿对染方法为例,说明染色与制片过程。

二甲苯 → 二甲苯 → 2/3二甲苯+1/3乙醇 → 1/2二甲苯+1/2乙醇 →

1/3二甲苯+2/3乙醇 → 100乙醇 → 100%乙醇 → 梯度乙醇(95%、90%、80%、70%、60%、50%)→ 番红 → 梯度乙醇(95%、90%、80%、70%、60%、50%)→ 固绿 →

95%乙醇 → 100%乙醇 → 100乙醇 → 2/3乙醇+ 1/3二甲苯 →

1/2二甲苯+1/2乙醇 → 1/3乙醇+2/3二甲苯 → 二甲苯 → 二甲苯 →

加拿大树胶封片 → 贴标签

其中二甲苯脱蜡时间较长，每级需 5～10 min，其他各级乙醇和二甲苯处理时间均较短，一般 1 min 左右，但固绿染色后 95% 乙醇分色时间不宜过长，一般 30 s，注意随时观察。番红染色时间 6～12 h，固绿染色约 1 min。

五、电镜制片法

在植物学研究过程中，为了观察那些用普通显微镜不能分辨的细微结构常使用电子显微镜进行观察。电子显微镜又分为透射和扫描电子显微镜，前者主要用于观察材料内部结构，后者主要用于观察样品表面结构。由于电镜成像原理不同于光学显微镜，其对观察材料的要求不同，因此样品制备方法也有所不同。

(一)透射电镜超薄切片制备

受电子束穿透能力的限制，透射电镜要求标本厚度小于 0.1 μm，常用的厚度是 50～70 nm，通常通过超薄切片制片法制备。其制作过程和石蜡切片相似，需要经过取材、杀死、固定、脱水、浸透、包埋聚合、切片及染色等步骤。但所用试剂等区别很大。

1. 取材、杀死和固定

制备超薄切片的材料体积要小，一般要求体积 0.5～1.0 mm^3。和石蜡制片一样，取材后材料要迅速投入预先放好固定剂的容器中，常用的固定剂有甲醛、戊二醛、锇酸(四氧化锇)、高锰酸钾及重铬酸钾等。通常采用戊二醛—锇酸双固定法，可用 2.5%的戊二醛先固定 2 h 或过夜，用缓冲液充分清洗后再用 1%锇酸固定 2 h。

2. 脱水

为了包埋剂的渗透，常用乙醇结合丙酮对材料进行脱水，同样采用从低浓度到高浓度逐级脱水：30%→50%→70%→80%→90%→95%→100%乙醇→纯丙酮(2 次)，每次 10～30 min。

3. 渗透与包埋

常用的包埋剂有环氧树脂如 Epon812、Spurr 氏等和丙烯类树脂如 LR white，可根据实验目的选择。包埋时材料同样须在低浓度到高浓度的包埋剂(纯丙酮配制)中逐级渗透，并过渡到纯树脂中，每步 1～2 h，纯树脂需更换 1 次。渗透好的样品块与包埋剂共同放到适当的模具如包埋板或胶囊中，即可按照该树脂的聚合要求选择合适的温度条件进行包埋聚合了，聚合后树脂成固体包埋块，可进行下一步切片。

4. 超薄切片

包埋块经解剖镜下精细修整后即可利用超薄切片机进行切片。在切片前要准备好切片的刀(购买的钻石刀或自制特殊的玻璃刀)、承载切片的覆膜(支持膜，如聚乙烯甲醛膜-fomvar 膜)铜网等物品。切片后根据切片的颜色判断切片的厚度并选择合适的切片，捞至覆膜铜网上，置于干燥器中保存。

使用超薄切片机切片需要掌握一定的切片技术，更需要长期的经验累积，且超薄切片机及配套的仪器昂贵，须经专门培训后方能操作切片机 ，一般单位都有专人负责管理操作超薄切片机。

5. 染色

切片中的材料直接在电镜下观察往往因缺乏反差而观察效果不好，因此还需进行染色处理增加反差。电镜制片染色一般是利用铀、铅、锇、钨等重金属盐类中的重金属离子与组织中某些成分结合或被其吸附而达到观察时提高样品反差、增加图像清晰度的目的。使用较多的是醋酸铀和柠檬酸铅双染色。

6.电镜观察

染色完成的样品即可用透射电镜观察,也可暂时放在干燥器中保存。

需要注意的是透射电镜工作原理是利用电子射线(电子束)穿透样品,而后经多级电子放大后成像的,我们观察到的图像是黑白色系的。

(二)扫描电镜常规制样方法

扫描电镜样品制备通常也包括取材、清洗、固定、脱水、置换、干燥、粘样、镀膜等步骤。

1.取材、固定

和其他制片方法一样,扫描电镜制样时取材、固定要迅速,尽量减少对材料的损坏。我们要观察的目标应暴露在样品表面上,如观察材料剖面结构时,可用锋利的刀片切出断面,还可采用冷冻断裂法等制备样品,观察植物内部甚至细胞内部的微细结构。样品大小在满足观察需要的前提下越小越好,并且确保样品表面清洁干净,不受污染,必要时可清洗,但对于观察样品表面自然结构的材料要注意不要损伤结构。

扫描电镜样品常用的固定方法和超薄切片类似,常采用戊二醛—锇酸双固定法。通过固定尽量使观察到的样品结构类似生活时的状态。

2.脱水

固定后样品经清洗之后同样利用梯度乙醇逐级脱水。

3.干燥

干燥是样品制备中关键的步骤,一般采用临界点干燥法、冰冻干燥法、真空干燥法等。临界点干燥法既可完全去除样品中的液体成分,又可保持样品内部结构完好,采用较多。采用临界点干燥法常用的干燥剂是干冰或液态二氧化碳。采用液态二氧化碳时,如材料是经乙醇脱水的需进一步置换到丙酮中,然后再用乙酸异戊酯置换丙酮(乙酸异戊酯与液态二氧化碳能互溶,使液态二氧化碳容易渗入样品中),继而进行临界点干燥。

4.粘样

干燥好的样品需要用导电胶(常用银粉导电胶、石墨粉导电胶等)粘在特制的样品台上,并做好标记方能进行下一步工作。

5.镀膜(喷金)

粘在样品台上的样品和样品台表面均匀喷上一层金属膜,使样品具有良好的导电性,就可以进行观察了,这个过程就是镀膜。镀膜使用专门的仪器在真空条件下进行。常用的是真空喷镀法,一般用金属金、铜、铝等在样品表面喷涂10～20 nm厚的金属膜。

镀好膜的样品就可以用扫描电镜进行观察了,也可将样品放入干燥器中保存。

(刘朝辉)

附录 6　植物制片常用试剂及配制和使用方法

一、固定液

1. FAA 固定液

又称万能固定液，适用于一般根、茎、叶、花药及子房等组织切片。其最大优点是兼有保存剂作用，但对染色体观察效果较差。

配方：福尔马林（38%甲醛）5 mL，冰乙酸 5 mL，70% 乙醇 90 mL。

幼嫩材料可用 50%乙醇代替 70%乙醇，以可防止材料收缩；还可加入 5 mL 丙三醇（甘油），以防蒸发和材料变硬。

2. FPA 固定液

用于固定一般的植物材料，通常固定 24 h，效果比 FAA 好，并可长期保存。

配方：福尔马林 5 mL，丙酸 5 mL，70%乙醇 90 mL。

3. 卡诺氏固定液

常用于观察染色体的根尖、花药压片及子房组织的石蜡切片等。此液渗透力很强，一般根尖材料固定 15～20 min 即可，花药则需 1 h 左右，此液固定最多不超过 24 h，固定后用 95%乙醇冲洗 2～3 次，如果材料不马上用，需转入 70%乙醇中保存。

配方：无水乙醇 3 份；冰乙酸 1 份

4. 铬酸-乙酸固定液

根据固定对象的不同，可分为强、中、弱 3 种不同配方。弱液用于固定较柔嫩的材料，例如藻类、真菌类、苔藓植物和蕨类的原叶体等，固定时间较短，一般为数小时，最长可固定 12～24 h，但藻类和蕨类的原叶体可缩短到几分钟到 1 h；中液用作固定根尖、茎尖、小的子房和胚珠等，固定时间 12～24 h 或更长；强液适用于木质的根、茎和坚韧的叶子、成熟的子房等。一般此种固定液固定后需流水冲洗 24 h，彻底去掉铬酸，以免影响以后的染色处理。

弱液配方：10%铬酸（三氧化铬的水溶液）2.5 mL，10%乙酸 5.0 mL，加蒸馏水至 100 mL。

中液配方：10%铬酸 7 mL，10%乙酸 10 mL，加蒸馏水至 100 mL。

强液配方：10%铬酸 10 mL，10%乙酸 30 mL，加蒸馏水至 100 mL。

5. 铬酸-乙酸-福尔马林混合液

这 3 种药品混合在一起所配成的各种固定液，通常称纳瓦兴式固定液（Nawashin fixative），简称 Craf（表附 6-1）。甲、乙两液均为贮备液，使用之前才将二者等量混合。适用于组织学和细胞学的研究材料。柔嫩而含水多的材料，可选用Ⅰ或Ⅱ固定，坚韧而成熟的材料，可用高浓度的Ⅳ或Ⅴ，一般材料多用Ⅲ。制作染色体和有丝分裂的纺锤体标本时，常用桑弗利斯固定液。Ⅰ至Ⅴ式固定液的固定时间为 12～48 h，桑弗利斯液固定时间为 4～6 h。

表附6-1 纳瓦兴式固定液配方

常备液	试剂名称	纳瓦兴原液（mL）	纳瓦兴式固定液（mL）					桑弗利斯固定液（mL）
			Ⅰ	Ⅱ	Ⅲ	Ⅳ	Ⅴ	
甲液	1%铬酸		40	40	60			
	10%铬酸	15				8	10	
	10%乙酸		15	20	40	60	70	
	冰乙酸	10						8
	蒸馏水	75	45	40		32	20	79
乙液	福尔马林	40	10	10	20	20	30	64
	蒸馏水	60	90	90	80	80	70	36

6. 戊二醛—锇酸固定液

适用于透射及扫描电镜样品的固定，称戊二醛—锇酸双固定法。

使用时可用2.5%的戊二醛先固定2 h或过夜，用缓冲液充分清洗后再用1%锇酸固定2 h。

二、染色液

1. 碘-碘化钾(I_2-KI)溶液

测定淀粉、蛋白质的试剂。

配方：碘化钾 1.3 g，结晶碘 0.3 g，蒸馏水 100 mL。

先将碘化钾溶于蒸馏水中，待全部溶解后再加结晶碘，振荡溶解，将此液保存于棕色瓶中（见光产生氢碘酸）。

染色时能将淀粉染成蓝紫色，细胞核、蛋白质呈浅黄色。

2. 苏丹Ⅲ(sudan Ⅲ)溶液

测定脂肪及细胞壁角化、栓化的试剂。

配方：苏丹Ⅲ 1 g溶于100 mL 70% 乙醇中。

染色时脂肪、角化、栓化的细胞壁被染成橘黄色。

3. 间苯三酚(phloroglucin)溶液

用于测定木质素的试剂。

配方：间苯三酚 1 g溶于100 mL 蒸馏水中。

染色时先加1滴盐酸，再加1滴间苯三酚溶液。木化细胞壁被染成红色。

4. 中性红(neutral red)溶液

用于染细胞中的液泡，可鉴定细胞的死活。

配方：中性红 0.1 g溶于100 mL 蒸馏水中。

使用时再稀释10倍左右。染色后用偏酸性洗液（如蒸馏水）冲洗，活细胞中细胞质呈红色，液泡处色浅而透明；死细胞则全部呈不均匀红色。

5. 卡宝品红(carbol fuchsin)染色液（即石炭酸-碱性品红染色液）

可做活体染色，是压片法观察染色体与细胞核的最佳染色剂。常用配方如下。

A 液(长期保存):碱性品红 3 g 溶于 100 mL 70% 乙醇中。

B 液(两周内使用):取 A 液 10 mL 加入到 90 mL 5% 苯酚(石炭酸)水溶液中。

C 液(长期保存):取 B 液 55 mL,加入 6 mL 冰乙酸和 6 mL 38%甲醛。

取 C 液 10~20 mL,加入 45% 乙酸 90~98 mL,再加 山梨醇 1.8g,放置 2 周后使用,染色效果显著,室温下可长期保存。

适用于植物组织压片法和涂片法,染色后观察细胞核及染色体呈现由红至紫红色,细胞质不着色,效果极佳。山梨醇为助渗剂,兼有稳定染色液的作用,如果没有山梨醇也能染色,但效果较差。

6. 醋酸洋红(acetic carmine)染色液

配方:洋红 1 g;45% 乙酸 100 mL。

先将 100 mL 45% 乙酸放在烧杯中煮沸,然后慢慢分多次加入 1 g 洋红粉末,待全部投入后,再煮 1~2 min,并悬入 1 个生锈的铁钉于染色液中,过 1 min 后取出,静置 12 h 后过滤于棕色瓶中备用。

适用于压片法制片的染色,能使染色体染成深红色,细胞质呈浅红色。

7. 番红(safranin)染色液

碱性染料,染木化、角化、栓化的细胞壁及染色体、核仁等。

(1)番红水溶液

配方:番红 0.1 g 或 1 g;蒸馏水 100 mL,过滤后即可使用。

用于临时制片染色,可使木质化、栓质化的细胞壁及细胞核染成红色。

(2)番红酒精溶液

配方:番红 0.5 g 或 1 g;50% 乙醇 100 mL

在植物永久制片中常与固绿、亮绿、苯胺蓝做二重染色,或与结晶紫、橘红 G 三重染色,可使木质化、角质化、栓质化的细胞壁及细胞核等呈现不同程度的红色,效果甚好。

8. 固绿(fast green)染色液

又名快绿,酸性染料,使纤维素细胞壁和细胞质呈蓝绿色。染色快,通常 10~30 s 即可,不易退色。

配方:固绿 0.5~1 g,95% 乙醇 100 mL,过滤后即可使用。

番红-固绿对染效果:根、茎、叶等组织切片染色后,番红使细胞核、木质化细胞壁呈鲜红色,角质化细胞壁呈透明粉红色,木栓化壁呈褐红色;固绿使细胞质和具纤维素的细胞壁呈绿色。

9. 苏木精(hematoxylin)染色液

天然染料,提取自苏木的心材。经其染色,因细胞中结构的不同而呈现不同深浅颜色——"多色性",但由于苏木精与组织亲和力差,染色时需加金属盐媒染(如铁矾)。配方(铁矾-苏木精)如下。

甲液(染色剂):苏木精 0.5 g,蒸馏水 100 mL。

乙液(媒染剂):硫酸铁铵(铁矾)2~4 g,蒸馏水 100 mL(必须保持新鲜,最好现用现配)。

甲液有两种配法,配制程序如下:先将苏木精 0.5 g 溶于少量 95%乙醇中,待溶解后,再加蒸馏水至 100 mL,瓶口用双层纱布包扎静置,使其充分氧化(通常在室内放置一两个月后过滤使用)。如急用,可加入 3～5 mL 过氧化氢,促其氧化成熟。或取苏木精 2 g 溶解于 20 mL 95%乙醇中,过滤后作为长期保存的原液。使用时,用蒸馏水稀释,即取原液 5 mL 加入蒸馏水 95 mL,即成 0.5%的苏木精水液。

切片需先经乙液媒染,充分水洗后才能以甲液染色,染色后经水稍洗再用另一瓶乙液分色至适度。

铁矾-苏木精染液为细胞学上染细胞核内染色质最好的染色剂,可进行细胞学、胚胎学染色,使细胞分裂时期的染色体呈深蓝色,细胞质浅蓝色,细胞壁介于二者之间。色泽保持长久。

10. 钌红染色液

是植物细胞胞间层的专性染料。

配方:钌红 5～10 mg,蒸馏水 25～50 mL。

配后溶液不易保存,应现用现配。

三、粘贴剂

1. 配方

甲液:蒸馏水 100 mL,明胶 1 g,丙三醇 15 mL,苯酚 2 g。

乙液:40%甲醛 4 mL,蒸馏水 100 mL。

甲液配法:先将 100 mL 蒸馏水加温至 36℃左右,慢慢加入明胶,待全部溶解后,再加入 2 g 苯酚和 15 mL 丙三醇,搅拌至全溶为止,过滤后贮存于瓶中备用。

2. 使用方法

在擦净的载玻片上滴 1/4～1/3 滴甲液,用干净的手指将其涂抹均匀,再加 1 大滴乙液(对材料和明胶起到防腐作用),然后将蜡片放在液面上。

四、封固剂

1. 加拿大树胶

石蜡切片常用的封固剂。将树胶溶入二甲苯即可配成。切记不能混入水和乙醇,也不能加热。配制浓度以在玻棒一端形成小滴滴下而不呈线状为宜。

2. 乳酸甘油

适用于整体封藏,如藻、花粉粒、表皮撕片等其他小材料的封藏。

配方:酚 1 份,乳酸 1 份,丙三醇 1 份或 2 份,蒸馏水 1 份。

五、离析液

可使植物细胞胞间层溶解,细胞彼此分离,获得单个完整细胞,以便观察不同组织细胞的形态特征。

1. 铬酸-硝酸离析液

配方:10%铬酸液与 10%硝酸液等量混合即可。

适用于木质化组织,如导管、管胞、纤维、石细胞等,亦可用于草质根、茎等成熟组织的解离。

2. 盐酸-草酸铵离析液

甲液：70%或90%乙醇3份，浓盐酸1份。

乙液：0.5%草酸铵水溶液。

离析时先用甲液处理1～2 d，经浸洗去酸后再转入乙液离析处理。适用于草本植物的髓、薄壁组织和叶肉组织等组织的解离。

六、预处理液

用于根尖或茎尖压片的前处理，能使细胞分裂停留在有丝分裂的中期，并使染色体缩短变粗。

1. 对二氯苯饱和水溶液

将对二氯苯加入蒸馏水中搅拌至不再溶解为止，即成饱和水溶液。

2. 0.002 mol/L 8-羟基喹啉水溶液

称取0.29 g 8-羟基喹啉溶于1 000 mL蒸馏水中。

（刘　艳）

附录 7　植物学绘图方法

在植物学研究中，记述表达植物形态结构的特征，绘图是最基本最常用的方法。植物学绘图也是植物学实验的基本内容。欲使所绘之图形态逼真、结构准确，并能如实反映特点，掌握绘图方法尤为必要。

一、绘图用具

2H 或 3H 铅笔、绘图纸、削笔刀、橡皮、小尺等。铅笔削尖备用。

二、绘图方法

(一)基本要求

(1)仔细观察标本，区分正常结构与偶然、人为的差异，选择典型和正常的部分认真观察。充分了解各部分的结构特点是绘图的前提。科学、认真、实事求是的态度是绘图的保证。

(2)实验报告纸要保持平整、清洁，不得折褶、玷污。

(3)图和字一律用铅笔绘写，不得使用其他种类的笔。

(二)基本方法

(1)合理布局。一次实验要绘的图，无论数量多少及大小，一般只能在一张实验报告纸的正面绘制。每幅图包括图和图注。绘图前，应根据要绘图的数量、大小、主次，在报告纸上作合理安排，使每一幅图在报告纸上的位置和大小适中，避免版面偏差(图附 7-1)。

(2)绘图一律用线条和点表示。各部分外围轮廓用线条表示，线条要一笔绘出，确保细致、清晰、光滑、连续。阴暗、深色部分用点的疏密表示，不能附加阴影，更不可涂抹。打点时，铅笔垂直，手腕均匀向下适当用力，致使所打之点细小、均匀、圆正，不拖尾(图附 7-2)。

(3)绘图时，先将要绘部分的全形轮廓用铅笔轻轻勾出，内部各部分亦然，求得准确后，再逐一绘实。

(4)每幅图均应有图注，图注由注示线和注释文字组成。注示线一律用平行横线引至图的右侧适当的位置，右端上下要对齐，间隔距离保持相等。图中较为集中的部分，可先用直斜线向右引出，然后再接用平行横线引至右侧，横线与斜线间的夹角应大于 90°。注示线互不交叉，所指部位要清楚明确，一目了然。注释文字一律横向书写于注示线的右端，多字数名称紧缩字距，少字数名称匀开字距，使每一注释的首尾字上下对齐。文字力求用正楷或仿宋字体，书写工整，排列整齐。

(5)每幅图的正下方须横向标出详细图名和图示主题，并宜将该图的缩放比例准确标出。

(三)具体方法

1. 植物细胞图的绘法(图附 7-1 至图附 7-3)

细胞壁用双线条表示,线条间的距离表示壁的厚度,相邻细胞的一部分细胞壁应一并绘出,以示所绘细胞并非孤立。细胞器用单线条表示,细胞质、细胞核等结构因颜色较深,故用点的疏密表示。液泡一般不用线条绘出,留出较为透明的区域表示其存在的位置、大小和形状即可。绘图时,要不断观察显微镜,力求各部分结构的大小、形状以及与整个细胞的比例都要切合实际。

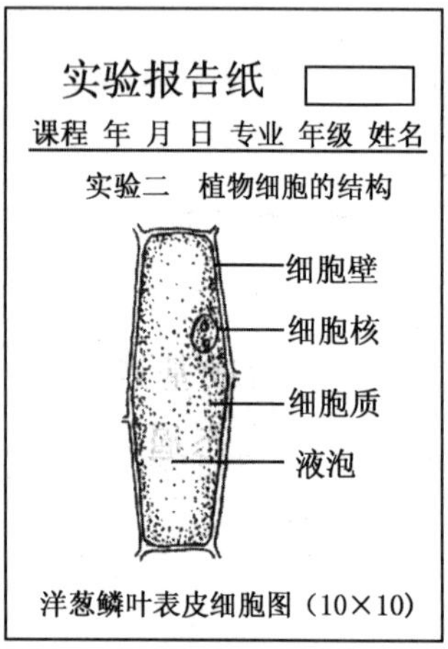

图附 7-1

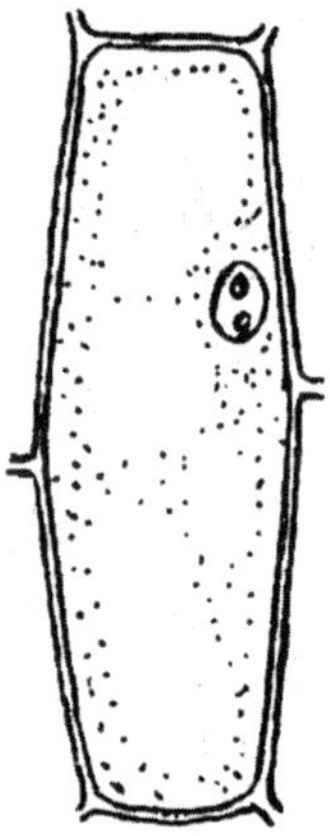

图附 7-2

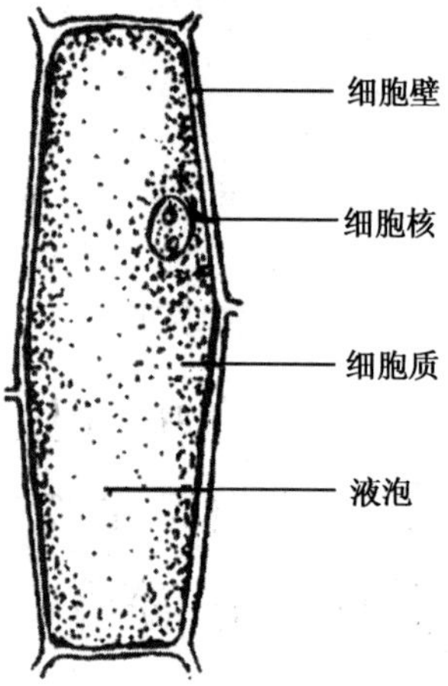

图附 7-3

2. 植物器官结构图的绘法

植物各器官细胞数量较多,在绘详图时,薄壁细胞的细胞壁一般用单线条绘出,厚壁细胞用双线条表示细胞壁的厚度,细胞内的结构除特殊情况(如厚角组织细胞内的叶绿体)外,一般可以不表示(图 5-2)。在绘纵、横切面简图时,可仅用单线条勾绘出各部分轮廓,而无须绘出细胞,色深部分适当用点的疏密表示(图 6-3)。

3. 植物器官外形图和全株图的绘法

绘植物器官外形图和全株图,宜先用线条勾绘出外形轮廓,阴暗色深部分再用线条的多少、长短或点的疏密表示(图 6-1)。

（何金铃）

附录8　植物学图片拍摄方法及注意事项

在生物科学中越来越多地应用摄影技术来记录观察到的现象和实验结果，以此代替过去的描述方法。它不仅迅速而准确，而且能够记录到许多用描述方法无法记录到的特殊现象。植物科学中，应用摄影方法非常广泛，主要有显微摄影和形态摄影两方面。

一、植物显微图片的拍摄

将用显微镜观察到的物象利用照相机拍摄成照片，即为显微摄影。现在普遍用于显微摄影的装置主要有两种，一种是用显微镜与数码相机有机组合成的数码显微摄影系统，另一种是由显微镜、数码采集器、电脑和成像软件联合构成的数码显微成像系统。两者均已广泛地应用于生物学各领域。要获得清晰而明亮的理想图像，既要制作出厚薄均一、染色恰当、脱水透明彻底的玻片标本，也要正确使用显微镜和数码显微成像系统。

(一)显微镜的配置要求与调节

显微镜是数码显微摄影系统的首要设备，所用的显微镜必须满足显微摄影的需要。在数码相机接口或数码采集器精确的前提下，显微镜的各项光学技术参数要达到一定的标准。在使用时，要根据实际情况来协调各参数的关系，重点要对显微镜的光路系统进行调节，这样才能充分发挥显微镜应有的性能，得到满意的成像效果。

(二)数码显微成像系统的运用

数码显微成像系统是将用显微镜观察到的图像再利用计算机软件进行成像。数码显微成像系统可以直观地通过预览来调节图像效果，及时获得高像素的图像，为科研和教学带来了很多便利。

成像软件的使用较简单，只要按照预设的操作流程操作即可。尽管不同成像软件的功能存在差距，但是通常的操作流程是：显微镜调节到位 → 打开软件 → 打开图像预览 →精确调节显微镜焦距与光路系统，使图像达最清晰状态 → 拍照。

根据目的与需要，拍摄图像应以 jpg、bmp 或 tif 格式保存，像素设在 1 024×1 280 以上。

(三)显微图像拍摄的基本要求

植物显微图像要求能够清楚的展现植物内部各部分的细胞结构特点，拍摄时应遵循由整体到局部、先低倍后高倍的原则。在拍摄过程中要注意使主体突出、结构清晰。首先可在较低倍数下拍摄整体结构，然后转换高倍镜下对具体细微结构进行观察、拍摄。拍摄时将所拍摄结构放在视野最中央位置，通过调节视野的明暗，使所拍摄结构与周围对比明显，准确聚焦，拍摄最佳图片。

二、植物形态图片的拍摄

(一)生物摄影的数码照相机类型

常用的数码相机类型大致可以分为单反相机、卡片相机、长焦相机3种。

单反数码相机:数码单反相机具有较大的动态范围、可调换的镜头、更加优秀的成像画质、更短的快门时滞、更快的操作和处理速度。它在取景、连拍速度和专业操控等方面的优势都是其他数码相机无法匹敌的。

卡片相机:俗称傻瓜相机。卡片机轻、薄,拍摄便捷,适用于专业要求不高的摄影。

长焦相机:是介于单反数码相机与卡片相机之间的数码相机。借助长焦甚至是超长焦距的镜头,能将远处的景物拍摄下来,而长焦配合适当的光圈参数,能使拍摄效果更出色。此类相机多具有超常的微距拍摄功能,拍摄较为微小的标本效果颇佳。

(二)生物摄影的基本方法

1.野外摄影

野外摄影在生物科学中的应用范围很广,它的方法与一般摄影相似。

2.室内摄影

在室内摄影主要注意光线强弱,若室内光线足够明亮,则要注意选择拍摄角度和背景;若室内光线不足,有条件时可采用2～3盏辅助灯光,并注意灯光照射的角度,通常使相机与照明光线成45°角左右较为适宜。

生物学形态图片应以jpg格式保存,像素同样宜设在1 024×1 280以上。

(三)形态图片拍摄的基本要求

植物形态图片要求能够清晰地体现植物的形态及特性,拍摄时也应遵循由整体到局部的原则,首先应拍摄1张完整的植株及其生境照片,然后再去拍摄各部分的特写。在拍摄过程中要注意:

(1)拍摄完整植株及其生境时,可通过缩小景深使背景虚化的方式,使被拍摄植物更加突出。同时在拍摄时,要注意构图的均衡,可对被拍摄植株进行位置上的调整,不必过分居中,使拍摄出来的像片构图均衡,产生更美观、协调的视觉效果,从而更好地为表现主体服务。

(2)拍摄叶、花、果等部分的结构特征时,要抓住各个器官的特点,对能够体现该植物特征的性状进行拍摄。拍摄时,可在植株上对这些结构准确聚焦,把它们放在视野近中央的位置,调整最佳拍摄角度进行拍摄;也可将叶、花、果各器官采摘下来,进行离体拍摄。离体拍摄时,应选择白色、黑色、红色、蓝色等合适的背景进行衬托,增加被拍物体与背景的反差,使被摄主体更加突出。

(何金铃)

参考文献

1.郑湘如，王丽.植物学.第2版.北京：中国农业大学出版社，2007
2.杨世杰.植物生物学.第2版.北京：高等教育出版社，2010
3.周云龙.植物生物学.第3版.北京：高等教育出版社，2011
4.邵小明，汪矛.植物生物学实验.第2版.北京：高等教育出版社，2011
5.王幼芳，李宏庆，马炜梁.植物学实验指导.北京：高等教育出版社，2007
6.汪小凡，杨继.植物生物学实验.第2版.北京：高等教育出版社，2006
7.姚家玲.植物学实验.第2版.北京：高等教育出版社，2009
8.李景原，王太霞.植物学实验技术.北京：科学出版社，2007
9.叶创兴，冯虎元.植物学实验指导.北京：清华大学出版社，2006
10.陆自强.植物学实验教程.北京：中国农业大出版社，2012
11.张春宇，范海延.植物学实验.北京：中国农业大出版社，2007
12.王英典，刘宁.植物生物学实验指导.第2版.北京：高等教育出版社，2011
13.周云龙.孢子植物实验及实习.第3版.北京：北京师范大学出版社，2009
14.尹祖棠，刘全儒.种子植物实验及实习.第3版.北京：北京师范大学出版社，2009
15.王庆亚.生物显微技术.北京：中国农业出版社，2010
16.贺士元，邢其华，尹祖堂.北京植物志(上、下册).北京：北京出版社，1992
17.河北植物志编辑委员会.河北植物志.第1卷.石家庄：河北科学技术出版社，1986
18.河北植物志编辑委员会.河北植物志.第2卷.石家庄：河北科学技术出版社，1989
19.河北植物志编辑委员会.河北植物志.第3卷.石家庄：河北科学技术出版社，1991
20.《安徽植物志》协作组.安徽植物志.第1卷.合肥：安徽科学技术出版社，1986
21.《安徽植物志》协作组.安徽植物志.第2卷.北京：中国展望出版社，1987
22.陈汉斌，郑亦津，李法曾.山东植物志.上卷.青岛：青岛出版社，1990
23.陈汉斌，郑亦津，李法曾.山东植物志.下卷.青岛：青岛出版社，1997